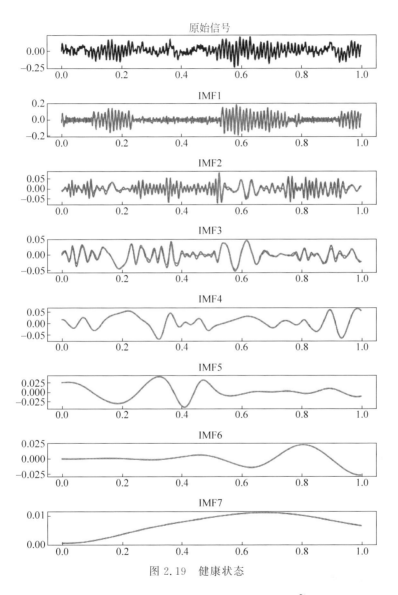

图 2.19　健康状态

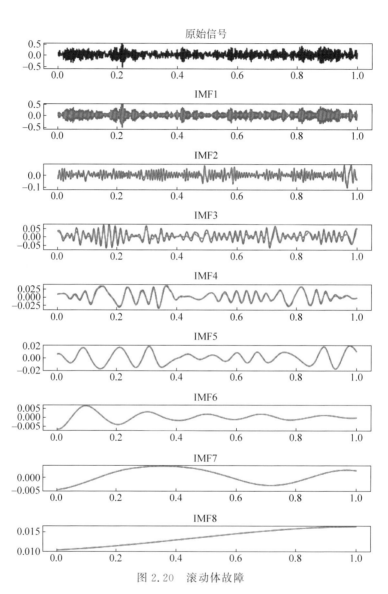

图 2.20　滚动体故障

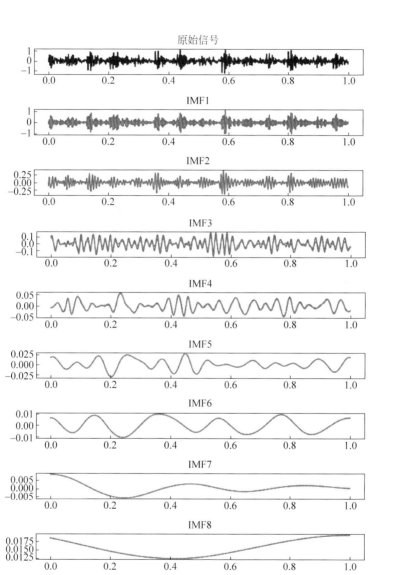

图 2.21　内圈故障

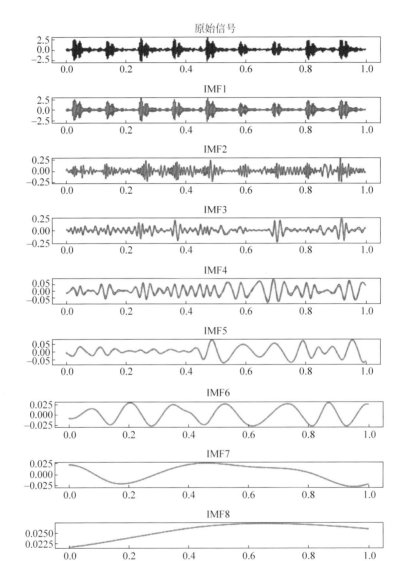

图 2.22 外圈故障

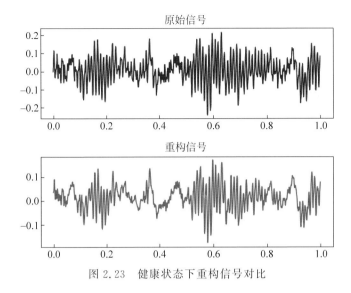

图 2.23　健康状态下重构信号对比

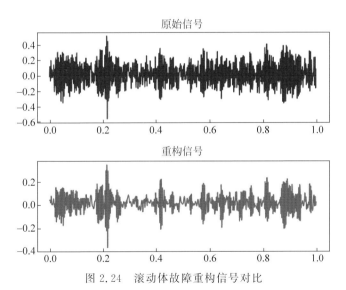

图 2.24　滚动体故障重构信号对比

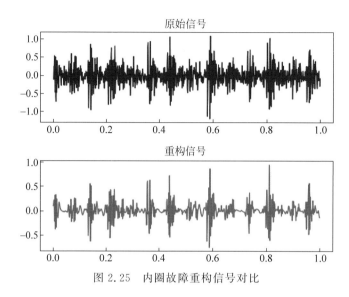

图 2.25 内圈故障重构信号对比

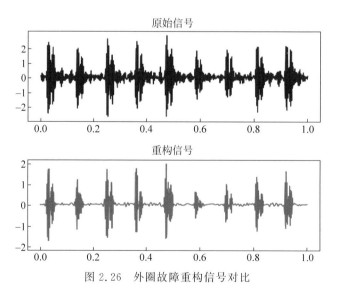

图 2.26 外圈故障重构信号对比

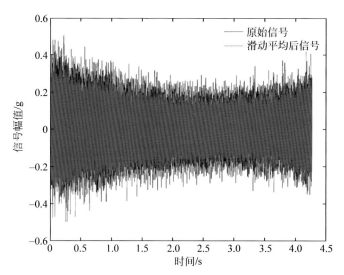

图 5.7 滑动平均法消除趋势项

"十三五"国家重点图书出版规划项目

智能制造
系|列|丛|书

智能产线运行优化
理论与技术

惠记庄　张富强　丁凯　著

THEORY AND TECHNOLOGY
FOR SMART PRODUCTION LINE OPERATION
OPTIMIZATION

清华大学出版社
北京

图书在版编目(CIP)数据

智能产线运行优化理论与技术/惠记庄，张富强，丁凯著.—北京：清华大学出版社，2024.3
（智能制造系列丛书）

ISBN 978-7-302-65789-7

Ⅰ.①智…　Ⅱ.①惠…②张…③丁…　Ⅲ.①自动生产线　Ⅳ.①TP278

中国国家版本馆 CIP 数据核字(2024)第 054278 号

责任编辑：刘　　杨
封面设计：李召霞
责任校对：赵丽敏
责任印制：丛怀宇

出版发行：清华大学出版社
　　　　　网　　址：https://www.tup.com.cn，https://www.wqxuetang.com
　　　　　地　　址：北京清华大学学研大厦 A 座　　邮　　编：100084
　　　　　社 总 机：010-83470000　　　　　　　　邮　　购：010-62786544
　　　　　投稿与读者服务：010-62776969，c-service@tup.tsinghua.edu.cn
　　　　　质量反馈：010-62772015，zhiliang@tup.tsinghua.edu.cn
印 装 者：北京嘉实印刷有限公司
经　　销：全国新华书店
开　　本：170mm×240mm　　印　　张：15.25　　插　页：4　　字　　数：314 千字
版　　次：2024 年 4 月第 1 版　　　　　　　　印　　次：2024 年 4 月第 1 次印刷
定　　价：57.00 元

产品编号：101928-01

智能制造系列丛书编委会名单

制造业是国民经济的主体,是立国之本、兴国之器、强国之基。习近平总书记在党的十九大报告中号召:"加快建设制造强国,加快发展先进制造业。"他指出:"要以智能制造为主攻方向推动产业技术变革和优化升级,推动制造业产业模式和企业形态根本性转变,以'鼎新'带动'革故',以增量带动存量,促进我国产业迈向全球价值链中高端。"

智能制造——制造业数字化、网络化、智能化,是我国制造业创新发展的主要抓手,是我国制造业转型升级的主要路径,是加快建设制造强国的主攻方向。

当前,新一轮工业革命方兴未艾,其根本动力在于新一轮科技革命。21 世纪以来,互联网、云计算、大数据等新一代信息技术飞速发展。这些历史性的技术进步,集中汇聚在新一代人工智能技术的战略性突破,新一代人工智能已经成为新一轮科技革命的核心技术。

新一代人工智能技术与先进制造技术的深度融合,形成了新一代智能制造技术,成为新一轮工业革命的核心驱动力。新一代智能制造的突破和广泛应用将重塑制造业的技术体系、生产模式、产业形态,实现第四次工业革命。

新一轮科技革命和产业变革与我国加快转变经济发展方式形成历史性交汇,智能制造是一个关键的交汇点。中国制造业要抓住这个历史机遇,创新引领高质量发展,实现向世界产业链中高端的跨越发展。

智能制造是一个"大系统",贯穿于产品、制造、服务全生命周期的各个环节,由智能产品、智能生产及智能服务三大功能系统以及工业智联网和智能制造云两大支撑系统集合而成。其中,智能产品是主体,智能生产是主线,以智能服务为中心的产业模式变革是主题,工业智联网和智能制造云是支撑,系统集成将智能制造各功能系统和支撑系统集成为新一代智能制造系统。

智能制造是一个"大概念",是信息技术与制造技术的深度融合。从 20 世纪中叶到 90 年代中期,以计算、感知、通信和控制为主要特征的信息化催生了数字化制造;从 90 年代中期开始,以互联网为主要特征的信息化催生了"互联网+制造";当前,以新一代人工智能为主要特征的信息化开创了新一代智能制造的新阶段。

这就形成了智能制造的三种基本范式，即：数字化制造（digital manufacturing）——第一代智能制造；数字化网络化制造（smart manufacturing）——"互联网＋制造"或第二代智能制造，本质上是"互联网＋数字化制造"；数字化网络化智能化制造（intelligent manufacturing）——新一代智能制造，本质上是"智能＋互联网＋数字化制造"。这三个基本范式次第展开又相互交织，体现了智能制造的"大概念"特征。

对中国而言，不必走西方发达国家顺序发展的老路，应发挥后发优势，采取三个基本范式"并行推进、融合发展"的技术路线。一方面，我们必须实事求是，因企制宜、循序渐进地推进企业的技术改造、智能升级，我国制造企业特别是广大中小企业还远远没有实现"数字化制造"，必须扎扎实实完成数字化"补课"，打好数字化基础；另一方面，我们必须坚持"创新引领"，可直接利用互联网、大数据、人工智能等先进技术，"以高打低"，走出一条并行推进智能制造的新路。企业是推进智能制造的主体，每个企业要根据自身实际，总体规划、分步实施、重点突破、全面推进，产学研协调创新，实现企业的技术改造、智能升级。

未来 20 年，我国智能制造的发展总体将分成两个阶段。第一阶段：到 2025年，"互联网＋制造"——数字化网络化制造在全国得到大规模推广应用；同时，新一代智能制造试点示范取得显著成果。第二阶段：到 2035 年，新一代智能制造在全国制造业实现大规模推广应用，实现中国制造业的智能升级。

推进智能制造，最根本的要靠"人"，动员千军万马、组织精兵强将，必须以人为本。智能制造技术的教育和培训，已经成为推进智能制造的当务之急，也是实现智能制造的最重要的保证。

为推动我国智能制造人才培养，中国机械工程学会和清华大学出版社组织国内知名专家，经过三年的扎实工作，编著了"智能制造系列丛书"。这套丛书是编著者多年研究成果与工作经验的总结，具有很高的学术前瞻性与工程实践性。丛书主要面向从事智能制造的工程技术人员，亦可作为研究生或本科生的教材。

在智能制造急需人才的关键时刻，及时出版这样一套丛书具有重要意义，为推动我国智能制造发展作出了突出贡献。我们衷心感谢各位作者付出的心血和劳动，感谢编委会全体同志的不懈努力，感谢中国机械工程学会与清华大学出版社的精心策划和鼎力投入。

衷心希望这套丛书在工程实践中不断进步、更精更好，衷心希望广大读者喜欢这套丛书、支持这套丛书。

让我们大家共同努力，为实现建设制造强国的中国梦而奋斗。

周济

2019 年 3 月

技术进展之快，市场竞争之烈，大国较劲之剧，在今天这个时代体现得淋漓尽致。

世界各国都在积极采取行动，美国的"先进制造伙伴计划"、德国的"工业 4.0 战略计划"、英国的"工业 2050 战略"、法国的"新工业法国计划"、日本的"超智能社会 5.0 战略"、韩国的"制造业创新 3.0 计划"，都将发展智能制造作为本国构建制造业竞争优势的关键举措。

中国自然不能成为这个时代的旁观者，我们无意较劲，只想通过合作竞争实现国家崛起。大国崛起离不开制造业的强大，所以中国希望建成制造强国、以制造而强国，实乃情理之中。制造强国战略之主攻方向和关键举措是智能制造，这一点已经成为中国政府、工业界和学术界的共识。

制造企业普遍面临着提高质量、增加效率、降低成本和敏捷适应广大用户不断增长的个性化消费需求，同时还需要应对进一步加大的资源、能源和环境等约束之挑战。然而，现有制造体系和制造水平已经难以满足高端化、个性化、智能化产品与服务的需求，制造业进一步发展所面临的瓶颈和困难迫切需要制造业的技术创新和智能升级。

作为先进信息技术与先进制造技术的深度融合，智能制造的理念和技术贯穿于产品设计、制造、服务等全生命周期的各个环节及相应系统，旨在不断提升企业的产品质量、效益、服务水平，减少资源消耗，推动制造业创新、绿色、协调、开放、共享发展。总之，面临新一轮工业革命，中国要以信息技术与制造业深度融合为主线，以智能制造为主攻方向，推进制造业的高质量发展。

尽管智能制造的大潮在中国滚滚而来，尽管政府、工业界和学术界都认识到智能制造的重要性，但是不得不承认，关注智能制造的大多数人（本人自然也在其中）对智能制造的认识还是片面的、肤浅的。政府勾画的蓝图虽气势磅礴、宏伟壮观，但仍有很多实施者感到无从下手；学者们高谈阔论的宏观理念或基本概念虽至关重要，但如何见诸实践，许多人依然不得要领；企业的实践者们侃侃而谈的多是当年制造业信息化时代的陈年酒酿，尽管依旧散发清香，却还是少了一点智能制造的气息。有些人看到"百万工业企业上云,实施百万工业 APP 培育工程"时劲头十足,可真准备大干一场的时候,又仿佛云里雾里。常常听学者们言,CPS(cyber-physical systems,信息物理系统)是工业 4.0 和智能制造的核心要素,CPS 万不能离开数字孪生体(digital twin)。可数字孪生体到底如何构建?学者也好,工程师也好,少有人能够清晰道来。又如,大数据之重要性日渐为人们所知,可有了数据后,又如何分析?如何从中提炼知识?企业人士鲜有知其个中究竟的。至于关键词"智能",什么样的制造真正是"智能"制造?未来制造将"智能"到何种程度?解读纷纭,莫衷一是。我的一位老师,也是真正的智者,他说:"智能制造有几分能说清楚?还有几分是糊里又糊涂。"

所以,今天中国散见的学者高论和专家见解还远不能满足智能制造相关的研究者和实践者们之所需。人们既需要微观的深刻认识,也需要宏观的系统把握;既需要实实在在的智能传感器、控制器,也需要看起来虚无缥缈的"云";既需要对理念和本质的体悟,也需要对可操作性的明晰;既需要互联的快捷,也需要互联的标准;既需要数据的通达,也需要数据的安全;既需要对未来的前瞻和追求,也需要对当下的实事求是……如此等等。满足多方位的需求,从多视角看智能制造,正是这套丛书的初衷。

为助力中国制造业高质量发展,推动我国走向新一代智能制造,中国机械工程学会和清华大学出版社组织国内知名的院士和专家编写了"智能制造系列丛书"。本丛书以智能制造为主线,考虑智能制造"新四基"[即"一硬"(自动控制和感知硬件)、"一软"(工业核心软件)、"一网"(工业互联网)、"一台"(工业云和智能服务平台)]的要求,由 30 个分册组成。除《智能制造:技术前沿与探索应用》《智能制造标准化》《智能制造实践》3 个分册外,其余包含了以下五大板块:智能制造模式、智能设计、智能传感与装备、智能制造使能技术以及智能制造管理技术。

本丛书编写者包括高校、工业界拔尖的带头人和奋战在一线的科研人员,有着丰富的智能制造相关技术的科研和实践经验。虽然每一位作者未必对智能制造有全面认识,但这个作者群体的知识对于试图全面认识智能制造或深刻理解某方面技术的人而言,无疑能有莫大的帮助。丛书面向从事智能制造工作的工程师、科研人员、教师和研究生,兼顾学术前瞻性和对企业的指导意义,既有对理论和方法的描述,也有实际应用案例。编写者经过反复研讨、修订和论证,终于完成了本丛书的编写工作。必须指出,这套丛书肯定不是完美的,或许完美本身就不存在,更何况智能制造大潮中学界和业界的急迫需求也不能等待对完美的寻求。当然,这也不能成为掩盖丛书存在缺陷的理由。我们深知,疏漏和错误在所难免,在这里也希望同行专家和读者对本丛书批评指正,不吝赐教。

在"智能制造系列丛书"编写的基础上,我们还开发了智能制造资源库及知识服务平台,该平台以用户需求为中心,以专业知识内容和互联网信息搜索查询为基础,为用户提供有用的信息和知识,打造智能制造领域"共创、共享、共赢"的学术生态圈和教育教学系统。

我非常荣幸为本丛书写序,更乐意向全国广大读者推荐这套丛书。相信这套丛书的出版能够促进中国制造业高质量发展,对中国的制造强国战略能有特别的意义。丛书编写过程中,我有幸认识了很多朋友,向他们学到很多东西,在此向他们表示衷心感谢。

需要特别指出,智能制造技术是不断发展的。因此,"智能制造系列丛书"今后还需要不断更新。衷心希望,此丛书的作者们及其他的智能制造研究者和实践者们贡献他们的才智,不断丰富这套丛书的内容,使其始终贴近智能制造实践的需求,始终跟随智能制造的发展趋势。

2019 年 3 月

我国正处在由制造大国向制造强国转型的关键时期,推动制造业高质量可持续发展是现代化建设的必然要求。当前,我国制造业面临低端供给过剩、高端供给不足、创新能力不强等诸多挑战,亟须深化新一代信息技术与制造业全要素、全产业链、全价值链融合发展,实现产业转型升级,推进企业数字化、网络化和智能化制造能力的提升。《"十四五"智能制造发展规划》明确提出:推进智能制造,要立足制造本质,紧扣智能特征,以工艺、装备为核心,以数据为基础,依托制造单元、车间、工厂、供应链等载体,构建虚实融合、知识驱动、动态优化、安全高效、绿色低碳的智能制造系统,推动制造业实现数字化转型、网络化协同、智能化变革。智能产线作为信息物理深度融合的制造系统,是应对诸多挑战与实现生产方式转变的必然途径。通过泛在的物联感知和网络协同技术,使制造设备高度互联、制造数据深度集成与产线动态重构,实现生产过程的自主感知、状态评估、自适应运行及智能优化控制。

相对于传统的自动化产线,智能产线是基于工业物联网在物理底层部署各类智能传感设备,包括智能终端、嵌入式系统等,将现场实时状态数据进行边缘侧处理,并与分布式控制系统、数据采集系统、制造执行系统、数字孪生等软件系统集成交互,并基于人工智能等技术实现生产过程的高效管控优化。本书提出的智能产线运行优化技术包括产线状态数据实时采集与云-边协同计算技术、产线多级批量生产任务的集成规划与优化技术、智能产线生产物流的主动感知与协同调度技术、刀具磨损状态智能监控与寿命预测技术、工件加工质量的误差分析/溯源与预测技术、复杂数控加工装备的健康状态综合评价技术等。这些关键技术是实现智能产线的重要组成部分,是构建自组织、自学习、自适应、自优化生产系统的核心技术。

本书共有8章。第1章简述了智能制造产生的背景,综述了智能产线的国内外研究现状,给出了智能产线的定义和关键使能技术;第2章介绍了产线状态数据的实时采集与云-边协同计算技术;第3章提出了产能约束下的多级批量生产任务集成规划方法;第4章构建了智能产线生产物流主动感知与协同调度模型;第5章介绍了刀具磨损监控与寿命预测技术;第6章分析了工件多工序加工质量的误差分析、溯源与预测技术；第 7 章描述了多源信息融合的复杂加工装备状态评价模型；第 8 章搭建了基于数字孪生的智能产线可视化系统。

本书由长安大学惠记庄教授负责组织和指导工作。第 1 章由惠记庄教授负责编写；第 2 章、第 4 章、第 7 章由张富强副教授负责编写；第 3 章由朱斌教授负责编写；第 5 章由丁凯教授负责编写；第 6 章由刘永生教授负责编写；第 8 章由王帅博士负责编写。本书是对长安大学工程机械学院智能制造研究所硕士生和博士生近五年研究成果的整理和总结，特别感谢雷景媛、高士豪、罗丹、蔡世阳、张林朋、许锋立等研究生为本书作出的学术贡献。

本书的部分内容得到了以下研究项目的资助：国家自然科学基金项目（51605041、51705030）、陕西省科技重大专项（2018zdzx01-01-01）和陕西高等教育教学改革研究重点攻关项目（19BG010）。

由于新一代信息技术与先进制造技术的交叉融合还在不断深化中，智能制造的相关理论与技术还在不断发展和完善，书中难免存在不妥之处，恳请各位专家与读者给予批评和指正。

作　者

2023 年 5 月

Contents | **目录**

第 5 章　刀具磨损状态智能监控与寿命预测技术　　114

第8章 基于数字孪生的智能产线系统开发与应用   209

第1章

智能产线概论

1.1 智能制造背景

1.1.1 智能制造产生的背景

21世纪以来,我国制造业发展取得了举世瞩目的成就,发生了历史性的变革,从复杂装备、精密仪器到重大工程,逐渐建立起世界上最健全的产业体系,我国成为世界上唯一拥有联合国产业分类中全部工业门类的国家。近十年来,我国制造业增加值从2012年的16.98万亿元增加到2021年的31.4万亿元,占全球比重从22.5%提高到近30%,持续保持世界第一制造大国地位。目前,我国虽然已是制造业大国,但产业大而不强、自主创新能力不足、基础制造水平落后、低水平重复建设等问题依然突出,存在核心技术未能实现完全自主、整体仍处在世界制造业价值链下游等问题。此外,第四次全球产业转移正在进行,我国劳动密集的传统制造行业优势已逐渐弱化,大量低端制造劳动密集型产业正在从中国转移到越南、印度尼西亚等东南亚国家。当前制造业呈现劳动力成本攀升、产能过剩、资源利用效率低、环境污染问题突出、竞争激烈的紧张态势均表明,对制造产业链进行升级改造,提升制造业的数字化、网络化和智能化水平对于一个国家工业化进程举足轻重[1]。

新一代信息技术和先进制造技术的发展、融合,推动了新一轮的工业变革,转型升级已成为制造业发展的迫切需要。信息革命正从技术革命向经济社会加速演进,世界经济数字化转型成为大势所趋,制造业的信息化、互联化转型必将成为制造业科技发展的重要任务。因此,制造业的发展必须适应时代的脚步,顺应日益增长的生产需求,转型升级成为迫切需要。先进制造技术是工业技术生产的核心基础,在制造业数字化、网络化和智能化转型中占据重要地位,覆盖产品的智能设计、制造、服务等全生命周期过程;而云计算、边缘计算、5G通信等新一代信息技术打开了物理世界与虚拟世界的通道,以高效的信息传输和强大的计算能力拓宽了智能制造发展的空间;联系分散的"信息孤岛",协助实现人-机-物-法-环的交互与共融,是数字化转型与智能化改造的引擎和助力[2]。

1.1.2　智能制造的发展战略

第四次工业革命的悄然兴起,使得美国、德国、英国、日本等发达国家相继部署制造业发展战略,我国也在 2015 年推出了"中国制造 2025"的战略规划。从内容上看,各国"再工业化"战略的规划与方案虽不尽相同,但其重点和核心均落在"智能制造"上,发展智能制造是各国统一的目标,是提升国际竞争力的关键举措。各国围绕智能制造所提出的发展路线如表 1.1 所示。

表 1.1　各国的智能制造强国战略

国家(地区)	战 略 计 划	提 出 时 间	主 题 内 容
欧盟	欧盟 2020 战略	2010 年	核心是实现三类相互促进的增长,即智能增长、可持续性增长和包容性增长
美国	先进制造战略	2012 年	加速的"再工业化"和"制造业回归"
德国	工业 4.0	2013 年	智能＋网络化,发展以 CPS 为核心的智能工厂
英国	工业 2050 战略	2013 年	未来制造业是"服务＋再制造"
法国	未来工业计划	2015 年	以工业工具现代化和通过数码技术改造经济模式为宗旨
日本	新机器人战略	2015 年	将机器人产业作为支柱产业,推进机器人技术在其他领域的落地应用,稳住"机器人大国"地位
中国	中国制造 2025	2015 年	以智能制造为主攻方向,重塑制造业技术体系、生产模式、产业形态和价值链,实现信息化、智能化、网络化、服务化、协同化的融合发展,推动中国制造业转型升级

1. 欧盟"欧盟 2020 战略"

2010 年 3 月,欧盟委员会公布"欧盟 2020 战略"将其作为欧盟未来 10 年发展的重点和指南,这一备受瞩目的战略将信息、新能源、节能为代表的先进制造作为重点发展对象,旨在发展经济、摆脱金融危机的同时,创造可持续的发展空间,通过智能化、信息化、绿色化的升级改造实现持续的经济增长,帮助其在全球制造业改革的浪潮中稳固根基,立于不败地位。

2. 美国"先进制造战略"

美国是智能制造的重要发源地之一。为在全球新一轮制造业变革中抢占先机,2012 年 2 月,美国国家科技委员会发布《国家先进制造战略规划》,提出以中小企业、劳动力、伙伴关系、联邦投资以及研发投资等为主体的五大发展目标和具体实施建议。该战略计划提出将数字化与智能制造、先进材料和先进制造技术作为发展方向,贯彻落实"再工业化"和"制造业回归",以复苏实体经济,应对其国内越发严重的产业空心化问题。

3. 德国"工业 4.0"战略

2013 年德国发布"工业 4.0 战略",其核心是"智能＋网络化",即以信息物理系统(cyber physical systems,CPS)为基础,通过设施的智能化和以网络为媒介的设施间通信,构建智能工厂,实现产品的智能制造,从而确保德国处于供应商领先和市场领先的"双领先"地位。该战略主要包括智能工厂、智能物流和智能生产三大主题。智能工厂重点研究设备乃至整个生产系统的智能化,集成设备、传感器、生产管理系统等,实现分布生产设备之间的网络化通信与管理;智能物流旨在借助物联网和互联网合理安排物流资源,提高资源利用率和物流效率。智能生产侧重于将人机交互、3D 打印、计算机辅助制造等先进技术融入产品的设计与制造过程,从而打造高度灵活、个性化、网络化的产业链。

4. 英国"工业 2050 战略"

英国是世界上第一个进行工业化革命的国家,有"现代工业革命的摇篮"和"世界工厂"之称。2013 年 10 月,英国政府推出"工业 2050 战略",指出未来制造业是"服务＋再制造",将服务纳入产品全生命周期,以消费者需求为导向,时刻关注市场动向,把握机遇,提升竞争力;通过再制造为制造业注入新的动力,提升可持续发展能力。

5. 法国"未来工业计划"

2015 年 5 月,法国时任总统奥朗德推出未来工业计划,该计划明确提出了以工业工具现代化和通过数码技术改造经济模式为宗旨的未来工业,即新工业法国模型。这一模型将数据经济、智慧物联网、数字安全、智慧饮食、新型能源、可持续发展城市、生态出行、未来交通、未来医药作为九大优先发展领域,明确了未来发展工业的重点与方向。除此之外,该计划支持企业在增材制造、虚拟现实、增强现实等方面实施结构性计划,获取突破性成就,帮助法国获得欧洲或全球领先地位。

6. 日本"新机器人战略"

传统制造业强国日本在此次智能制造工业改革中选择以机器人为突破口,早在 2014 年日本就在《2014 制造业白皮书》中提出将机器人产业作为发展重点,而2015 年 1 月发布的"机器人新战略",再次巩固日本在机器人产业中的强势地位,该战略致力发展协同机器人和无人工厂,力图通过创新数字网络、软件系统、机器人、物联网等技术构建"世界机器人创新基地",研制智能应用机器人,融合互联网实现机器人数据的存储和交换,以抢占未来"智能制造"的制高点。

由此可知,智能制造已经成为当前世界发达国家在制造业上进一步发展的战略方向,在不久的将来实施智能制造也将是世界各国先进制造业发展的必经之路。上述战略基于不同的背景提出,所针对的各国国情也各不相同,但其目标均是实现制造的智能化和网络化,使分散的制造资源得到信息化的管理和网络化的通信;创造完备的信息化世界,使其与物理世界建立起稳固精确的连接,进而交互融合,推动制造业的智能化转型。与此同时,为推动"中国制造"向"中国智造""中国创造"加速转变,国家重点研发计划也相继启动以实施"智能制造(工业 4.0)与智慧服务的研究与示范工厂""网络协同制造和智能工厂"等为主题的重点专项,以研究所与高等院校为主导,由企业提供示范应用平台,围绕制造装备、汽车、家电、制药、家具等行业进行智能化改造。

1.1.3　产线智能化的困境

制造车间是组织生产的基本单元,产线是构建智能车间的基础。通常,产线指产品生产过程所经过的路线,即从原料进入生产现场开始,经过加工、运送、装配、检验等一系列生产活动所构成的路线。在智能制造的发展背景下,产线面临的困境如下。

(1) 个性化、定制化的生产模式,烦琐的产品制造流程和复杂多变的生产环境使得生产现场所采集的数据呈现多源、异构的特点,海量数据得不到高效及时的采集和处理,数据的准确性和完整性也难以保证,导致数据无法最大化发挥其对生产状况的指导作用,也使得数据驱动的产线难以实现真正意义上的透明化、可视化和实时化。

(2) 大规模个性化定制导致的车间工件加工种类多、小批量以及交货期限差异化等,对生产物流协同机制提出了较高的柔性化要求。目前,车间生产物流由于缺乏有效的信息感知方法,物流不能及时感知生产波动造成加工原料缺失、工件积压的两极现象,造成生产拖期,甚至会严重影响车间加工效率。

(3) 产线存在严重的信息孤岛问题,信息系统难以实现与物理系统之间的实时信息传递和反馈,导致系统内部信息共享受阻、数据流通闭塞,造成生产管理不便。

(4) 面向产线生产过程监控、物流实时配送、质量追溯过程的实时决策能力较弱,对采集的数据缺乏灵活运用的能力,尽管自动化技术已在生产现场部署,但其数据通信的实时性依然难以满足实际生产需要。如何利用实时数据监测判断当前生产状况并及时作出相应决策,实现高效自适应的生产,是当前构建智能产线面临的一个巨大挑战[3]。

综上所述,数字化、网络化、智能化管控是当前构建智能产线亟须解决的关键问题,而新一代信息技术、人工智能和先进制造技术的出现充分应用计算机技术辅以网络化技术解决了信息传输困难、低效、高延时的痛点,实现多源异构网络的并存与共融,帮助产线建立起完备的通信、管理机制,为以数据为核心的产线生产、监测、决策过程提供了有力的支持和保障。

1.2   国内外研究现状

围绕着智能产线的运行优化难点问题,本节从产线状态数据实时采集与云-边协同计算、产线多级批量生产任务的集成规划与优化、生产物流的主动感知与协同调度、刀具磨损状态智能监控与寿命预测、面向多工序加工过程的工件质量追溯、复杂加工装备的健康状态综合评价、基于数字孪生的智能产线建模与可视化等七个方面进行研究现状阐述与分析。

1.2.1   产线状态数据实时采集与云-边协同计算

随着人工智能和传感器技术的发展,工业领域越来越重视物联技术的应用,产线状态数据的采集为关键一环。其中,数控加工装备多源信息采集主要是通过传感器和相应的采集装置获取装备的状态参数,利用状态参数为关键部件检测和装备健康状态评价提供数据支撑。

1. 状态数据实时采集方面

Xu 等利用宏指令对五轴数控机床的试件加工过程进行振动信号采集,并借助分段式采集的方法实现数据采集与数据处理的同步进行[4]。刘广琪利用发那科公司的 FOCAS 库函数建立数控机床与 PC 上位机的通信,通过软件的二次开发实现对机床关键数据信息的采集[5]。李杰等通过机床内置传感器采集到的数据快速检测机床加工精度[6]。孙顺苗等利用外接传感器的方法并借助数控系统通信协议综合获取数控机床运行数据[7]。徐卫晓等利用振动、噪声传等多个传感器综合检测铣刀的磨损状态[8]。陈勇等利用多组加速度传感器采集数控机床主轴的振动信号,用于检查机床主轴的健康状态[9]。目前智能车间主动感知的方法主要有事件驱动、本体技术等方法[10-11]。国内外学者针对主动感知的方式也进行了深入的研究:张耿通过事件驱动将物联数据处理为服务上层协同决策的关键信息,并将关键信息进行集成以实现其在多项异构系统之间的交互[12];路飞等采用本体技术实现加工资源生产服务的主动感知,并通过语义规则实现模型的扩展和语义的推理[13];顾丰丰通过对异常扰动进行分析并构建了一种事件和周期混合驱动的重调度模型[14]。

2. 云-边协同计算方面

Jinke R 等提出的云边缘协作方法能够有效地提高延迟性能[15]。Ding 等提出了一种云边缘协作框架,通过浅层卷积神经网络模型提供持续时间长、响应速度快的认知服务,给用户带来了良好的体验[16]。Zhang 等在工业互联网中提出了一个 Cloud-Edge 协作的工业设备管理服务系统,在一定程度上提高了工业现场系统的响应速度,减轻了数据传输带来的网络带宽负载压力,推动了工业物联网向智能化发展[17]。罗阳提出了基于云-边协同的制造过程质量诊断体系框架,设计了基于云-边协同的质量诊断服务组合优化方法,并通过实验验证了质量诊断模型及服务组合优化方法的有效性[18]。聂丹颖提出了基于云-边协同计算的设备故障诊断系统分层框架,研究了云-边协同场景下的诊断贝叶斯网络的建模和服务组合优化方法,最后对系统进行了设计和实现,并结合实际案例验证了系统的可行性[19]。杨丰赫提出了一种云边协作的工业互联网排产框架。通过构建边缘预处理模块与云端通用求解模块,实现了排产模型的解耦合;通过优化云边协作的中间结果,降低了云端计算量与网络传输开销,提升了排产效率[20]。王梦瑶等针对智能工厂底层大量终端设备产生的海量数据在中心云处理分析和边缘设备实时计算两个层面的需求,提出一种基于云-边协同的智能工厂工业互联网架构,并应用该工业互联网架构实现一种基于云-边协同的生产线环境监测系统[21]。李东阳等设计一种适用于机床刀具故障诊断的云边端协同架构,通过底层产线、边缘节点与工业云平台的高效协同,实现机床刀具故障的及时预警[22]。陈玉平在全面调查和分析云-边协同相关文献的基础上,重点分析和讨论了资源协同、数据协同、智能协同、业务编排协同、应用管理协同和服务协同等协同技术的实现原理和研究思路与进展。然后分别从云端和边缘端深入分析了各种协同技术在协同中所起的作用以及具体的使用方法,并从时延、能耗以及其他性能指标方面对结果进行了对比分析[23]。

综上所述,以数控加工装备为核心的产线系统数据采集方式主要分为两种。一种为借助内置传感器,利用机床的通信接口或者以太网实现数据采集;另一种为借助外部传感器,将传感器安装在需要状态检测的关键部件上采集状态数据。而云-边协同计算在智能制造的研究总体上还处于起步阶段,目前的研究主要针对软制造资源和简单硬制造资源开展虚拟化和服务化研究,复杂异构多样的硬制造资源的虚拟化和服务化技术尚有待进一步突破。

1.2.2　产线多级批量生产计划的集成与优化

生产计划是产线进行稳定和高效生产的基础。面向产线多级批量生产计划问题可以描述为在 M 条生产线中加工 N 个产品,确定每个周期及每条产线中待加工产品的生产批量和加工顺序,在满足需求的情况下,以平衡生产准备和生产库存成本,从而优化生产总成本[24-25]。具体研究问题包括单级无容量批量确定问题(single-level uncapacitated lot-sizing problem,SLULSP)、单级有产能约束批量确定问题(single-level capacitated lot-sizing problem,SLCLSP)、多级无产能约束批量选择问题(multi-level uncapacitated lot-sizing problem,MLULSP)和多级有产能约束批量问题(multi-level capacitated lot-sizing problem,MLCLSP)等。其中,MLCLSP 是最复杂的,其数学模型是一个混合整数规划的 NP 问题,对于该类问题的研究方法主要分为三类:基于分解的方法、传统启发式方法和仿生算法。

(1)基于分解的方法是将一个大的整体划分为子模块,并且在分布式计算方面比其他过程更灵活。可以区分基于问题的分解方法和基于解空间的分解算法。前者将原始问题分解为子问题。在文献[26]中,MLCLSP 被分解为一系列 CLSP,然后通过改进的 Dixon-Silver 启发式方法求解 CLSP。对于考虑了具有特定项目资源的连续物料清单结构的 MLCLSP,Boctor 等通过构造一个替代的单层问题来处理多层问题,然后通过贪婪启发式方法来解决[27]。基于解空间的分解是将整个解决方案空间分解为子空间,例如分支定界算法、分支切割算法、分支选择算法,所有这些算法都在“分支”部分生成解空间的部分新的不相交子集。Zhang 等将数据驱动过程与分支和选择过程相结合,实现了解决有产能约束批量问题[28]。

(2) 构造启发式方法是 MLCLSP 求解方法领域的另一个主要研究方向。启发式方法意味着只探索部分解空间,并试图在合理的时间内找到一个好的可行解,目的是满足一定精度的要求,减少求解时间。Ramezanian 等实施了三种启发式方法来求解考虑可用性约束的 MLCLSP,松弛了二进制变量和约束[29]。拉格朗日启发式方法用于将两级 CLSP 问题松弛为连续背包问题,该问题可使用有界变量线性规划轻松解决[30]。MLCLSP 开发了一种 Lagrangan 启发式方法,该方法具有关联的批量大小[31]。Tempelmeier 等结合变量邻域分解搜索和精确混合整数规划(variable neighborhood descent search-mixed integer programming,VNDS-MIP)来求解 MLCLSP,其使用精确的 LP/MIP 解算器 ILOG CPLEX,然后根据邻域搜索规则固定变量[32]。

(3) 仿生算法是模拟自然现象或规律以解决问题的过程,如人工蜂群算法(artificial bee colony,ABC)、遗传算法(genetic algorithm,GA)和蚁群优化算法(ant colony optimization,ACO)等。Zhao 提出了 BAC 和修复优化算法的混合算法,其中 BAC 是为了避免局部最优[33]。Pitakaso 将 ACO 与 MLCLSP 的固定和放松启发式相结合,其中 ACO 使用在先前迭代中建立的虚拟信息素浓度,为下一次迭代挑选出有希望的子集[34]。为了解决文献[35]中存在积压的 MLCLSP,Toledo 提出了一种混合多种群遗传算法,它结合了基于固定和优化启发式和数学规划技术的多种群。Mohammadi 提出了一种基于 GA 的具有序列相关设置的 CLSP 启发式算法,其中滚动水平启发式算法改进结合了遗传算法,以克服计算的不可行性[36]。与变邻域搜索(variable neighborhood search,VNS)杂交的 GA 在文献[37]中利用设置时间解决 CLSP,其中 GA 生成解决方案,然后使用 VNS 来提高解决方案的质量。ACO 算法更适合于在图上搜索路径,因此它更倾向于处理可以转化为路径优化的问题。在求解 MLCLSP 问题时,BA 更适合于改进其他算法,以避免陷入局部极值。

综上所述,传统的启发式方法大多基于启发式规则,对解空间的搜索是片面的,这导致可以找到可行的解决方案,但解决方案的质量很差,需要为问题找到特定的启发式规则,而这些规则通常很难构造。相比之下,仿生算法虽然也是一种启发式算法,但搜索具有一定的进化方向,并且具有一定的随机性。通过仿生算法实现的 MLCLSP 的大多数解决方案具有更好的质量。但单一的仿生算法求解 MLCLSP 的结果仍然存在差异，其原因可能是陷入了局部最优或者解的收敛性不好。因此，近年来仿生算法求解 MLCLSP 问题的研究多采用混合仿生算法，目的是通过结合不同算法的优点，弥补单一算法的缺陷，本书第 3 章将采用蜉蝣算法求解建立的生产计划集成模型，该方法是一种集中了粒子群算法与遗传算法优点的混合群智能算法。

1.2.3　生产物流的主动感知与协同调度技术

作为智能产线的两个重要环节，生产与物流之间通过工业物联网相互连接，获取了包含生产物流关键信息的大规模复杂数据，如何在数据分析的基础上获取生产物流状态和实现生产与物流的动态协同运行，已成为当前智能产线关注的焦点和难点。

1. 库存与产线生产物流协同框架方面

张映锋研究了加工资源与 CPS 的映射，将 AGV(automated guided vehicle，自动导引运输车)和加工资源看作具有感知协同和决策能力的模型，按照 CPS 的概念将车间协同框架分为物理、信息及系统 3 个部分[38]。王爽将加工资源看作具有自治能力的智能体，按照递进特征将车间协同框架分为状态感知、实时分析、自主决策和执行[39]。张泽群在考虑系统重构的基础上，结合物联网(Internet of Things，IoT)和动态调度理论将车间协同框架分为分析层、适配层和开发层[40]。周津结合 IoT 多源异构性的特点构建了一个多源异构信息融合结构框架，包括数据采集、抽象、集成与特征抽象[41]。孙阳君等针对多 AGV 调度系统优化程度低的问题，结合数字孪生和集中调度思想建立了车间协同框架，包括物理、虚拟、孪生数据中心和支撑服务四个层次[42]。刘业峰等将车间协同框架分为设备层、加工单元层、管控层和云平台四个层级[43]。潘俊峰提出一种基于物理层、监控调控层和自组织层的多智能体(Agent)智能车间可行架构[44]。Zhang 等结合 IoT 和信息-物理系统将车间协同框架分为智能建模、智能生产-物流系统和自组织配置，使车间内的物流 AGV 与生产设备相互适应协同[45]。

2. 库存与产线生产物流协同调度方面

学者们常用的解决方法是启发式的群智能优化算法和多智能体系统(multi-agent system，MAS)。群智能算法通过不断对结果进行迭代和寻优，找到满足已知约束的较优结果，当前常用于解决 JSP 问题的智能优化算法有遗传算法[46-48]、蝙蝠算法(bat algorithm，BA)[49]、Jaya 算法[50-51]、蚁群算法[52-53]、鲸鱼算法(whale optimization algorithm，WOA)[54-55]和蝗虫算法(grasshopper optimization algorithm，GOA)[56-57]等。另外，将车间内机床、AGV、原料库和成品库等加工资源看作一个具有感知、分析、监控、决策和执行等能力的智能体，通过多个智能体之间的信息交互和协同决策共同完成车间内的调度任务，陈铭等将信息素应用在多智能体动态智能车间调度模型的求解过程中[58]。管晨丞等以时间、成本、负载等为目标函数构建了基于协同拍卖的多目标动态调度模型[59]。Kouider 等构建了一种多智能体车间调度模型，并以最短智能体闲置时间为目标进行求解[60]。Wang 和 Zhang 等将博弈理论应用在各个智能体的协商机制，构建了基于 IoT 的多智能体调度系统[61-62]。

综上所述，在考虑库存的产线生产物流协同调度中，对原材料/备件/在制品的库存的考虑使得传统的决策模型已不适用于解决生产物流的决策问题。基于上述原因，需要在对库存和车间产线布局确定之后重新构建含有 AGV 的协同调度模型，并采用群智能算法和多智能体等协同调度方法进行求解，以提高智能车间生产与物流的协同效率。

1.2.4　刀具磨损状态智能监控与寿命预测

刀具是产线加工工艺系统中的关键损耗件，其磨损状态直接影响工件的加工质量和机床运行效率。由于加工过程环境极为复杂，刀具磨损过程极具复杂性、随机性和模糊性，对刀具当前磨损状态的有效识别及精度预测成为智能产线的难点问题。

1. 刀具磨损状态识别方法

刀具磨损状态识别方法主要以神经网络等智能算法为建模依据，通过深层反映信号特征与刀具状态的非线性关系来判别刀具状态。Kong 等[63]筛选出能够准确反映刀具磨损状态的敏感特征，所选择的敏感特征分别利用广义矩量法和反向传播神经网络来识别刀具磨损状态。程灿等[64]针对训练支持向量机时参数难确定的问题，通过遗传算法来优化参数，之后采用粒子滤波对结果进行修正，提出了多种方法组合的刀具磨损量识别方法。然而传统的机器学习模型存在训练时间长、效率低的问题，尤其是在数据量较大的时候不能实现实时处理。部分学者将深度学习引入刀具磨损状态识别问题中进行了研究。Vanthien 等[65]提出了一种深度学习网络的体系结构来识别加工刀具的实际磨损状态。Cao 等[66]结合了小波框架和卷积神经网络，提出了一种利用机床主轴振动信号识别刀具磨损状态的新型智能技术。吴雪峰等[67]采用 BP 算法和 Adam 算法对卷积自动编码器网络中的参数进行调整优化，建立了刀具磨损类型识别模型。尽管以上研究在刀具磨损状态识别中取得了一定效果，但是深度学习模型依赖大量样本数据，对于数据量较小的应用场景难以发挥价值。为了解决数据不平衡的问题，董勋等[68]针对刀具数据分布不均衡，在卷积神经网络基础上提出代价敏感函数，所提方法较原始方法有大幅度的效果提升。Jia 等[69]提出了一种深层规范化卷积神经网络(deep normalized convolutional neural network，DNCNN)框架能够解决不平衡故障分类，表明 DNCNN 比常用的 CNN 能更有效地处理不平衡分类问题。

2. 刀具磨损精度预测方法

刀具磨损精度预测方法分为基于物理模型、经验模型和数据驱动的方式[70]。基于物理模型的预测方法按照研究对象的报废机制或受损态势构建物理模型，主要使用 Taylor、Hasting 等人总结的刀具耐用度经验公式[71]，一旦建立符合实际的物理模型准确度会很高，但是随着加工环境以及结构越来越复杂，很难建立符合实际的物理模型且通用性弱，因此这种方法在工程中实用性不强。基于经验的模型无须复杂的预测模型，但存在预测准确度有限的问题。近年来依托于传感器技术和信息技术，基于数据驱动的方法取得长足的发展，更适用于非线性可靠性预测，主要包括数理统计和机器学习两类。

（1）基于数理统计的方法。Sun 等[72]提出了一种基于非线性维纳滤波的刀具磨损和剩余寿命预测模型，推导剩余使用寿命的概率密度函数对基于大样本的不确定性进行定量分析。Yan 等[73]使用基于机器性能历史的 ARMA 模型估计剩余寿命。Liao 等[74]从局部分析和全局分析两个角度获取了刀具磨损状态的深度信息，所提的多尺度混合隐马尔可夫模型保持了刀具磨损值监测的准确性，性能优于单一的隐马尔可夫模型。

（2）基于机器学习的方法。Liu 等[75]提出了改进的人工蜂群算法优化反向神经网络的刀具磨损预测模型的特征融合和多项式曲线拟合的在线 RUL 预测模型。Wu 等[76]使用 315 个铣削试验收集的实验数据验证基于随机森林的刀具磨损预测方法具有更高预测精度。董靖川等[77]从原始信号中自动提取特征建立基于分布式卷积神经网络的刀具磨损量预测模型，与神经网络模型相比预测结果的均方误差降低了 51.3%。Wang 等[78]采用堆叠式自动编码器模型自适应地从加工信号中提取刀具磨损特征，提取的磨损特征和相应的工作条件组合成用于预测工具磨损的工作条件特征序列。最后，利用长短期记忆模型增加记忆积累效应的优势，学习工况特征序列的规律磨损模式，实现刀具磨损的预测。

综上所述，加工环境的复杂性使得基于经验模型和物理模型的刀具磨损建模方法的准确度有待提高，而数据驱动的机器学习方法是研究刀具磨损状态识别和精度预测的有效工具，但是必须考虑训练样本的有效性和样本量大小的问题。

1.2.5 面向多工序加工过程的工件质量追溯

机械多工序加工过程中，影响零件加工误差的因素错综复杂、种类繁多，而且各种因素对零件加工误差的作用方式和影响程度都不同，这导致误差溯源非常困难。针对误差溯源问题，国内外专家学者当前研究方向主要集中于三方面：①通过理论分析建立物理模型，根据加工误差产生机理进行误差追溯；②采用信号处理的方法对加工误差溯源分析；③将深度学习等智能技术应用于误差溯源，使溯源智能化成为可能。

1. 基于物理模型的误差溯源研究

基于物理模型的误差溯源是根据工件加工原理及机床结构,推导误差源与加工误差间的关系,建立误差溯源数学模型。董雪基于在线测量数据分析白车身制造过程常见误差源,以及不同误差源在在线检测数据上的具体特点,对三类易辨识误差源建立了误差溯源模型[79]。黄强等基于虚拟加工原理分析各项误差源对工件加工误差造成的影响,从而进行误差溯源[80]。程强等利用多体系统理论构建机床精度模型,并计算敏感系数,确定主要误差源[81]。夏长久等通过建立齿面误差模型,进行敏感性分析,确定主要误差源[82]。田文杰对九线法进行改进,提高了误差溯源模型的精确性[83]。陈东菊通过建立影响工件加工精度的误差参数敏感度模型进行误差溯源[84]。Schmitz 等综合球杆仪和激光干涉仪测量各项几何误差,分析误差源与零件加工误差间的联系[85]。Xu 等基于嵌入式传感器信号分析监测加工误差,基于多体系统理论建立误差模型对误差源追溯[86]。Fan 等用拓扑结构描述误差模型,并基于准蒙特卡洛的全局灵敏度分析方法对误差进行分析,确定了几何误差与加工误差之间的内在联系和影响,从而快速确定对加工误差影响较大的关键几何误差[87]。这种方法虽然可以综合考虑整个工艺系统的结构和参数信息,但多工序制造过程一般具有非线性、时变、多变量等特点,构建相应的物理模型十分困难,限制了其实际应用效果。

2. 基于信号处理的误差溯源研究

基于信号处理的误差溯源是从实时监测的加工误差入手,采用各类信号处理方法,如小波变换、傅里叶变换、经验模态分解方法等,分析加工误差,反向推出尺寸超差原因,该溯源方法适应性强,可应用于多种加工生产情况,且无须建立精确物理模型反映误差源与加工误差间的映射关系。周玉清采用小波频谱技术对机床旋转轴误差进行追溯[88]。焦寿峰创新性地提出了基于经验模态分解方法的误差追溯方法[89]。李龙根提出基于熵方法的误差溯源[90]。杜国山基于经验模态分解方法对加工误差进行处理,找到系统中各主要的误差源[91]。Magnani 等建立了机床传动系统的线性模型,提出一种基于模态分析的方法进行灵敏度分析[92]。Assaleh 等提出基于离散余弦变换的多分辨率分析方法,克服了小波变换的缺点,提高异常模式识别率[93]。尽管该方法具有良好的适用性,但只能利用信号相关信息,其他信息没有充分利用。

3. 基于智能新方法的误差溯源研究

目前,人工智能技术及信息技术快速发展,面对多工序制造过程中繁杂的误差影响因素及数据,将人工智能、数据挖掘等技术应用于误差溯源成为热门。该溯源方法不仅能够挖掘分析数据间的映射关系,同时构造步骤相对简单,无须建立精确数学模型。该方法中应用较广泛的技术包括支持向量机、神经网络、专家系统、核主成分分析及粗糙集理论等机器学习方法。褚宁应用模式搜索法对机床误差进行溯源[94]。刘玉敏提出了基于 MSVM 的在线误差追溯方法[95]。顾阳通过三通道卷积神经网络建立了误差溯源映射模型,采用剪枝策略优化溯源模型,并得到准确率较高的实验结果[96]。崔浪浪通过模糊数学理论和 BP 神经网络建立了机床误差溯源模型,实现误差追溯[97]。黄然对齿轮误差主要来源做了理论分析,建立齿轮误差原因分析专家系统,将齿轮误差测量数据输入专家系统,可得到误差追溯结果[98]。王军应用了专家系统构建了钢结构质量问题的追溯,实现了钢结构一般质量问题能够追溯到其原因,并采用了优化 RBF 神经网络对焊接工序的质量问题进行追溯[99]。许桢英提出基于小波神经网络的动态误差溯源方法,并获取较好的溯源效果[100]。赵双凤利用基于案例推理的方法对质量问题产生原因进行溯源,充分利用了企业历史案例库[101]。Yu 和 Xi 采用神经网络监控生产过程,识别产品质量缺陷类别,利用遗传算法发现制造参数与产品质量之间的因果关系,进而诊断误差原因[102]。同时,他们基于神经网络和离散粒子群优化算法,对双变量过程中的误差信号进行在线监测,并对过程异常原因进行分类[103]。Yu 等基于多阶段制造过程的状态空间模型,采用主成分分析法对夹具故障进行诊断[104]。Wang 等利用数据挖掘技术对工艺数据进行分析和处理,追查冷轧带钢误差原因[105]。

综上所述,机器学习在误差溯源方面起着重要作用,其在识别分类领域的目标与误差溯源非常相似:分析数据,识别分类。这为工件误差溯源模型的建立提供了一种思路,但机器学习模型参数需要凭经验确定,不具有普适性。因此,如何选择合适的优化方法对基于机器学习的误差溯源模型参数优化是需要研究的重点。

1.2.6 复杂加工装备的健康状态综合评价

数控加工装备关键部件的健康状态直接影响着其产线加工质量和生产安全。对数控加工装备健康状态进行综合评价,能够在装备状态退化早期及时得到感知,及时更换有隐患的关键部件,从而减少或避免数控加工装备的故障次数,提高装备安全稳定性,降低装备维修成本。

1. 关键部件状态分类评价

数控加工装备发生故障往往是由于某些关键部件结构发生变化,最终导致装备某些功能失效甚至完全不能工作,因此对关键部件进行状态评价有助于更准确地对装备进行状态评估。Suh S 等借助卷积神经网络实现对轴承健康状态进行预测,该方法不需要设定阈值且比一般的深度学习算法所需数据量更少[106]。郑凯将均方根、峰值因子、峭度指标和频谱分区求和 4 个特征作为轴承剩余寿命预测的退化指标,利用改进的卷积神经网络对轴承寿命进行预测,具有较高的准确率[107]。Jin 等将滚动轴承振动信号作为输入信号,利用双向长短时循环神经网络对其进行分类,实现滚动轴承的状态检测[108]。Paudyal S 分别以工作状态下的加速度幅值和局部最大加速度幅值为故障分类的特征参数,利用 KNN 算法完成故障特征分类,实现旋转机械的故障诊断[109]。Appana 等将卷积神经网络与包络谱方法结合,研究在转速变化的情况下如何对轴承的健康状态进行检测[110]。Kim J 等利用切削力的电流信号、特征参数和离散小波变换建立诊断模型,再利用自动编码器实现刀具的故障诊断[111]。刘星建立了基于支持向量机的滚珠丝杠磨损状态识别模型,利用伺服系统的电流信号实现滚珠丝杠的状态监测[112]。Huo 等将支持向量机与加权置换熵相结合用于轴承的健康状态检测,并在 CWRU 数据集上证实具有较高的置信度[113]。赵婧怡从风电齿轮箱原始电流信号和包络信号中分别学习不同的故障特征,将特征输入支持向量机实现齿轮箱不同故障类型的智能识别与诊断[114]。Rashid M 等利用频率模式树与滑动窗口相结合的方法,实现状态检测功能[115]。Xiao 等将卷积神经网络与二维小波包能量图像相结合分别用于轴承和主轴的状态检测[116]。

2. 健康状态综合评价

针对数控加工装备健康状态的评价可以分为四大类:基于解析模型的方法、基于知识驱动的方法、基于时间序列模型的方法和基于数控驱动的方法。Deng 等利用 Adams 建立了数控机床进给系统的动力学仿真模型,通过结构参数与相关性能参数之间的性能映射模型实现机床健康状态预测[117]。段超群针对多状态退化特征的数控加工装备,通过使用协变量为连续时间的马尔可夫模型对其健康状态进行预测[118]。Duan 等利用自回归退化模型和基于最优贝叶斯的隐半马尔可夫模型对机床健康状况进行了评估,取得了不错的效果[119]。刘勤明等结合多组传感器数据信息,利用自适应性半马尔可夫模型对装备健康状态进行了预测,证明了该模型相比传统的隐式半马尔可夫模型具有更高的准确度[120]。Guo 等采用伽马过程来表征数控机床的退化过程,引用随机效应建立非均匀性的机床性能退化模型,并利用贝叶斯估计方法对模型参数进行更新,实现对数控机床可靠性的评估[121]。Zhang 等在分析数控机床伺服系统故障机理的基础上,结合专家知识和定量信息,建立了基于置信规则库的伺服系统故障预测模型,利用证据推理算法实现故障的在线预测[122]。郭昊利用 BP 神经网络建立知识库对数控机床进行健康预测[123]。

综上所述,将加工装备的关键部件分为两类,易损件采用准确率较高的机器学习方法实现部件的状态评价;非易损件或者缺乏足够数据集支撑的关键部件采用时间序列模型的方法,只需要少量的状态数据就能实现装备关键部件状态评价。基于关键部件的评价结果,可以采用局部-整体的映射方法来对加工装备整体进行健康状态评价。

1.2.7　基于数字孪生的智能产线建模与可视化

数字孪生概念最早由 Grieves 于 2003 年在密歇根大学提出,早期主要应用于军工和航空航天领域。数字孪生应用的主要任务是创建应用对象的数字孪生模型,包括物理实体、虚拟实体以及它们之间的联系[124]。近年来,智能制造的影响越来越大,导致许多关于数字孪生融入制造业的研究,数字孪生技术在智能制造的实施中发挥着关键作用,许多学者将研究重点放在这一领域[125]。

1. 基于数字孪生的制造系统框架

为了支持制造系统的建模、仿真和评估,Yildiz 提出了基于数字孪生的虚拟工厂及其架构的概念,验证了基于数字孪生的虚拟工厂如何支持工厂的生命周期[126]。陶飞等从理论上分析提出了数字孪生车间系统组成、运行机制、特点和关键技术等更深层次的实现方法。同时,其对数字孪生数据驱动的物理车间与虚拟车间的交互与融合进行探讨和总结,结合车间实体、虚拟、服务和数据,探索数字孪生在制造车间实现的理论框架,为数字孪生车间的实践提供了理论和方法参考[127]。郭东升等提出了基于数字孪生的车间建模框架,通过关注车间内产品、资源和工艺三个方面,分别对产品数字化定义、基于数字孪生的资源建模和工艺信息的数字化定义等问题进行了研究分析[128]。Ma 等提出了一个数字孪生驱动生产管理系统的框架,以支持生产车间的网络物理系统,包括产品设计、产品制造和智能服务管理,试图解决生产管理中出现的一些挑战,包括利用信息技术和消除动态干扰[129]。为了在车间层面建立物理世界和虚拟世界之间的有效联系,Jiang 等提出了一种离散事件系统(discrete event simulation,DES)理论,用于构建和实现三维孪生模型[130]。针对制造数据具有耦合和大量的特点,导致应用程序的操作效率低下和不准确的问题,Kong 等提出了一种数据构建方法,为数字孪生系统的应用提供了稳定、高效的数据支持[131]。针对现有的车间布局优化算法很少考虑来自车间的物理信息的实时反馈,使得布局不能自我调整以在制造过程中实现优化,Guo 等提出了一种基于数字孪生的离散制造车间布局优化方法,其中通过孪生数据融合、信息和物理交互融合以及数据分析和优化来解决车间布局问题[132]。为了提高船用柴油机的生产质量和效率,Hu 等构建了一种用于制造柴油机的数字孪生车间框架,提出了一种面向对象的数字孪生建模方法和一种虚拟与真实数据融合方法[133]。Coronado 等将制造执行系统的数据与机床数据相关联,使用该数据建立数字孪生车间以优化生产控制[134]。为了在制造车间优化调度并开发智能调度方法,Liu 等将数字孪生技术集成到超网络中[135]。Zhang 等提出了一种新的基于车间数字孪生调度代理和多服务单元数字孪生调度的双层分布式动态车间调度体系结构[136]。在该体系结构中,物理车间的调度被分解为第一级的整个车间调度和第二级的服务单元调度。在第一级,整个车间调度由其虚拟车间协调代理执行,该代理嵌入由多服务单元数字孪生组成的车间数字孪生。在第二级,第一级调度协调的调度任务由与其服务单元数字孪生相关联的服务单元调度代理以分布式方式执行。

2. 孪生数据驱动的产线模型

为了获得高质量的生产线模型并提高建模效率,Gao 等提出了孪生产线的概念,并为其提供了实时建模和仿真方法,并允许在生产之前对系统进行权威的数字设计[137]。孙萌萌等针对飞机总装配生产线数字孪生系统中数据采集及可视化的实现,在 CPS 五层架构的基础上,利用飞机总装配生产线生产现状的事件驱动 CPS 系统建模方法并结合改进后的 Moore 型有限状态机来设计飞机总装配生产线数字孪生系统总体架构[138],为飞机总装数字孪生产线提供了理论参考及实践方法。孙恺廷等探索了基于数字孪生的车间三维虚拟监控系统,结合虚拟监控系统的实际需求,参考五维模型的架构和 C2PS 模型“云”部署的方式,在已有数字孪生理论模型的基础上,结合工业物联网平台强大的数据整合和系统集成能力,提出以工业物联网平台为系统服务层基于数字孪生的车间三维虚拟监控系统六维模型,丰富了通过数字孪生实现车间可视化监控的理论方法[139]。

上述研究为数字孪生在生产系统方面的应用与发展提供了理论基础和相关的技术手段,但对数字孪生在产线中的应用,缺少从孪生模型构建、物理系统孪生数据的采集以及产线的实时映射等的整体解决方案。因此,实现产线的数字孪生,可提高生产过程的透明度并优化生产过程。

1.2.8　智能产线发展的新趋势

智能制造在未来很长一段时间内将成为国家发展的重点,具有良好的应用前景,智能产线呈现以下新趋势[140]:工业大数据将成为智能化和网络化的基石,辅助完成市场的精准把控和生产过程指导;需求导向、痛点聚焦将指引人工智能走入现实;互联网、物联网将推动先进制造业与现代服务业深度融合,实现产品结构的高端化和服务化;数字孪生将使远程运维和方案预演成为可能;协作机器人将成为工业机器人的主要发展方向;云-边协同将给工业智能带来新的驱动力;生产设备的智能化、自适应、自判断、自决策将成为设施更新的必要标准。

1.3　新一代信息技术和人工智能赋能产线

1.3.1　智能产线的定义与特征

智能产线作为信息物理深度融合的制造系统,是应对消费需求升级挑战与实现生产方式转变的必然途径。通过泛在的物联感知和网络协同技术,使制造设备高度互联、制造数据深度集成与产线动态重构,旨在实现生产过程的自主感知、状态评估、自适应运行及智能优化控制。“中国制造 2025”发布的九大战略任务之一——“推进信息化与工业化深度融合”明确指出:“加快发展智能制造装备和产品,组织研发具有深度感知、智慧决策、自动执行功能的智能制造装备以及智能化生产线。推进制造过程智能化,在重点领域试点建设智能工厂/数字化车间,促进制造工艺的仿真优化、数字化控制、状态信息实时监测和自适应控制。深化互联网在制造领域的应用,加快开展物联网技术研发和应用示范,培育智能监测、远程诊断管理、全产业链追溯等工业互联网新应用。加强互联网基础设施建设,组织开发智能控制系统、工业应用软件、故障诊断软件和相关工具、传感和通信系统协议,实现人、设备与产品的实时联通、精确识别、有效交互与智能控制。"[141]智能产线具有以下特征。

第一,产线的自动化。利用机器人、自动化控制设备建立全自动的产线,提高机器的智能化水平。

第二,产线的柔性化。将多种生产模式相结合,当产线任务变更时,可以直接切换到所需模式而不需要更换整条产线,显著提高设备利用率、减少生产成本,做到物尽其用,能良好适应如今多品种、小批量、个性化的生产需求;柔性产线的生产能力相对稳定,当产线上的一台机器发生故障时,有降级运转的能力,物料传输系统也能自行绕过故障机器,不影响整条产线的运作。

第三,产线设备的网络化。对产线设备进行信息化、网络化、追溯化管理,设备需要具备数据采集、传输以及互联互通的能力。不同于传统产线设备之间相互独立的关系,智能产线需要打破信息孤岛,实现设备、人、生产管理系统的实时信息交互,在产线生产的各个环节进行协同作业。

第四,产线数据的可视化。建立智能产线的数据采集系统,对产品工艺信息、产品加工过程、产品质量参数、订单完成进度、设备状态、物流信息等实时数据进行采集和存储,并在客户端、Web浏览器和电子看板实现可视化和智能分析,为产线的自主决策提供数据支持。

1.3.2 智能产线运行优化的实现框架

智能制造发展规划(2016—2020 年)中明确指出智能制造是基于新一代信息通信技术与先进制造技术深度融合,贯穿于设计、生产、管理、服务等制造活动的各个环节,具有自感知、自学习、自决策、自执行、自适应等功能的新型生产方式[142]。

相对传统的离散产线和半自动产线,智能产线是在智能化生产与物流装备的基础上通过网络实现装备之间的数据交互和共享,具备数据采集、共享和分析的功能,具备自我故障诊断、生产工序调度功能,还具备物流调度,任务分配的功能,使得离散型产线更加柔性,且由于离散产线所需的物料种类繁多,提高产线的生产效率。如图 1.1 所示,智能产线运行优化的实现框架由设备层、感知层、数据层、应用层和可视化层组成。

设备层:设备层包括产线中可采集数据的物理实体,包括 AGV 小车、自动运输带、加工中心和工业机器人等,通过传感器等为智能产线采集和传输动态数据,同时应具备自感知、自决策的能力。其间各要素应建立广泛的连接,且能够实现对多源异构数据进行连续、实时、准确地采集以及传输和存储。

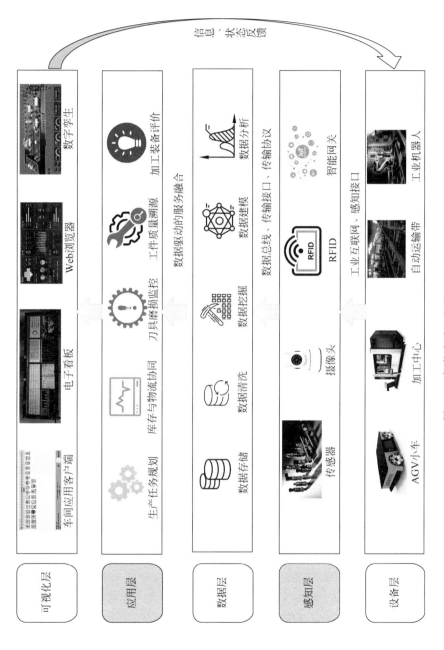

图 1.1　智能产线运行优化的实现框架

感知层：感知层由基本的感应器件（例如，无线射频电子标签和读写器、各类传感器、摄像头、二维码标签和识读器等基本标识和传感器件）以及感应器件组成的网络（例如 RFID 网络、传感器网络等）两大部分组成，是物联网的核心，是信息采集的关键部分，其主要功能是通过传感网络获取环境信息。

数据层：数据层包含软件系统数据库及关联的 MES（manufacturing execution system）和 WMS（warehouse management system）系统，以数据库技术为支撑，存储了各层自身的数据以及在各层的交互行为中衍生的数据，这些数据具备海量性、多样性、多源异构性等一系列大数据特征。数据层不仅需要完成数据的存储，还需要对这些数据进行整合、分析和处理。

应用层：应用层主要指开展具体产品加工生产涉及的生产任务规划、库存与物流协同、刀具磨损监控、工件质量溯源和加工装备评价等应用需求。

可视化层：可视化层主要是以 Web 浏览器、车间应用客户端和电子看板 3 种方式体现[143]，用于实现生产过程中任务进度、生产设备状态、产品质量信息的实时监控、可视化和统计分析。

1.3.3　智能产线运行优化的关键使能技术

基于工业物联网的智能产线配置中，通过在物理底层部署各类智能传感设备，包括智能终端、嵌入式系统等，将现场实时状态数据进行边缘侧处理[144]，并与分布式控制系统（distributed numerical control，DNC）、数据采集系统（manufacturing data collection，MDC）、制造执行系统、数字孪生（digital twin，DT）等软件系统集成交互，可实现生产过程的高效化智能管控。如图 1.2 所示，智能产线运行优化涉及的关键技术包括：产线状态数据实时采集与云-边协同计算技术、产线多级批量生产计划的集成与优化技术、智能产线生产物流的主动感知与协同调度技术、刀具磨损状态智能监控与寿命预测技术、工件加工质量的误差分析/溯源与预测技术、复杂数控加工装备的健康状态综合评价技术等。这些关键技术是实现智能产线的重要组成部分，是构建自组织、自学习、自适应、自优化生产系统的核心技术。

1. 产线状态数据实时采集与云-边协同计算技术

针对产线状态数据类型多、数据量大等特点，通过嵌入式系统、外置传感器和内置传感器等工具确定数据采集方案。然后针对外置传感器采集的数据中混杂着噪声信号的问题进行研究，通过工序识别与信号截取完成对无用信息片段的剔除以保留有限信息片段。基于云-边协同计算技术，提出一种基于 RFID 物料主动感知的车间 AGV 云-边协同计算模型框架。

2. 产线多级批量生产计划的集成与优化技术

依据生产规划时间长短的不同，企业生产规划分为企业战略规划、综合生产计划、主生产计划和物料需求计划4个层次。其中主生产计划与物料需求计划直接

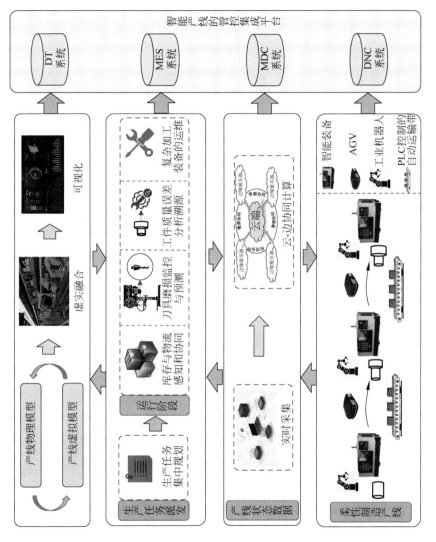

图 1.2　关键使能技术逻辑关系框图

影响产线生产任务的派发。针对产能约束下多级批量生产任务集中规划问题,以最小化总成本包括生产成本、准备成本、库存成本为优化目标,建立该问题的数学模型,并采用混合群智能算法进行求解。

3. 智能产线生产物流的主动感知与协同调度技术

针对生产物流主动感知与协同调度问题,以物流服务生产过程为核心,通过采用多智能体理论、蒙特卡洛树搜索(Monte Carlo tree search,MCTS)算法和重构调控规则等方法与技术,研究了基于“感知-分析-监控”的主动感知模型、物流单元分级协同调度和动态协同调控等模型与算法。

4. 刀具磨损状态智能监控与寿命预测技术

针对刀具磨损状态监控与寿命预测问题,在对刀具加工信号进行特征提取与选择的基础上,建立了基于GRNN(general regression neural network,广义回归神经网络)的刀具磨损状态智能识别、基于XGBoost与Softmax的刀具磨损状态智能识别两种方法,实现对刀具磨损状态的准确识别。在此基础上,建立了基于AMPSO-SVR的刀具寿命智能预测模型、基于特征因子与多变量GRU(gate recurrent unit,LSTM变体)网络的刀具寿命智能预测模型,实现对刀具寿命的准确预测。

5. 工件加工质量的误差分析、溯源与预测技术

对工件多工序加工过程的误差影响因素进行分析,基于BP神经网络构建工件加工质量虚拟测量模型,采用多种优化方法对BP神经网络参数进行优化,建立基于改进BP神经网络的误差溯源模型。并引入优化算法,建立一种基于改进支持向量机的工件加工质量预测模型,具有较好的通用性、稳定性及自适应性,可以提供智能决策信息预防工件加工尺寸出现超差现象,实现工件加工无缺陷的目标。

6. 复杂数控加工装备的健康状态综合评价技术

首先,依据数控加工装备的结构特点将其划分为八个子系统,并确定每个子系统的异常种类和各自的采集方案。其次,依据数控加工装备关键部件样本数据集是否充足将其分为两类部件,数据集充足的关键部件采用卷积神经网络模型进行健康状态评价,数据集缺失的非易损关键部件则采用动态时间规整算法进行健康状态评价。最后,利用灰色模糊聚类对数控加工装备健康状态进行综合评价。建立装备-系统-要素评价体系,将不同的评价指标量化成数值,并根据各系统的重要程度构建判断矩阵,搭建机床健康状态评价模型。

参考文献

[1]　张富强,江平宇,郭威.服务型制造学术研究与工业应用综述[J].中国机械工程,2018,29(18):2144-2163.

［2］　李新宇,李昭甫,高亮.离散制造行业数字化转型与智能化升级路径研究[J].中国工程科学,2022,24(2):64-74.

［3］　黄少华,郭宇,查珊珊,等.离散车间制造物联网及其关键技术研究与应用综述[J].计算机集成制造系统,2019,25(2):284-302.

［4］　XU M,WANG H. Precision testing method of five-axis NC machine tool based on 'S' specimen cutting[J]. Journal of Engineering-Joe,2019(23):8733-8736.

［5］　刘广琪.基于 FANUC 数控机床的数据采集系统的设计与实现[D].成都:电子科技大学,2020.

［6］　李杰,陶文坚,陈鑫进,等.基于内置传感器的数控机床多轴联动精度检测方法[J].制造技术与机床,2020(8):35-40.

［7］　孙顺苗,何彦,吴鹏程,等.基于 Storm 流处理的数控机床运行数据监测方法的设计与实现[J].工程设计学报,2019,26(3):245-251.

［8］　徐卫晓,谭继文,井陆阳,等.基于深度学习和多传感器的数控机床铣刀磨损状态信号监测方法研究[J].机床与液压,2020,48(9):66-69.

［9］　陈勇,丁文政,卞荣.数控机床主轴的多传感器迁移学习故障诊断[J].机械设计与制造,2021,368(10):259-262.

［10］　范磊.云制造环境下的车间资源虚拟可视化设计与实现[D].成都:电子科技大学,2020.

［11］　李聪波,寇阳,雷焱绯,等.基于动态事件的柔性作业车间重调度节能优化[J].计算机集成制造系统,2020,26(2):288-299.

［12］　张耿.基于工业物联网的智能制造服务主动感知与分布式协同优化配置方法研究[D].西安:西北工业大学,2018.

［13］　路飞,田国会,李擎.智能空间环境下基于本体的机器人服务自主认知及规划[J].机器人,2017,39(4):423-430.

［14］　顾丰丰.考虑学习效应的多目标柔性作业车间调度问题研究[D].北京:北京交通大学,2020.

［15］　REN J K,HE Y H,YU G D,et al. Joint communication and computation resource allocation for cloud-edge collaborative system[C]. 2019 IEEE Wireless Communications and Networking Conference:Marrakesh,Morocco,2019:1-6.

［16］　DING C T,ZHOU A,LIU Y X,et al. A Cloud-Edge collaboration framework for cognitive service[J]. IEEE Transactions on Cloud Computing,2022,10(3):1489-1499.

［17］　ZHANG H,CHEN S C,ZOU P,et al. Research and application of industrial equipment management service system based on cloud-edge collaboration[C]. Chinese Automation Congress(CAC):Hangzhou,China,2019:5451-5456.

［18］　罗阳.基于云-边协同的制造过程质量诊断研究[D].武汉:华中科技大学,2021.

［19］　聂丹颖.基于云-边协同计算的设备故障诊断系统研究[D].武汉:华中科技大学,2020.

［20］　杨丰赫.基于云边协作的工业互联网智能排产方法研究与实现[D].南京:东南大学,2021.

［21］　王梦瑶,刘佳宜,杨清海,等.基于云-边协同的工厂生产线智能监测系统方案[J].自动化与仪器仪表,2022(8):106-109.

［22］　李东阳,袁东风,张海霞,等.云边端协同的机床刀具故障智能诊断系统研究[J].中国机械工程,2023,34(5):584-594.

［23］　陈玉平,刘波,林伟伟,等.云-边协同综述[J].计算机科学,2021,48(3):259-268.

[24] AGHAMOHAMADI S,RABBANI M,TAVAKKOLI -MOGHADDAM R. Agile two-stage lot-sizing and scheduling problem with reliability, customer satisfaction and behaviour under uncertainty: a hybrid metaheuristic algorithm[J]. Engineering Optimization,2019,52: 1-21.

[25] MOSAYEB M M,AZIMI P,AMIRI M,et al. An efficient simulation optimization methodology to solve a multi-objective problem in unreliable unbalanced production lines[J]. Expert Systems with Applications,2019,138: 1-22.

[26] TEMPELMEIER H,HELBER S. A heuristic for dynamic multi-item multi-level capacitated lotsizing for general product structures[J]. European Journal of Operational Research,1994, 75(2): 296-311.

[27] BOCTOR F,POULIN P. Heuristics for the n-product,m-stage,economic lot sizing and scheduling problem with dynamic demand [J]. International Journal of Production Research,2005,43(13): 2809-2828.

[28] ZHANG C,ZHANG D,WU T. Data-driven branching and selection for lot-sizing and scheduling problems with sequence-dependent setups and setup carryover[J]. Computers & Operations Research,2021,132: 1-16.

[29] RAMEZANIAN R,SAIDI-MEHRABAD M,FATTAHI P. MIP formulation and heuristics for multi-stage capacitated lot-sizing and scheduling problem with availability constraints[J]. Journal of Manufacturing Systems,2013,32(2): 392-401.

[30] FURLAN M M, SANTOS M O. BFO: a hybrid bees algorithm for the multi-level capacitated lot-sizing problem [J]. Journal of Intelligent Manufacturing, 2017, 28 (4): 929-944.

[31] VERMA M,SHARMA R. Lagrangian relaxation and bounded variable linear programs to solve a two level capacitated lot sizing problem [C]. 3rd International Conference on Electronics Computer Technology: Kanyakumari,India,2011: 188-192.

[32] TEMPELMEIER H,BUSCHKUHL L. A heuristic for the dynamic multi-level capacitated lotsizing problem with linked lotsizes for general product structures[J]. OR Spectrum, 2009,31(2): 385-404.

[33] ZHAO Q,XIE C,XIAO Y. A variable neighborhood decomposition search algorithm for multilevel capacitated lot-sizing problems[J]. Electronic Notes in Discrete Mathematics, 2012,39: 129-135.

[34] PITAKASO R,ALMEDER C,DOERNER K,et al. Combining population-based and exact methods for multi-level capacitated lot-sizing problems [J]. International Journal of Production Research,2006,44(22): 4755-4771.

[35] TOLEDO C,DE OLIVEIRA R R R,FRANCA P A. A hybrid multi-population genetic algorithm applied to solve the multi-level capacitated lotsizing problem with backlogging [J]. Computers & Operations Research,2013,40(4): 910-919.

[36] MOHAMMADI M,GHOMI S M T F. Genetic algorithm-based heuristic for capacitated lotsizing problem in flow shops with sequence-dependent setups[J]. Expert System with Application,2011,38(6): 7201-7207.

[37] DUDA J. A hybrid genetic algorithm and variable neighborhood search for multi-family capacitated lot-sizing problem[J]. Electronic Notes in Discrete Mathematics,2017,58: 103-110.

［38］　张映锋,郭振刚,钱成,等.基于过程感知的底层制造资源智能化建模及其自适应协同优化方法研究[J].机械工程学报,2018,54(16):1-10.

［39］　王爽.基于状态感知的智能车间多智能体调度策略研究[D].成都:西南交通大学,2019.

［40］　张泽群,唐敦兵,金永乔,等.信息物联驱动下的离散车间自组织生产调度技术[J].机械工程学报,2018,54(16):34-44.

［41］　周津.物联网环境下信息融合基础理论与关键技术研究[D].长春:吉林大学,2014.

［42］　孙阳君,赵宁.基于数字孪生的多自动导引小车系统集中式调度[J].计算机集成制造系统,2021,27(2):569-584.

［43］　刘业峰,李康举,赵元,等.基于分布式协同的数字化工厂构建及应用[J].控制工程,2020,27(10):1672-1678.

［44］　潘俊峰,唐敦兵,张泽群,等.基于规则调整的多智能体制造系统调度研究[J].机械制造与自动化,2021,50(5):160-163.

［45］　ZHANG Y F,Guo Z G,LV J X,et al. A framework for smart production-logistics systems based on CPS and industrial IoT[J]. IEEE Transactions on Industrial Informatics,2018,14(9):4019-4032.

［46］　MOUSAVI M,YAP H J,MUSA S N,et al. Multi-objective AGV scheduling in an FMS using a hybrid of genetic algorithm and particle swarm optimization[J]. Plos One,2017,12(3):1-24.

［47］　LIU Q H,LI X Y,GAO L,et al. A modified genetic algorithm with new encoding and decoding methods for integrated process planning and scheduling problem[J]. IEEE Transactions on Cybernetics,2020,51(9):4429-4438.

［48］　GOLI A,TIRKOLAEE E B,AYDIN N S. Fuzzy integrated cell formation and production scheduling considering automated guided vehicles and human factors[J]. Ieee Transactions on Fuzzy Systems,2021,29(12):3686-3695.

［49］　ZHANG J J,LI Y G. An improved bat algorithm and its application in permutation flow shop scheduling problem[C]. 4th International Conference on Intelligent System and Applied Material,Taiyuan,China,2014:1359-1362.

［50］　MISHRA A,SHRIVASTAVA D. A TLBO and a Jaya heuristics for permutation flow shop scheduling to minimize the sum of inventory holding and batch delay costs[J]. Computers & Industrial Engineering,2018,124:509-522.

［51］　GAO K Z,YANG F J,ZHOU M C,et al. Flexible job-shop rescheduling for new job insertion by using discrete jaya algorithm[J]. IEEE Transactions on Cybernetics,2019,49(5):1944-1955.

［52］　SAIDI-MEHRABAD M,DEHNAVI-ARANI S,EVAZABADIAN F,et al. An ant colony algorithm(ACA) for solving the new integrated model of job shop scheduling and conflict-free routing of AGVs[J]. Computers & Industrial Engineering,2015,86:2-13.

［53］　ROSSI A,DINI G. Flexible job-shop scheduling with routing flexibility and separable setup times using ant colony optimisation method[J]. Robotics and Computer-Integrated Manufacturing,2007,23(5):503-516.

［54］　MIRJALILI S Z,MIRJALILI S,SAREMI S,et al. Grasshopper optimization algorithm for multi-objective optimization problems[J]. Applied Intelligence,2018,48(4):805-820.

［55］　李西兴,杨道明,李鑫,等.基于混合遗传鲸鱼优化算法的柔性作业车间自动导引车融合

　　　调度方法[J].中国机械工程,2021,32(8):938-950,986.

[56] SAREMI S,MIRJALILI S,LEWIS A. Grasshopper optimisation algorithm:theory and application[J]. Advances in Engineering Software,2017,105:30-47.

[57] 闫旭,叶春明.混合蝗虫优化算法求解作业车间调度问题[J].计算机工程与应用,2019,55(6):257-264.

[58] 陈鸣,朱海华,张泽群,等.基于信息素的多智能体车间调度策略[J].中国机械工程,2018,29(22):2659-2665.

[59] 管晨丞,唐敦兵,魏鑫,等.基于区间协同拍卖策略的改进多智能体车间调度模型研究[J].航空制造技术,2019,62(7):34-42.

[60] KOUIDER A,BOUZOUIA B. Multi-agent job shop scheduling system based on co-operative approach of idle time minimisation[J]. International Journal of Production Research,2012,50(2):409-424.

[61] WANG J,ZHANG Y F,LIU Y,et al. Multiagent and bargaining-game-based real-time scheduling for internet of things-enabled flexible job shop[J]. Ieee Internet of Things Journal,2019,6(2):2518-2531.

[62] ZHANG Y F,WANG J,LIU S C,et al. Game theory based real-time shop floor scheduling strategy and method for cloud manufacturing[J]. International Journal of Intelligent Systems,2017,32(4):437-463.

[63] KONG D D,CHEN Y J,LI N. Force-based tool wear estimation for milling process using gaussian mixture hidden markov models [J]. International Journal of Advanced Manufacturing Technology,2017,92(5-8):2853-2865.

[64] 程灿,李建勇,徐文胜,等.基于支持向量机与粒子滤波的刀具磨损状态识别[J].振动与冲击,2018,37(17):48-55,71.

[65] VANTHIEN N,VIETHUNG N,VANTRINH P. Deep stacked auto-encoder network based tool wear monitoring in the face milling process [J]. Journal of Mechanical Engineering,2020,66(4):227-234.

[66] CAO X C,CHEN B Q,YAO B,et al. Combining translation-invariant wavelet frames and convolutional neural network for intelligent tool wear state identification[J]. Computers in Industry,2019,106:71-84.

[67] 吴雪峰,刘亚辉,毕淞泽.基于卷积神经网络刀具磨损类型的智能识别[J].计算机集成制造系统,2020,26(10):2762-2771.

[68] 董勋,郭亮,高宏力,等.代价敏感卷积神经网络:一种机械故障数据不平衡分类方法[J].仪器仪表学报,2019,40(12):205-213.

[69] JIA F,LEI Y,LU N,et al. Deep normalized convolutional neural network for imbalanced fault classification of machinery and its understanding via visualization[J]. Mechanical Systems and Signal Processing,2018,110:349-367.

[70] AN D,KIM N H,CHOI J H. Practical options for selecting data-driven or physics-based prognostics algorithms with reviews[J]. Reliability Engineering & System Safety,2015,133:223-236.

[71] 杨树宝,王洋,张玉华,等.刀具磨损仿真的研究进展[J].工具技术,2015,49(12):3-7.

[72] SUN H B,PAN J L,ZHANG J D,et al. Non-linear wiener process-based cutting tool remaining useful life prediction considering measurement variability [J]. International

Journal of Advanced Manufacturing Technology,2020,107(11-12)：4493-4502.

[73]　YAN J,KOC M,LEE J. A prognostic algorithm for machine performance assessment and its application[J]. Production Planning and Control,2004,15(8)：796-801.

[74]　LIAO Z R,GAO D,LU Y,et al. Multi-scale hybrid HMM for tool wear condition monitoring [J]. International Journal of Advanced Manufacturing Technology,2016,84(9-12)：2437-2448.

[75]　LIU M,YAO X F,ZHANG J M,et al. Multi-sensor data fusion for remaining useful life prediction of machining tools by IABC-BPNN in dry milling operations[J]. Sensors,2020, 20(17)：1-24.

[76]　WU D, JENNINGS C, TERPENNY J, et al. A comparative study on machine learning algorithms for smart manufacturing：tool wear prediction using random forests[J]. Journal of Manufacturing Science and Engineering-Transactions of the ASME,2017,139(7)：1-9.

[77]　董靖川,徐明达,王太勇,等.分布式卷积神经网络在刀具磨损量预测中的应用[J].机械科学与技术,2020,39(3)：329-335.

[78]　WANG M W,ZHOU J T,GAO J,et al. Milling tool wear prediction method based on deep learning under variable working conditions[J]. IEEE ACCESS,2020,8：140726-140735.

[79]　董雪.基于在线检测数据的白车身误差溯源与控制研究[D].上海：上海交通大学,2017.

[80]　黄强,黄棋,孙军伟.面向加工精度的机床系统误差建模与分析方法[J].重庆理工大学学报：自然科学版,2018,32(8)：64-71.

[81]　程强,刘广博,刘志峰,等.基于敏感度分析的机床关键性几何误差源识别方法[J].机械工程学报,2012,48(7)：171-179.

[82]　夏长久,王时龙,孙守利,等.五轴数控成形磨齿机几何误差——齿面误差模型及关键误差识别[J].计算机集成制造系统,2020,26(5)：1191-1201.

[83]　田文杰,牛文铁,常文芬,等.数控机床几何精度溯源方法研究[J].机械工程学报,2014, 50(7)：128-135.

[84]　陈东菊,董丽华,高雪,等.基于"S"形加工样件的复合数控机床几何误差逆向追踪[J].机械工程学报,2016,52(21)：155-165.

[85]　SCHMITZ T L,ZIEGERT J C,CANNING J S,et al. Case study：a comparison of error sources in high-speed milling[J]. Precision Engineering,2008,32(2)：126-133.

[86]　XU X P,TAO T,JIANG G D,et al. Monitoring and source tracing of machining error based on built-in sensor signal[C]. 48th CIRP International Conference on Manufacturing Systems(CIRP CMS)：Ischia,Italy,2016,41：729-734.

[87]　FAN J W,TANG Y H,CHEN D J,et al. A geometric error tracing method based on the monte carlo theory of the five-axis gantry machining center[J]. Advances in Mechanical Engineering,2017,9(7)：1-8.

[88]　周玉清,陶涛,梅雪松,等.旋转轴与平移轴联动误差的快速测量及溯源[J].西安交通大学学报,2010,44(5)：80-84.

[89]　焦寿峰.基于经验模态分解方法的加工误差溯源研究[D].济南：山东大学,2013.

[90]　李龙根,徐静.数控加工误差溯源熵方法及其仿真研究[J].科学技术与工程,2007(16)：4147-4149.

[91]　杜国山.多功能动态精度实验系统的误差溯源[D].合肥：合肥工业大学,2012.

[92]　MAGNANI G,ROCCO P. Mechatronic analysis of a complex transmission chain for performance optimization in a machine tool[J]. Mechatronics,2010,20(1)：85-101.

[93]　ASSALEH K，AL-ASSAF Y. Features extraction and analysis for classifying causable patterns in control charts[J]. Computers & Industrial Engineering，2005，49(1)：168-181.

[94]　褚宁,张为民.基于模式搜索法的数控机床空间误差溯源[J].中国工程机械学报,2015,13(3)：202-205,216.

[95]　刘玉敏,周昊飞.基于 MSVM 的多品种小批量动态过程在线质量智能诊断[J].中国机械工程,2015,26(17)：2356-2363.

[96]　顾阳.基于深度学习和 S 试件的五轴机床误差溯源方法研究与实现[D].成都：电子科技大学,2017.

[97]　崔浪浪.基于"S"形检验试件的数控机床动态因素误差分析及溯源[D].成都：电子科技大学,2013.

[98]　黄然.齿轮测量及误差原因分析的智能系统[D].武汉：武汉理工大学,2005.

[99]　王军.基于物联网的大型钢构件质量追溯系统的研发[D].天津：河北工业大学,2014.

[100]　许桢英,费业泰.基于小波神经网络的动态测试误差溯源研究[J].农业机械学报,2003(4)：117-119.

[101]　赵双凤.基于 MES 的机加车间制造过程工序质量控制方法与系统研究[D].重庆：重庆大学,2016.

[102]　YU J B，XI L F，ZHOU X J. Intelligent monitoring and diagnosis of manufacturing processes using an integrated approach of KBANN and GA[J]. Computers in Industry，2008，59(5)：489-501.

[103]　YU J B，XI L F. A neural network ensemble-based model for on-line monitoring and diagnosis of out-of-control signals in multivariate manufacturing processes[J]. Expert Systems with Applications，2009，36(1)：909-921.

[104]　YU D，CEGLAREK D，SHI J J. Fault diagnosis of multistage manufacturing processes by using state space approach[J]. Transactions of the ASME Journal of Manufacturing Science and Engineering，2002，124(2)：313-322.

[105]　WANG Y Q，LIU T，JIANG W L，et al. Error tracing & data mining in the cold rolling process[C]. First International Conference on Innovative Computing，Information and Control：Beijing，China，2006：636-639.

[106]　SUH S，JANG J，WON S，et al. Supervised health stage prediction using convolutional neural networks for bearing wear[J]. Sensors，2020，20(20)：1-19.

[107]　郑凯.基于数据驱动的机电装备典型零部件健康寿命预测技术研究[D].贵阳：贵州大学,2019.

[108]　JIN Y F，YAO M C，LIU X F，et al. Rolling bearing fault diagnosis model combining with residual network and attention mechanism[J]. Mechanical Science and Technology for Aerospace Engineering，2020，39(6)：919-925.

[109]　PAUDYAL S，ATIQUE M，YANG C X，et al. Local maximum acceleration based rotating machinery fault classification using KNN[C]. 2019 IEEE international conference on electro information technology：Brookings，SD，2019：219-224.

[110]　APPANA D K，PROSVIRIN A，KIM J M. Reliable fault diagnosis of bearings with varying rotational speeds using envelope spectrum and convolution neural networks[J]. Soft Computing，2018，22(20)：6719-6729.

[111]　KIM J，LEE H，JEON J W，et al. Stacked auto-encoder based CNC tool diagnosis using

discrete wavelet transform feature extraction[J]. Processes,2020,8(4)：1-14.

[112]　刘星.基于伺服驱动信号的滚珠丝杠磨损状态在线识别技术研究[D].武汉：华中科技大学,2017.

[113]　HUO Z Q,ZHANG Y,JOMBO G,et al. Adaptive multiscale weighted permutation entropy for rolling bearing fault diagnosis[J]. IEEE ACCESS,2020,8：87529-87540.

[114]　赵婧怡.基于电流信号稀疏滤波的风电齿轮箱故障诊断[D].秦皇岛：燕山大学,2020.

[115]　RASHID M M,AMAR M,GONDAL I,et al. A data mining approach for machine fault diagnosis based on associated frequency patterns[J]. Applied Intelligence,2016,45(3)：638-651.

[116]　DING X X,HE Q B. Energy-fluctuated multiscale feature learning with deep convNet for intelligent spindle bearing fault diagnosis[J]. IEEE Transactions on Instrumentation and Measurement,2017,66(8)：1926-1935.

[117]　DENG C,WU J,XIE S Q,et al. Health status assessment for the feed system of CNC machine tool based on simulation[C]. 10th IEEE Conference on Industrial Electronics and Applications：Auckland,New Zealand,2015：1092-1097.

[118]　段超群.基于退化特征的隐状态装备故障检测策略优化及健康预测[D].武汉：华中科技大学,2018.

[119]　DUAN C Q,MAKIS V,DENG C. Optimal bayesian early fault detection for CNC equipment using hidden semi-markov process［J］. Mechanical Systems and Signal Processing,2019,122：290-306.

[120]　刘勤明,李亚琴,吕文元,等.基于自适应隐式半马尔可夫模型的设备健康诊断与寿命预测方法[J].计算机集成制造系统,2016,22(9)：2187-2194.

[121]　GUO J,LI Y F,ZHENG B,et al. Bayesian degradation assessment of CNC machine tools considering unit non-homogeneity[J]. Journal of Mechanical Science and Technology,2018,32(6)：2479-2485.

[122]　ZHANG B C,YIN X J,WANG Y L,et al. Fault prediction of the CNC machine tool servo system based on the BRB[C]. Prognostics and System Health Management Conference Lab Sci & Technol Integrated Logist Support：Zhangjiajie,China,2014：145-148.

[123]　郭昊.数控机床造型知识库及智能化检索平台的构建方法研究[D].哈尔滨：哈尔滨工业大学,2019.

[124]　TAO F,LIU W R,ZHANG M,et al. Five-dimension digital twin model and its ten applications[J]. Computer Integrated Manufacturing Systems,CIMS,2019,25(1)：1-18.

[125]　AHELEROFF S,XU X,ZHONG R Y,et al. Digital twin as a Service(DTaaS)in Industry 4.0：an architecture reference model[J]. Advanced Engineering Informatics,2021,47：1-15.

[126]　YILDIZ E,MOLLER C,BILBERG A. Virtual factory：digital twin based integrated factory simulations[J]. Procedia CIRP,2020,93：216-221.

[127]　陶飞,程颖,程江峰,等.数字孪生车间信息物理融合理论与技术[J].计算机集成制造系统,2017,23(8)：1603-1612.

[128]　郭东升,鲍劲松,史恭威,等.基于数字孪生的航天结构件制造车间建模研究[J].东华大学学报(自然科学版),2018,44(4)：578-585,607.

[129]　MA J,CHEN H M,ZHANG Y,et al. A digital twin-driven production management system for

production workshop[J]. The International Journal of Advanced Manufacturing Technology，2020，110：1385-1397.

[130] JIANG H F，QIN S F，FU J L，et al. How to model and implement connections between physical and virtual models for digital twin application[J]. Journal of Manufacturing Systems，2021，58：36-51.

[131] KONH T X，HU T L，ZHOU T T，et al. Data construction method for the applications of workshop digital twin system[J]. Journal of Manufacturing Systems，2020，58：323-328.

[132] GUO H F，ZHU Y X，ZHANG Y，et al. A digital twin-based layout optimization method for discrete manufacturing workshop [J]. The International Journal of Advanced Manufacturing Technology，2021，112：1-12.

[133] HU Z T，FANG X F，ZHANG J. A digital twin-based framework of manufacturing workshop for marine diesel engine [J]. The International Journal of Advanced Manufacturing Technology，2021，117：1-20.

[134] CORONADO P D U，LYNN R，LOUHICHI W，et al. Part data integration in the shop floor digital twin：mobile and cloud technologies to enable a manufacturing execution system[J]. Journal of Manufacturing Systems，2018，48：25-33.

[135] LIU Z F，CHEN W，ZHANG C X，et al. Intelligent scheduling of a feature-process-machine tool supernetwork based on digital twin workshop[J]. Journal of Manufacturing Systems，2021，58：157-167.

[136] ZHANG J，DENG T M，JIANG H F，et al. Bi-level dynamic scheduling architecture based on service unit digital twin agents[J]. Journal of Manufacturing Systems，2021，60：59-79.

[137] GAO Y P，LV H Y，HOU Y Z，et al. Real-time modeling and simulation method of digital twin production line[C]. 8th Joint International Information Technology and Artificial Intelligence Conference(ITAIC)：Chongqing，China，2019：1639-1642.

[138] 孙萌萌. 飞机总装配生产线数字孪生系统若干关键技术研究[D]. 杭州：浙江大学，2019.

[139] 孙恺廷，朱隽垚，于存贵，等. 工业机器人三维虚拟监控系统的设计与实现[J]. 机械制造与自动化，2020(5)：154-156.

[140] 智能制造领域概况及发展新趋势[J]. 铸造工程，2020，44(4)：34.

[141] 国务院. 中国制造 2025[EB/OL]. (2018-02-23)[2019-05-16] http：//www. gov. cn/zhengce/content/2015-2005/2019/content_9784. htm.

[142] 工业和信息化部. 智能制造发展规划(2016-2020 年)[EB/OL]. (2016-12-08)[2022-11-23] https：//www. miit. gov. cn/jgsj/zbes/gzdt/art/2020/art_91555a91559badaa91549ff91558b56 29342f5629345eb5629714. html.

[143] 李智，汪惠芬，刘婷婷，等. 面向制造过程的车间实时监控系统设计[J]. 机械设计与制造，2013(3)：256-259.

[144] 温博强，张富强，邵树军，等. RFID 物料主动感知的车间 AGV 云-边协同计算框架模型[J]. 机床与液压，2022，50(16)：46-51.

第 2 章

产线状态数据的实时采集与云-边协同计算技术

以数控加工装备为核心的产线状态数据不仅为产线状态监测提供依据、为装备健康评估提供数据输入,还可以利用加工过程数据进一步探究关键部件退化规律、优化切削参数来提高加工装备性能。同时,可对这些数据进行搜集建立专家知识库,对装备的运行决策起到支撑作用。为此,本章结合产线实际需求,提出了面向智能产线的数据采集方案以及工序识别信号截取和小波变换的数据预处理方法,实现产线数据采集与处理的高效可靠。并结合云-边协同计算技术,提出一种基于 RFID(radio frequency identification,射频识别)物料主动感知的产线 AGV 云-边协同计算模型框架。

2.1 产线状态数据的需求分析

如图 2.1 所示,产线一般由加工装备、运输设备、工业机器人和线边库等组成。这些设备在工业以太网和交换机的工业物联装备基础上进行组态之后,形成了一个互联互通、有机的整体。在产线的实际运行过程中,为了实现各设备之间的协同制造以及生产资源最大化利用,设备之间会进行信息交互,因此会产生规模庞大且冗余的生产数据[1]。这些数据通常具备以下三个特点。

1. 海量异构性

产线中的设备种类繁多,如加工装备、工业机器人、运输设备等,这些设备的状态信息数据经过边端处理后上传至 MES 系统。此外,MES 系统包括订单数据、物料数据等。因此,产线数据具备海量性的特点。除此之外,每种数据的结构和类型也各不相同,从而导致产线数据具备异构性的特点。

2. 动态实时性

执行生产计划的过程中,产线各设备、物料状态信息不断更新变化,如工件的加工质量信息、AGV 的位置状态信息等。如果关键的产线数据不能及时有效上传至 MES 系统,会影响产线的监控和决策效果。因此,产线的数据具备动态实时性的特点。

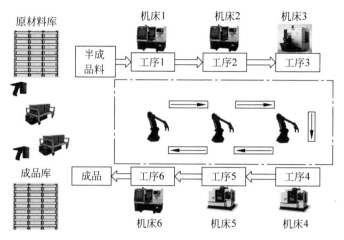

图 2.1　产线示意图

3．协同关联性

为了避免信息孤岛，产线各设备之间需要进行数据传输和交互，数据采集系统作为信息中转的平台，将生产过程中的指令信号传输至各个设备以实现相应的动作，如机器人的启停信号、卡爪的闭合信号以及安全门的开关信号等，从而使各设备之间形成信息共享，最终实现生产线的协同制造。因此，生产线数据具备协同关联性的特点。

产线的机械硬件系统一般由码垛模块、AGV 输送模块、加工模块、工业机器人模块、RFID 模块、传输模块、视觉模块组成，如图 2.2 所示。

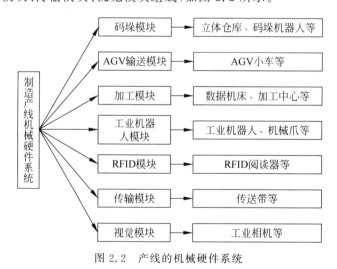

图 2.2　产线的机械硬件系统

产线上不同设备的通信接口方式不同，根据实际需求采用不同的数据采集方法来实现制造过程的数据感知，常用的数据采集方法包括以太网数据采集、串口数据采集、标签数据采集和硬件设备数据采集。

（1）以太网数据采集。以太网数据采集方法主要用于具备独立网口的数控加工装备、工业机器人、PLC、工业相机等设备的数据读取。TCP/IP 协议是目前较为通用的以太网通信协议，主要是由 TCP、IP、UDP、ICMP 等协议组成的协议组，可用于不同的信道和底层协议之上，其相较于 ISO 互联模型更加开放，因此被广泛用于各类工程应用中。

（2）串口数据采集。串口数据采集的通信协议主要为 Modbus 协议，常用于AGV 小车、传送带等其他 PLC 控制的设备，通信方式主要为 RS485、RS232 和RS422，三者之间主要区别在于 RS485 为 2 线式（A、B）、半双工模式、点对多主从通信；RS232 为 3 线式（RXD、TXD、GND）、全双工模式、点对点通信；RS422 为 4线式（RXD、TXD、RTS、CTS）、全双工模式、点对多主从通信。串口通信使用的数据线少，长距离传输时成本低，且具备同步（USRT）和异步（UART）两种通信方式，对于两个进行通信的设备端口，其波特率、数据位、奇偶校验位、停止位参数能够相互匹配的情况下，设备间能够并行发送信息和接受指令，具有较高的通信效率。

（3）标签数据采集。标签数据采集主要用于感知产线上在制产品及工作人员的实时状态，从而获得在制产品的所处加工工位、加工质量、订单编号等信息以及工作人员的身份信息、位置定位。采用 RFID 非接触自动识别技术进行实时感知，读写器自动采集电子标签信息，经过网络传输到 MES 系统，实现物体的自动识别和信息共享。相较于条形码，RFID 技术具备防水、防磁、耐高温、寿命长、读取距离大、数据加密、存储量大、存储信息可更改等优点。

（4）硬件设备数据采集。硬件设备数据采集主要用于当现有设备采集到的数据无法满足特定需求时，通过加装硬件设备采集所需的特定数据，比如针对数控加工装备加工过程中刀具磨损状态的实时监测所使用数据，可以通过加装三轴加速度传感器和数据采集卡的方式进行实时采集。

2.2　产线状态数据的采集方案

2.2.1　数据类型分析

产线状态数据涉及设备数据采集、物料数据采集、人员数据采集、任务数据采集以及质量数据采集等。通过对状态数据类型分析可以对数据采集方案的设计进行指导。如图 2.3 所示，生产线数据采集可分为三部分。

（1）生产任务数据采集。产线接收派发的生产任务，采集生产任务数据。

（2）开工资源检查。对产线加工前的数据进行采集，包括物料基础数据、设备基础数据、人员基础数据等。

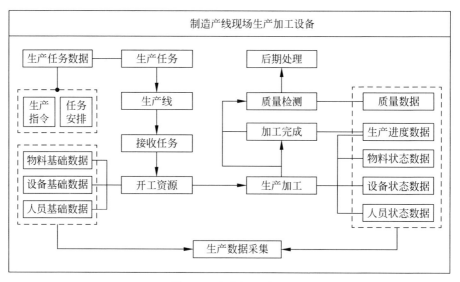

图 2.3　生产加工过程

（3）过程数据采集。产线执行生产任务，对加工过程中的数据进行采集，包括生产进度数据、物料状态数据、设备状态数据、人员状态数据；同时包括质检数据采集，即加工过程中对加工完成的产品进行质量检测，采集质量数据。

2.2.2　数据采集方案

结合实际产线组成要素及数据采集方法，设计如图 2.4 所示的数据采集方案，包括设备端、边缘端和云端。

1. 设备端

设备端主要负责设备数据的上传，为边缘端提供各类制造资源实时数据，同时接收边缘端下发的计算结果，实现对制造系统的闭环控制。

2. 边缘端

边缘端可以提供数据采集、数据处理、数据上传、数据存储等功能服务。数据采集服务在最靠近物理设备的位置，包含工业 PC、PLC、工业交换机等，监控设备可以通过设备授权、访问认证等方式采集制造设备实时状态数据。数据上传服务通过接口和协议转换，将不同的数据格式和通信协议转换成统一的协议。由于采集的大部分数据可能没有分析的价值，因此需要用新数据覆盖一段时间内的原始数据，收集的数据可能还需要进行降噪处理、数据清洗、数据压缩等。为了节省数据传输成本和计算成本，将必要的边缘数据上传到云平台。数据存储服务相当于微型数据中心，可以用于有效地存储实时数据并对实时数据进行简单的数据处理和分析。

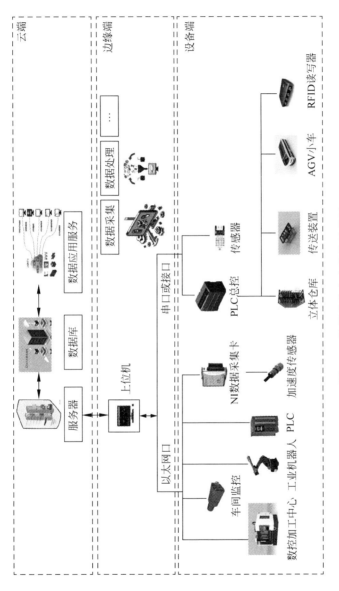

图 2.4 数据采集方案结构示意图

3．云端

云端具有强大的计算和存储能力,可以为用户提供资源服务、数据服务、模型服务、知识服务等,对海量数据进行分析和处理。在制造活动和服务协作的过程中,制造系统会产生大量的数据,云端可以对计算复杂、低延迟敏感的历史样本数据进行分析和处理,挖掘历史数据的附加价值。因此,云端包含产线任务集中规划、生产物流协同配送、刀具磨损状态监控与寿命预测、工件质量追溯、复杂加工装备的关键部件评价与运维等计算服务。

2.3　面向数控加工装备的数据采集方法

数控加工装备状态数据多维度数据采集主要是通过内置传感器和外接传感器获取装备的各类状态参数[2]。从装备的通信接口利用内部自带的传感器装置采集装备内部信息,例如负载、功率、扭矩和转速等状态指标;利用外界传感器的方法通过数据采集仪来实现关键部件的状态信息采集,例如机械部件的振动、温度和噪声等参数。可以采集到的信息如图2.5所示。

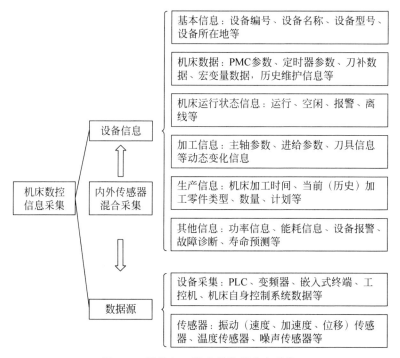

图2.5　数控加工装备的数据信息采集

基于上述分析,数据采集系统需要分别采集装备加工数据以及状态特征数据,采集到的数据经过数据处理技术用于对装备加工状态进行监控以及数据的深度分析与数据挖掘,该系统整体方案如图 2.6 所示。

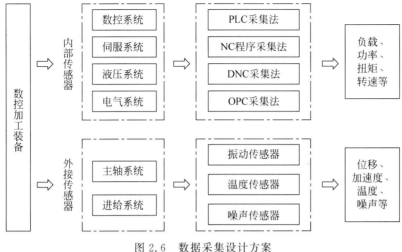

图 2.6　数据采集设计方案

针对采集到的数据,采用如下流程进行采集信息的方案处理:

(1)装备多源数据采集层。通过数据采集系统以及 Focas2 通信协议在线采集装备内部运行数据、数控系统数据、关键部件的实时数据。

(2)装备多源数据处理层。运用滑动窗口思想对装备实时运行数据进行连续间歇式处理,实现多源数据的预处理(去除趋势项、异常值处理)、数据降噪、数据数理统计等。

(3)装备多源数据分析层。利用 TensorFlow 和 Python 实现对装备实时数据的状态检测,并记录分析其中的异常状态信息。

(4)装备多源数据存储层。利用数据库 MySQL 对各阶段的状态数据进行存储。

结合上节数据采集设计方案,本节对数据采集的具体实现方法进行说明。从装备的通信接口利用内置的传感器装置采集装备信息;利用外接传感器的方法通过数据采集仪实现关键部件的状态信息采集。

2.3.1　基于内置传感器的装备数据采集

加工装备基于内传感器的数据采集方法主要有 PLC(programmable logic controller,可编程控制逻辑器)采集法、NC(numerical control,数控)程序采集法、DNC(distributed numerical control,分布式数控)采集法、OPC(OLE for process control,用于过程控制的 OLE)采集法以及利用软件进行二次开发的数据采集方式[3]。

1. PLC 采集法

PLC 采集法适用于各种数控系统,PLC 程序块通过装备的 I/O 接口读写 NC

中的相应程序,从而获取装备的状态信息,但其所采集的信息类型相对有限,对装备内部数控系统的信息获取较少,适用于老式无线通信接口装备。

2. NC 程序采集法

NC 程序采集法主要通过编写宏程序实现对装备内部所需信息的采集,该方法通过在宏程序中添加串口打印指令实现状态数据的采集。该方法的局限性在于输出的数据类型有限且装备健康状态发生改变时不能第一时间进行异常数据的输出,只有在执行打印输出指令时才会进行状态数据的输出,因此宏程序为半自动采集方法。

3. DNC 采集法

DNC 采集方法能够采集多种装备内部信息,采集数据类型多、种类全、数量大,如状态信息、加工信息、刀具信息、主轴数据、操作信息、故障信息等;但大多数厂家都对 DNC 接口进行了访问限制,需要向数控系统厂商进行软件购买并获得授权才能实现数据的采集。

4. 二次开发法

基于二次开发的数采方式借助于数控系统相对应的开发包实现软件与装备间的通信,可以采集多种类型的数据,并实现远程监控。

目前比较常用的数据采集方法以及各自的优缺点如表 2.1 所示。

表 2.1　各种数据采集方法优缺点对比

采 集 方 法	优　　　　点	缺　　　　点
PLC 信号点法	不受数控系统种类限制,可对老旧设备进行采集	采集信号少,接线复杂
宏程序	纯软件实现,无须硬件适应性改造	只针对能用宏程序的加工装备,采集数据有限
基于 DNC 接口	采集信息全面,实施简单	价格昂贵,首先于服务商
基于 OPCUA 规范	采集信息全面,可解决不同设备不兼容问题,成本低	部分加工装备无接口,难以定制化,实时数据难以缓存
基于软件二次开发	采集信息全面,只需要调用相关功能函数即可采集数据	只针对特定品牌的设备
外加传感器	采集信息种类齐全,可对刀具状态数据实现实时采集	技术难度高,实施成本高

随着加工装备的不断改造升级,已经可以通过不同数据采集方法的组合获得最优数据采集方案,不同的方法通过灵活的组合交叉使用,真正实现制造车间的智能化与数字化。本章通过 FANUC 的 FOCAS 开发包和加工装备的控制面板来读取其内在信息,以及通过读取加工装备内部配置完成对其负载信号的采集。

FANUC 数控系统含有自带数据采集模块,通过调用 FOCAS 库函数中的不同功能函数完成对不同数据的采集。FOCAS 通信具有传输效率高、无接收距离限制的优点,同时 FOCAS 通信还可以支持高级语言二次开发,所以本章对于刀具加工参数的采集通过调用 FOCAS 库函数以及 TCP/IP 协议完成。将数控加工装备与计算机进行连接之后,通过调用 FOCAS 库函数中的相关函数就能实现数据采集与数据传输,FOCAS 的通信架构如图 2.7 所示。

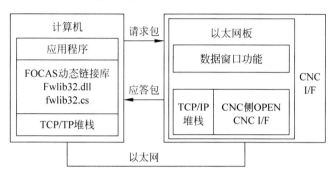

图 2.7　FOCAS 的通信架构

在 FOCAS 库函数中含有不同类型的功能函数,不同的功能函数可以获取加工装备不同的加工信息,在数据采集过程中,只需要调用不同的功能函数就可以采集到不同的数据。FOCAS 提供的常用功能函数如表 2.2 所示。

表 2.2　FOCAS 提供的常用功能函数

函　数　名	功　　能
cnc_allclibhndl13	实现计算机和数控加工装备之间的连接
cnc_statinfo	获取加工装备的工作状态
cnc_rdxisdata	获取各个轴的位置信息
cnc_rdsrvspeed	获取各个轴的转速
cnc_alarm2	读取报警信息
cnc_freelibhndl	断开计算机和数控加工装备之间的连接

基于 FOCAS 协议的数据采集过程如图 2.8 所示,首先需要对加工装备的通信参数进行设计,实现加工装备与计算机的连接,然后通过 TCP/IP 协议建立计算机与数控加工装备之间的连接,最后针对不同的数据采集需求调用不同的功能函数,采集完成之后断开通信连接,数据采集过程即可完成。

2.3.2　基于外接传感器的装备数据采集

数控加工装备的机械部件可以通过在外部部署传感器,并通过数据采集系统来获取装备状态信息,通过加装温度传感器和电流传感器来获取加工装备的电流信号和温度信号,并对采集到的信号进行处理与分析,实现机械状态检测[4-6],实现原理如下。

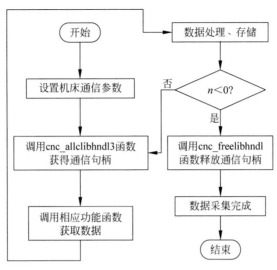

图 2.8　基于 FOCAS 协议的数据采集过程

1. 温度信号状态监测原理

在机械部件运转的过程当中,各部件之间的相互摩擦会导致温度升高,但当温度高于某一阈值时会对装备带来一定的损伤。当机械部件出现异常时,部件间的磨损加剧会导致其温度骤升,因此温度信号可以作为早期异常的判断依据。

利用外接传感器的方式对机械部件状态信号的采集过程如图 2.9 所示。

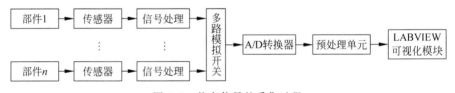

图 2.9　状态信号的采集过程

通过温度传感器采集到的数据为模拟信号,需要经过滤波和激励等处理,通过 A/D 转换器将模拟信号转化为数字信号,再利用采集设备自带的数据预处理板块将信号转化为规范的离散数字信号,便于后续数据处理。

2. 电流信号状态监测原理

电流信号可以通过在加工装备电机上连接外加的电流传感器进行采集,霍尔电流传感器具有高灵敏度、抗干扰强等特点,所以选择该传感器采集主轴电机电流数据。将霍尔电流传感器安装在电机上,电流传感器内部的电流互感器会采集主轴电机的三向电流,将电流信号经过低通滤波处理后输入传感器内部电能计量芯片,通过对其转换处理,就可以得到电流的有效值,将得到的电流有效值存储在寄存器中。

目前的电流传感器多种多样,主要包括电流分析仪、电流计和电流数据采集模块。在工业能耗管理应用中,选择正确的电流传感器对于加工装备加工能耗监控非常重要。表 2.3 展示了电流传感器的主要性能指标,实际数据采集过程中需要根据性能指标选择合适的电流传感器。

表 2.3　电流传感器的主要性能指标

项　　目	指 标 描 述
测量范围	在允许的误差范围内传感器的被测量范围
量程	测量范围的上限(最高)和下限(最低)的值之差
过载能力	允许测量上限或下限的被测量值与量程的百分比
灵敏度	分辨力、满量程输出
静态精度	精准度、线性度、重复度、迟滞、灵敏度误差、稳定性、漂移
频率特征	频率响应范围、副/相频特征、临界频率
阶跃特性	上升时间、响应时间、过冲量、临界速度、稳定误差

2.4　面向数控加工装备的数据预处理

经过数据采集的数控状态信息为原始数据,其中包含大量的无用信息与异常信息,需要对这些信息进行处理,通过预处理技术就可以对原始数据进行数据清洗与数据转换,为后续数据分析提供干净的数据。

2.4.1　信号截取与工序识别

数据采集系统在采集刀具状态数据时需要建立持续的数据采集过程,所以采集的数据包含加工装备的停机与启动,还有运行的全部过程数据,但是对于数控刀具监测系统所需要的数据为刀具在参与实际切削时的状态数据片段,所以需要设计一种方法对刀具加工运行片段的状态数据进行提取,以便实现对刀具寿命的监测。

数控刀具切削的有效片段主要是指加工装备从启动之后进入正常的切削状态,持续到刀具停止切削之间的数据片段。所以,通过对加工装备加工过程中的启动与制动过程进行识别,再通过对数控程序中设定的刀具加工时间进行获取,就能保留刀具切削的有效数据片段。

图 2.10 是某加工装备的一端切削过程数据片段,从图中可以看出,在主轴启动与制动时信号的幅值超出正常水平,启动与制动时等效电流幅值急剧上升,然后在极短时间内恢复到正常值水平。因此,通过电流信号的变化斜率可以识别主轴的启动与制动过程。

通过对采集到的数据进行处理,得到电流信号的变化斜率,然后在程序中设置

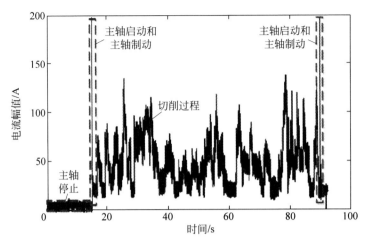

图 2.10　加工过程电流信号 RMS 值

信号截取与工序识别代码，即可自动完成数控刀具加工片段的截取，得到需要的切削信号。

2.4.2　基于 CEEMDAN-小波包组合的状态数据去噪模型

经过对原始数据中无用片段的信号进行截取与工序识别，可以保留有用的信息片段，但是该信息中依然保留异常值等噪声信号，需要对其进行数据清洗，本节采用基于 CEEMDAN-小波包（complete ensemble empirical mode decomposition with adaptive noise，自适应噪声完备集合经验模态分解）组合的状态数据去噪模型对数据进行去噪。

1. CEEMDAN 算法

EMD（empirical mode decomposition，经验模态分解）是基于数据驱动的一种自适应分解方法，不需要人为设置和干涉，就会按照固定的模式将信号分解为多层 IMF（intrinsic mode function，本征模函数），并且各层 IMF 的频率由高到低分布，与传统时频分析方法相比较，EMD 无须选择基函数，它的分解方法基于信号本身的极值点分布。

针对一个待处理信号 $A(t)$，EMD 算法的分解原理如下所示：

（1）获取待处理信号的所有极大值点和极小值点，通过 3 次样条曲线对信号的极大值点和极小值点分别进行包络拟合，得到极大值包络线 $m(t)$ 和极小值包络线 $n(t)$。

（2）根据公式（2.1）求极大值包络线和极小值包络线的包络线 $a(t)$。

$$a(t) = \frac{1}{2}[m(t) + n(t)] \tag{2.1}$$

（3）用原始信号减去均值包络线得到中间信号 $b(t)$。

$$b(t) = A(t) - a(t) \tag{2.2}$$

（4）判断中间信号是否满足 IMF 条件，不满足则以该中间信号为基础循环步骤（1）～步骤（4），直到满足为止则进行下一步，其中 IMF 条件如下：①在整个数据段当中，极值点数目与零点数目的差距小于等于 1；②在信号的任意数据点中，由局部极大值组成的上包络线和局部极小值组成的下包络线均值为零，即上下两条包络线相对于时间轴局部对称。

（5）在得到第一个 IMF 分量后（记为 $\mathrm{IMF}1(t)$），用原始信号减去 $\mathrm{IMF}1(t)$，得到新的信号 $r(t)$，如式（2.3）所示，并循环步骤（1）～步骤（4），直到得到 $\mathrm{IMF}2(t)$，以此类推，直到满足设定的分解条件后停止分解，最终的分解结果如式（2.4）所示。

$$r(t) = A(t) - \mathrm{IMF}1(t) \tag{2.3}$$

$$A(t) = \sum_{i=1}^{k} \mathrm{IMF}_i(t) + r(t) \tag{2.4}$$

式中，$\mathrm{IMF}_i(t)$ 为分解后各 IMF 分量；$r(t)$ 为分解余项；k 为 IMF 分量的个数。

EMD 虽然能自适应地将信号分解成多个 IMF，但其存在模态混叠，使得部分情况下获得的 IMF 分量失去了意义，这是由于原始信号当中受环境影响信号在时间尺度上出现了跳跃性的变化，导致两个相邻的 IMF 出现了波形混叠，为了解决这个问题，将 EMD 算法进行了改进，提出了 EEMD（ensemble empirical mode decomposition，集合经验模态分解）算法。

EEMD 算法利用在原始信号中添加高斯白噪声，来提高信号的抗混分解能力，能够有效避免模态混叠现象，该方法的计算模型如图 2.11 所示。

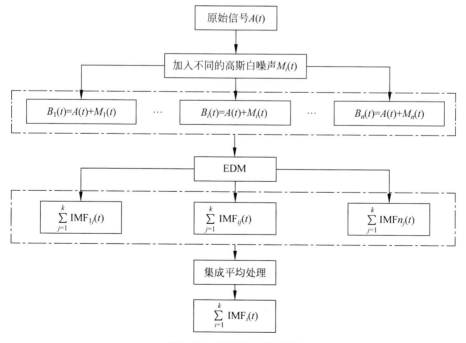

图 2.11　EEMD 计算模型

EEMD 算法的分解原理如下：

(1) 向待处理信号 $A(t)$ 中加入高斯白噪声序列 $M_i(t), i=1,2,\cdots,n$，该序列要求满足标准正态分布，得到新的信号数据 $B_i(t), i=1,2,\cdots,n$。

$$B_i(t) = A(t) + M_i(t) \tag{2.5}$$

(2) 将新的信号数据 $B_i(t)$ 进行 EMD，得到各 IMF 分量。

(3) 重复步骤(1)～步骤(2)，每次都加入不同的高斯白噪声序列，重复 N 次，N 为集成平均次数。

(4) 将分解后的各 IMF 分量进行集成平均处理，得到最终结果。

上述这种方法存在一些缺陷，如集成平均处理时 IMF 分量对齐困难、高斯白噪声个数和训练迭代次数人为设定、集成次数达到几百次的时候比较费时和存在少部分残留白噪声影响后续的信号处理。

如图 2.12 所示，CEEMDAN 算法是在 EMD 算法和 EEMD 算法的基础上优化而来的，在具备 EEMD 算法优点的同时，解决了 EEMD 算法中加入高斯白噪声后导致的重构误差问题。

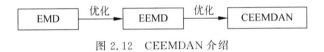

图 2.12 CEEMDAN 介绍

CEEMDAN 算法的具体流程如下：

(1) 在原始信号中添加正负成对的高斯白噪声，得到新的数据

$$B_i(t) = A(t) + mM_i(t), \quad i=1,2,\cdots,n \tag{2.6}$$

式中，$B_i(t)$ 为第 i 次加入成对高斯白噪声后的数据；m 为噪声系数；$M_i(t)$ 为成对的高斯白噪声；n 为添加次数。

(2) 对所有的 $B_i(t)$ 应用 EMD 方法，记每个 $B_i(t)$ 分解后的第一层 IMF 为 $\mathrm{IMF1}_i(t)$，将全部第一层 IMF 的平均值作为该数据的第一层 IMF，$\mathrm{IMF1}(t)$ 及其余项的表示方法为

$$\mathrm{IMF1}(t) = \frac{1}{n}\sum_{i=1}^{n}\mathrm{IMF1}_i(t) \tag{2.7}$$

$$r1(t) = A(t) - \mathrm{IMF1}(t) \tag{2.8}$$

(3) 继续向余项 $r1(t)$ 中加入成对高斯白噪声构成新的数据

$$C_i(t) = r1(t) + mM_i(t), \quad i=1,2,\cdots,n \tag{2.9}$$

(4) 对所有的 $C_i(t)$ 应用 EMD 方法，记每个 $C_i(t)$ 分解后的第一层 IMF 为 $\mathrm{IMF2}_i(t)$，将此时全部第一层 IMF 的平均值作为该数据的第二层 IMF，则 IMF2 及其余项的表示方法为

$$\mathrm{IMF2}(t) = \frac{1}{n}\sum_{i=1}^{n}\mathrm{IMF2}_i(t) \tag{2.10}$$

$$r2(t) = r1(t) - \mathrm{IMF2}(t) \tag{2.11}$$

（5）重复上述步骤，直到剩余的余项为单调函数，不能继续进行 EMD，此时的余项成为残差，最终信号被分成式（2.12）的表达形式：

$$A(t) = \sum_{j=1}^{k} \mathrm{IMF}_j(t) + r(t) \tag{2.12}$$

2. 小波去噪理论

1）连续小波变换与离散小波变换

在小区域内波形长度有限且平均值为零的波称为小波，需要满足式（2.13）的限定条件；小波变换是在小波母函数 $\psi(t)$ 的基础上进行伸缩和平移变换，如式（2.14）所示；它从傅里叶变换的基础上进化发展而来，能够分析信号在时域和频域上的局部特点，但小波变换仅能对信号的低频部分进行有效的分解，对信号的高频部分分解效果较差，但像数控加工装备这样的中大型机械，所产生的振动信号一般都掺杂着大量的冗余信号，这些冗余信号在信号的各个频率内。

$$C_\psi = \int_{-\infty}^{+\infty} \frac{|\hat{\psi}(\omega)|^2}{\omega} \mathrm{d}\omega < \infty \tag{2.13}$$

式中，$\hat{\psi}(\omega)$ 为时域函数 $\psi(t)$ 的傅里叶变换，$\psi(t)$ 为小波母函数。

$$\psi'(t) = \frac{1}{\sqrt{|a|}} \psi\left(\frac{t-\tau}{a}\right), \quad a, \tau \in \mathbf{R}; \ a > 0 \tag{2.14}$$

式中，a 为尺度参数，与小波函数的伸缩相关；τ 为平移参数，与小波函数的平移相关。

小波变换分为连续小波变换（式（2.15））和离散小波变换（式（2.16））。连续小波变换数据量较大，导致该方法计算量庞大且容易造成计算结果冗余，离散小波变换则将连续小波变换中的平移参数和尺度参数离散化，如式（2.17）和式（2.18）所示，这样大大降低了计算量，又在不影响结果的情况下降低了结果的重复性，同时数控加工装备通过传感器采集到的信号，绝大部分为离散信号，采用离散小波变换会更加方便。

$$\mathrm{CWT}_f(a, \tau, t) = \frac{1}{\sqrt{|a|}} \int_{-\infty}^{+\infty} f(t) \overline{\psi\left(\frac{t-\tau}{a}\right)} \mathrm{d}t \tag{2.15}$$

式中，$\overline{\psi\left(\frac{t-\tau}{a}\right)}$ 为 $\psi\left(\frac{t-\tau}{a}\right)$ 的共轭。

$$\mathrm{DWT}_f(j, k) = \int_{-\infty}^{+\infty} f(t) \overline{\psi_{j,k}\left(\frac{t-\tau}{a}\right)} \mathrm{d}t \tag{2.16}$$

$$a = a_0^j, \quad a_0 > 1, j \in \mathbf{Z} \tag{2.17}$$

$$\tau = k a_0^j \tau_0, \quad \tau_0 > 1, j, k \in \mathbf{Z} \tag{2.18}$$

上式中，a_0, τ_0 为参数；j, k 为整数。

2）小波包变换原理

与小波变换相比较，小波包变换可以同时对信号的高频部分和低频部分进行有效的分解，对信号的高频部分进一步做频率细分，可以更好地对信号的局部时域和频域信息进行分析,有针对性地对原始信号中的干扰信号进行滤波处理,三尺度小波包分解与重构的原理如图 2.13 所示。

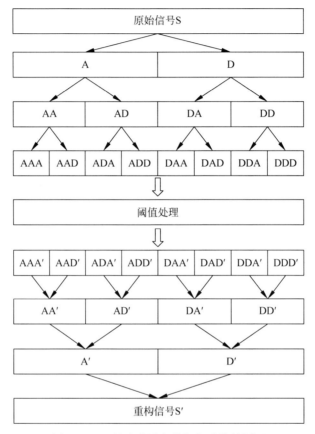

图 2.13　三尺度小波包分解与重构的原理

图 2.13 中 A 表示信号的高频部分,D 表示信号的低频部分,小波包分解的关系式为 S＝AAA＋AAD＋ADA＋ADD＋DAA＋DAD＋DDA＋DDD,小波包重构的关系式为 AAA′＋AAD′＋ADA′＋ADD′＋DAA′＋DAD′＋DDA′＋DDD′＝S′,其原理为让信号通过中心频率不同,但带宽相同的滤波器,通过高通滤波器时输出高频信号 A,通过低通滤波器时输出低频信号 D,其分解和重构算法如下:

$$
\begin{cases}
d_l^{j,2n} = \sum_k a_{k-2l} d_k^{j-1,n} \\
d_l^{j,2n+1} = \sum_k b_{k-2l} d_k^{j+1,n}
\end{cases}
\tag{2.19}
$$

式中,将 $d_k^{j+1,n}$ 分解成了 $d_l^{j,2n}$ 和 $d_l^{j,2n+1}$。

$$
d_l^{j+1,n} = \sum_k \left[h_{l-2k} d_k^{j,2n} + g_{l-2k} d_k^{j,2n+1} \right]
\tag{2.20}
$$

3) 小波包阈值去噪

由于受嘈杂的环境和装备自噪的影响,在传感器样本采集的过程中必然掺杂着冗余噪声,在进行数据分析前需先进行降噪处理,最大程度地还原真实信号。真实信号和冗余噪声在经过小波包变换后具有不同的数学特征,真实信号在小波包各尺度分解中幅值较大,小波系数较大,而冗余噪声在小波包各尺度分解中幅值较小,小波系数较小。通过选择合适的阈值,使小波系数大于选定阈值的被认为是真实信号产生的信号,全部保留;小波系数大于选定阈值的则为冗余噪声产生的信号,置零舍弃。小波包正是利用该核心思想完成信号去噪,具体的去噪步骤如下:

(1) 根据信号特征确定小波基和分解尺度,进行小波包分解;

(2) 根据最后分解结果中各频段系数,确定合适的阈值对分解后信号进行阈值处理;

(3) 将经过阈值处理的信号进行小波包重构。

在以上步骤当中,小波基的选择、分解尺度的选择、阈值的选择为影响去噪效果的 3 个关键因素。

(1) 小波基的选择。小波基的选择要从正交性、对称性、支撑长度、消失矩等方面综合考虑。①具有一定的正交性,有利于信号效率表达的提高;②具有一定的对称性,有利于重构信号最大限度上接近真实信号;③具有合适的支撑长度,支撑长度过大会导致计算时间过长,产生过多高频支撑长度,过小会导致消失矩降低,不利于信号能量集中,一般选取支撑长度在 5～9 的小波最合适;④对小波施加消失矩有利于数据量的压缩和冗余噪声的消除,但消失矩与支撑长度成正相关,需要折中处理两者。由于不同小波基在这些特性方面的表现不尽相同,不存在满足以上所有最优条件的小波基。在机械信号处理领域,Daubechies 函数和 Symlets 函数被广泛使用。

(2) 分解尺度的选择。分解尺度越大,冗余噪声与真实信号的特征区分就越明显,重构信号就会带有更少的噪声信号,但分解尺度也不是越大越好,过大的分解尺度会导致重构后的真实信号失真,影响后续的数据处理结果,同时数据计算量也会相应增加。

(3) 阈值的选择。阈值选择为小波包去噪中的重要一环,阈值选择过大则会导致有用的信号的部分滤掉,阈值选择过小则会导致去噪效果不明显,使重构后的信号依然掺杂着大量噪声。常见阈值函数分为硬阈值函数和软阈值函数,如下所示。

① 硬阈值去噪方法。当小波函数的绝对值大于选定的阈值时,全部保留,当小波函数的绝对值小于选定的阈值时,置零舍弃,如式(2.21)所示。

$$\omega_\lambda = \begin{cases} \omega, & |\omega| \geqslant \lambda \\ 0, & |\omega| < \lambda \end{cases} \tag{2.21}$$

② 软阈值去噪方法。其与硬阈值去噪方法相似,只是选定的阈值有所不同,如式(2.22)所示。

$$\omega_\lambda = \begin{cases} [\mathrm{sgn}(\omega)](\mid \omega \mid -\lambda), & \mid \omega \mid \geqslant \lambda \\ 0, & \mid \omega \mid < \lambda \end{cases} \tag{2.22}$$

硬阈值去噪方法虽然在均方误差计算的理论意义上优于软阈值去噪方法,但由于会使信号增加很多突变点和跳跃点,因此该方法处理后的信号会存在振荡,工程实际应用中为了信号的平稳性大多采取软阈值去噪的方法。

阈值 λ 的选择方法有固定阈值方法、极小化极大化阈值方法、启发式阈值方法、自适应阈值方法等,前两种方法采用固定阈值的方式,去噪能力强,容易将有用的信号部分去除掉,后面两种方法基于无偏似然估计理论,相对保守,且去噪能力较强,能够很好地保留真实信号信息。

4) CEEMDAN-小波包组合去噪法模型

传统的 CEEMDAN 去噪方法,先将信号分解成多个由高频到低频分布的 IMF 模态分量,去除其中高频的模态分量,再将其他信号重构完成降噪,这种方法容易造成信号的失真。为了能够更好地去除原始信号中的干扰噪声,本章提出一种基于 CEEMDAN 算法和小波包变换的组合去噪方法,如图 2.14 所示,该方法先将信号自适应地分解成多个 IMF 模态分量,利用皮尔逊相关系数判断各 IMF 分量与原始信号的相关程度,对于主成分含有噪声的 IMF 分量,利用小波包去噪法将噪声滤除,最后将降噪如图 2.15 所示,小波包去噪分解过程如图 2.16 所示。

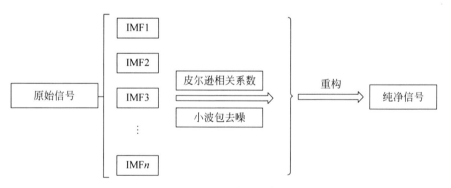

图 2.14   CEEMDAN-小波包组合去噪法流程

皮尔逊相关系数(Pearson correlation coefficient, PCC)可以用来判断两组数据的相关性程度,如式(2.23)所示;当 $0 < \rho(X, Y) < 0.2$ 时,该 IMF 分量与原始信号不相关或相关性极弱,可以认为分量中不包含噪声或含量极少;当 $0.2 < \rho(X, Y) < 0.4$ 时,该 IMF 分量与原始信号呈弱相关,可以认为该 IMF 包含少量噪声;当 $0.4 < \rho(X, Y) < 0.6$ 时,该 IMF 分量与原始信号呈中等强度相关,可以认为该 IMF 包含一部分噪声;当 $0.6 < \rho(X, Y) < 0.8$ 时,该 IMF 分量与原始信号呈强相关,可以认为该 IMF 包含大量噪声干扰;当 $0.8 < \rho(X, Y) < 1$ 时,该 IMF 分量与原始信号呈极强相关,可以认为该 IMF 包含大量噪声干扰且情况较为严重。

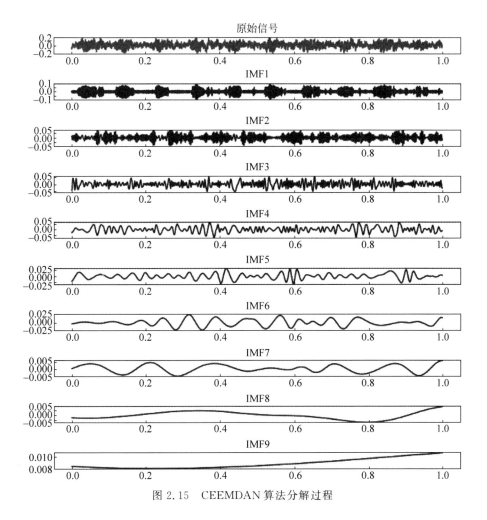

图 2.15　CEEMDAN 算法分解过程

$$\rho(X,Y) = \frac{E\big[(X-\mu_X)(Y-\mu_Y)\big]}{\sqrt{\displaystyle\sum_{i=1}^{n}(X_i-\mu_X)^2}\sqrt{\displaystyle\sum_{i=1}^{n}(Y_i-\mu_Y)^2}} \tag{2.23}$$

式中，$E\big[(X-\mu_X)(Y-\mu_Y)\big]$ 为 X 和 Y 的协方差；$\sqrt{\displaystyle\sum_{i=1}^{n}(X_i-\mu_X)^2}$ 为 X 的标

准差；$\sqrt{\displaystyle\sum_{i=1}^{n}(Y_i-\mu_Y)^2}$ 为 Y 的标准差。

　　该方法兼备 CEEMDAN 去噪方法和小波包去噪方法的优点，且具有以下三个特点：① 避免了 CEEMDAN 降噪法的"一刀切"，避免信号失真；② 由于 CEEMDAN 方法对于信号频率的预先分解，减少了小波包去噪的尺度数，从而减少了计算量；③由于噪声信号与真实信号频率的不一致性，噪声信号大多数集中在几个 IMF 中，能够对冗余噪声进行集中降噪处理。

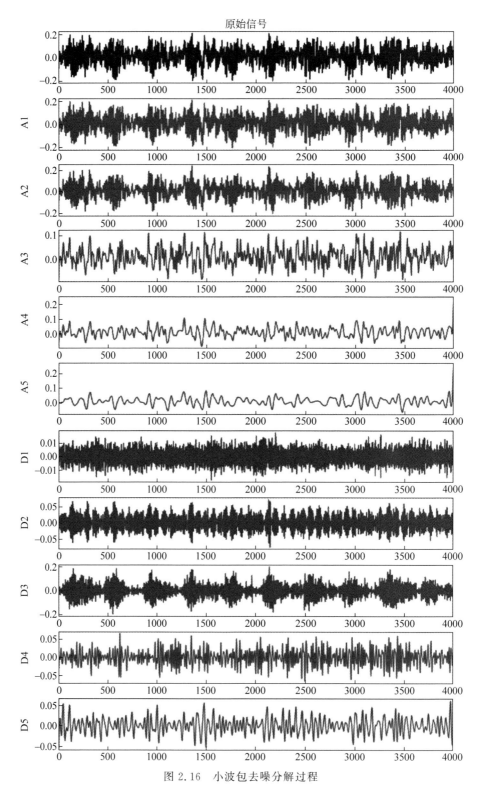

图 2.16　小波包去噪分解过程

2.4.3　案例分析

1. 数据来源

本节采用凯斯西储大学轴承数据集（case western reserve university，CWRU）为数据源[7]，实验台架如图 2.17 所示。由于该实验数据集为用加速度传感器采集到的信号，所以从数控加工装备外部加装传感器采集到的信号大部分为振动信号，因此能够有效模拟实际装备采集到的信号，该数据集包括内圈故障、外圈故障、滚动体故障、健康等不同状态下的轴承振动信号信息，本章随意选取其中一种特定状态下的数据，数据参数如表 2.4 所示，实验室采集到的轴承原始振动信号如图 2.18 所示。

图 2.17　凯斯西储大学轴承数据采集实验台架

表 2.4　待检测数据参数

轴 承 型 号	电机转速 /rpm	采样频率 /kHz	传感器 安装位置	数 据 类 型	故障程度 /mm
SKF6205	1772	12	驱动端	健康状态 滚动体故障 内圈故障 外圈故障	0.1778

2. 去噪方法验证

从上述信号可以看出，健康状态下的振动信号振幅变化平和，无明显冲击，而其他三组故障状态下的振动信号振幅变化幅度较大且剧烈，存在明显的振动冲击，尤其在滚动体故障状态下振动冲击最为明显，信号混叠现象严重。

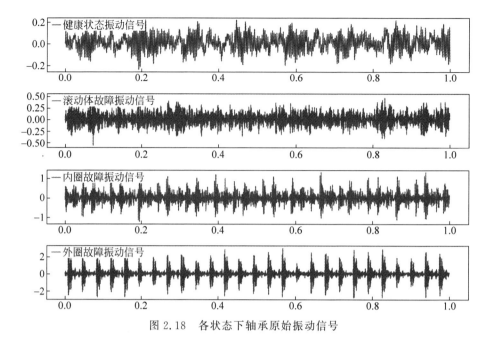

图 2.18 各状态下轴承原始振动信号

为了能够提高信号的去噪效果,采用 CEEMDAN-小波包组合去噪法对原始信号进行去噪,步骤如下:

(1) 利用 CEEMDAN 算法将原始信号自适性地分解成为 N 个 IMF 模态分量;

(2) 计算这 N 个模态分量与原始信号的皮尔逊相关系数,确定含噪的 IMF 分量;

(3) 利用小波包去噪方法精准地对含噪 IMF 分量进行去噪;

(4) 将去噪处理后的各分量重构,实现信号的降噪处理。

利用上述步骤对 4 组原始振动信号进行 CEEMDAN 分解,分别得到 9~10 个不等的 IMF 模态分量,此时利用式(2.23)计算各 IMF 分量与原始数据的相关系数,结果如表 2.5 所示。从表中可以看出,各个 IMF 分量与原始振动信号的相关系数差距很大,IMF1 相关系数普遍较高,说明此分量中掺杂的噪声最多。正常状态下 IMF1、IMF2、IMF3 和 IMF4 的相关系数均大于 0.2,说明这四个 IMF 分量中掺杂的冗余噪声较多,同时 IMF5 到 IMF7 之间的相关系数远小于 0.2,这部分信号掺杂的噪声较少;同理可知滚动体故障、内圈故障和外圈故障中前三个 IMF 分

表 2.5 不同状态下各 IMF 分量皮尔逊相关系数

类型	IMF1	IMF2	IMF3	IMF4	IMF5	IMF6	IMF7	IMF8
健康状态	0.815	0.355	0.286	0.251	0.101	0.043	0.003	无
滚动体故障	0.960	0.396	0.175	0.089	0.034	0.007	0.003	0.002
内圈故障	0.897	0.367	0.221	0.048	0.024	0.010	0.007	0.001
外圈故障	0.987	0.215	0.190	0.019	0.010	0.004	0.002	0.000

量含噪量较大。因此,本章统一对前四个 IMF 模态分量进行精准去噪,选择 Daubechies 作为小波的基函数,分解尺度为 4,该函数具有良好的对称性、正交性和合适的支撑长度,比较适用于处理实验室设备以及数控加工装备所产生的振动信号。该方法的去噪过程如图 2.19～图 2.22 所示。

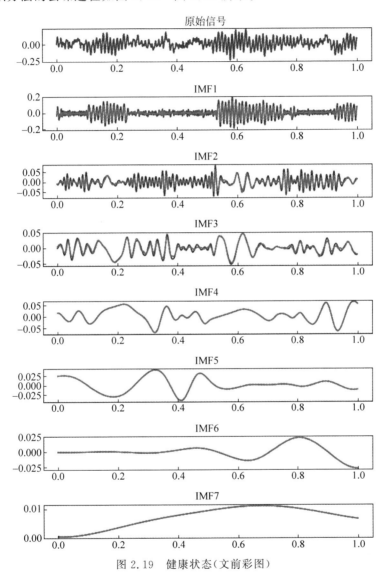

图 2.19　健康状态(文前彩图)

　　图 2.19～图 2.22 中蓝线部分为原始 IMF 分量,橙线部分为处理后的 IMF 分量。经过去噪处理后,将降噪后的 IMF 分量重构,即可得到干净的重构信号,如图 2.23～图 2.26 所示。

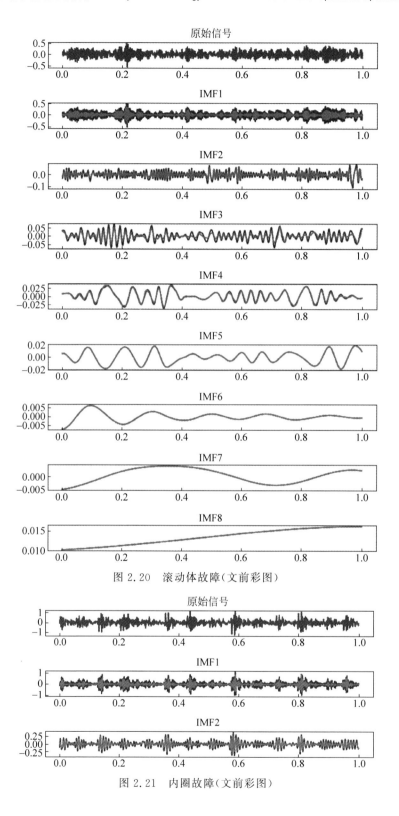

图 2.20　滚动体故障（文前彩图）

图 2.21　内圈故障（文前彩图）

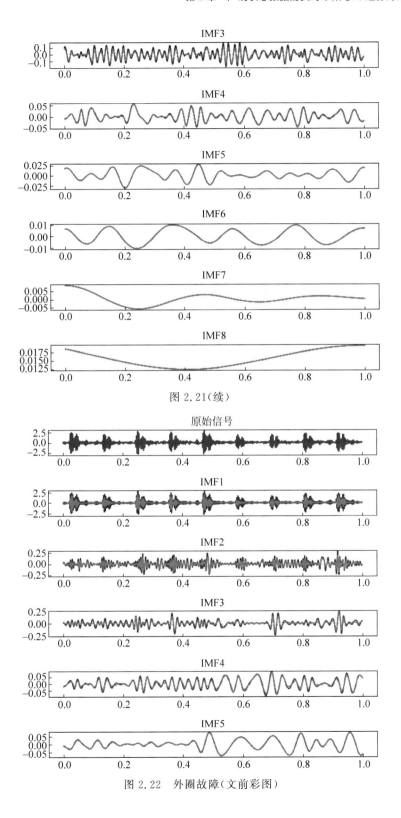

图 2.21(续)

图 2.22　外圈故障(文前彩图)

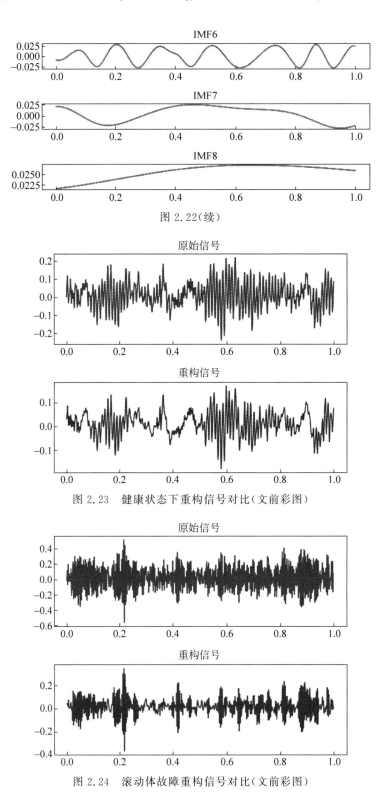

图 2.22(续)

图 2.23　健康状态下重构信号对比(文前彩图)

图 2.24　滚动体故障重构信号对比(文前彩图)

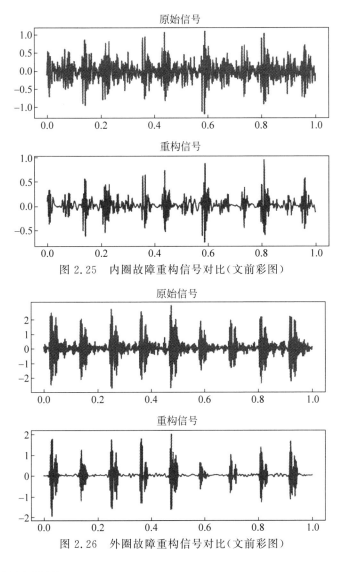

图 2.25 内圈故障重构信号对比(文前彩图)

图 2.26 外圈故障重构信号对比(文前彩图)

3. 去噪效果评价

数控加工装备振动信号的降噪效果常借助信噪比(signal-to-noise ratio,SNR)和均方根误差(root mean square error,RMSE)两个重要指标来衡量。信噪比主要指信号中纯净信号与噪声的比值;均方根误差为信号真实值与实际值的平方期望值,主要用来度量两组数据的差异程度。信噪比越大、均方根误差越少,则说明去噪效果越好,其计算公式如下:

$$SNR = 10\lg \frac{\sum_{t=0}^{N-1}|s(t)|^2}{\sum_{t=0}^{N-1}|\hat{s}(t)-s(t)|^2} \tag{2.24}$$

$$\text{RMSE} = \sqrt{\frac{1}{n} \sum_{i=1}^{n} |\hat{s}(t) - s(t)|^2} \tag{2.25}$$

式中，$\hat{s}(t)$ 为去噪后的振动信号；$s(t)$ 为原始信号；N 为信号长度。

为了评价本章所述方法的去噪效果，将 CEEMDAN 去噪、小波包去噪与本章的组合去噪法进行对比，各状态的降噪指标如表 2.6 所示。

表 2.6　各状态的降噪指标

算　　法	CEEMDAN 去噪法		小波包去噪法		CEEMDAN-小波包组合去噪法	
评价指标	SNR	RMSE	SNR	RMSE	SNR	RMSE
健康状态	38.598	0.122	41.027	0.126	46.004	0.041
滚动体故障	36.295	0.132	40.163	0.133	54.050	0.088
内圈故障	39.785	0.113	43.265	0.119	51.043	0.073
外圈故障	40.165	0.124	42.652	0.125	46.474	0.078

通过对降噪指标的对比我们发现，CEEMDAN-小波包组合去噪法的降噪效果优于 CEEMDAN 算法和小波包去噪，该方法在尽可能保留信号原始信息完整度的同时，能够更好地剔除信号中的干扰噪声，有助于后续提高装备状态检测的准确性。

2.5　基于物料主动感知的 AGV 云-边协同计算框架

基于 RFID 物料主动感知技术，将边缘计算与车间 AGV 物理实体结合，并与上层云计算协同，提出云-边协同计算框架模型应用于智能产线部署[8-9]，将有助于生产物流过程的智能化升级。

在 AGV 配置边缘节点与 MES 云端应用服务的基础上，建立了基于 IIoT (industrial internet of things，工业物联网)的 AGV 云-边协同计算框架结构体系，如图 2.27 所示。

1. 数据感知层

为实现对 AGV 运行状态与在加工物料状态下的全面数据进行感知与透明化，该层为 AGV 小车等物理资源配置异构 IIoT 传感设备，如承重监测、防碰撞的视觉传感器、声音传感器等，通过不同的通信接口协议采集实时数据，为生产物流做运输资源准备。

2. 边缘计算层

将车间 AGV 部署成移动边缘节点(mobile edge node，MEN)，进行自身运行状态与生产物流生产计划的预处理和分析。MEN 配置独立的边缘数据库，用来存储关联的数据感知层设备属性和节点属性等多源数据。MEN 调用 RFID 数据预

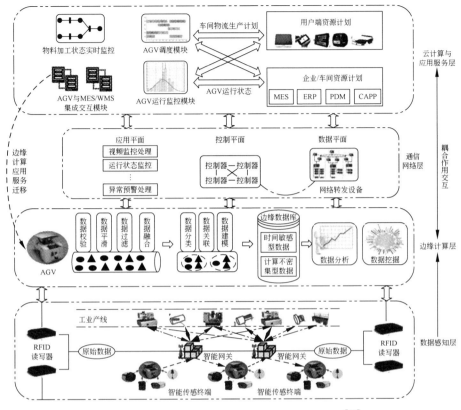

图 2.27　基于 IIoT 的 AGV 云-边协同计算框架[10]

处理、数据计算分析等应用服务对数据感知层上传的原数据进行处理,其中,由嵌入式设备完成数据预处理,如配置有微控制单元(micro control unit,MCU)的 STEM32 等,而数据计算分析由边缘计算网关服务器实现,且数据预处理为数据计算分析提供有效的多元数据。

3. 通信网络层

该层是连接边缘计算层、云计算层和应用服务层的桥梁,是云-边协同互作用的基础。采用软件定义网络,搭建由应用平面、控制平面和数据平面构成的柔性可扩展网络架构。

4. 云计算层与应用服务层

云计算层部署云端数据库服务器和有强大性能的计算服务器,为企业/车间端和用户端提供计算服务,各类云端应用服务部署在应用服务层,在提供应用服务的同时,亦可对 AGV 进行边缘应用服务迁移。需指出的是,应用服务层中还包括多个 AGV-MEN 应用服务包,如 AGV 调度模块、AGV 运行监控模块、AGV 与MES/WMS 集成交互模块等,为 AGV 的应用服务迁移提供支持。该层部署的公有云数据库包含两种,分别是非结构化数据库和结构化数据库,用于分类化、高效化存储生产物流阶段的制造大数据和各类配置属性信息。

为了支撑生产物流过程的准确、高效执行,依据 MEN 边缘节点和 MES 云端服务的不同,重点对数据采集与信息交互、边缘侧数据处理技术和云-边协同计算技术等关键技术进行讨论。

2.5.1 AGV 状态数据采集与信息交互

产线生产物流需求的信息主要为 AGV 运行状态信息和在加工物料状态信息,据此云端与边缘端可计算分析获得车间各加工物料生产物流紧急度信息,多 AGV 运用各边缘节点分析计算进行自主协商决策,选择最优的目标完成物流运输任务,并进行当前物料生产运输任务动态规划更新。

对于采集 AGV 运行状态数据信息,在执行 MES 下达的生产物流生产计划之前,通过部署在 AGV 自身的各种检测装置与传感器,进行 AGV 运行状态数据采集,以确保生产物流时各个资源就绪、可用、到位。当 MES-云端服务器将生产制造计划下发给车间底层节点,各 AGV 在边缘端对新增生产物流任务进行本地化仿真与冲突检验,确认无误后更新运行数据并运送物料至指定工位节点,进行第一道工序加工。信息获取流程如图 2.28 所示。

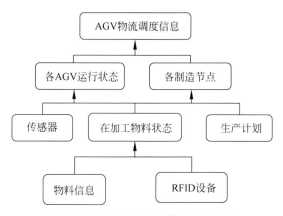

图 2.28 AGV 物流调度信息获取流程

对于在加工物料状态的信息,具体获取流程为:在产线生产物流阶段,物料上都贴有唯一包含自身信息的 RFID 标签,物料的编号可以通过 RFID 设备扫描获取,目标物料的在加工状态信息通过编号就可以实时追踪;AGV 将物料与托盘运送到工位上,运送过程的配送情况可以通过 AGV 位置信息得到。加工设备识别货物 RFID 标签上的加工信息开始加工,并将加工信息写入 RFID 中,至此 MES 通过物料标签可以查询在加工物料加工状态,并实时响应给 AGV,实现 AGV 与生产物流的实时信息交互、生产设备与加工物料生产状况的实时信息获取[11]。各节点信息实时动态响应如图 2.29 所示。

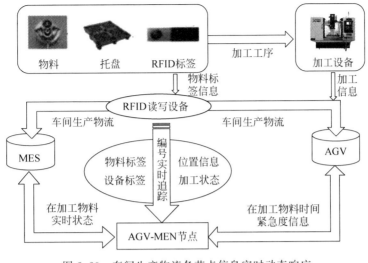

图 2.29　车间生产物流各节点信息实时动态响应

2.5.2　边缘侧 RFID 数据处理技术

将边缘计算技术应用到制造车间中,在车间 AGV 和各制造工位上配置边缘节点,形成具有计算能力的信息物理融合系统,计算资源节点。通过 RFID 和传感器等数据采集设备,将实时状态数据类型中时间敏感型数据与计算不密集型数据传输到车间 AGV 边缘节点,在边缘节点内对状态数据进行计算和处理,推理出有管控作用的关键事件,并运用部署 MEN 协同决策系统进行调度决策,最后通过边缘节点向 AGV 传输调度指令,保证生产过程的持续进行。AGV 边缘端数据处理模型如图 2.30 所示。

AGV 边缘数据库获取底层加工车间 RFID 原始数据(raw date,RD),MEN 系统运用数据清洗技术对原始数据进行校验、平滑、过滤、融合处理,与标准数据进行对比,判断数据的有效性,得到有效数据,再对有效数据进行分类、关联、建模,依据规定好的数据结构,分析出标签名称、标签读取时间和标签读取地点信息,并将这些信息组成基本生产物流信息单元(id,time,place)上传至 MES 云端服务器。图 2.31(a)为 RFID 阅读器得到的原始数据,(b)为经过 MEN 预处理后得到的数据,其数据可以直接通过检索得到,在 AGV 配置的 MEN 系统中,可以用来在车间生产物流中进行在加工物料监控、物流监控等。RFID 原始数据经过 AGV 边缘端就可以实现(a)到(b)的转换。

2.5.3　云-边协同计算技术

根据车间生产物流任务数据和制造资源实时状态数据,由云端调用应用服务生成生产物流计划,将计划指令解析成车间物理设施可直接理解的信息,下发至各

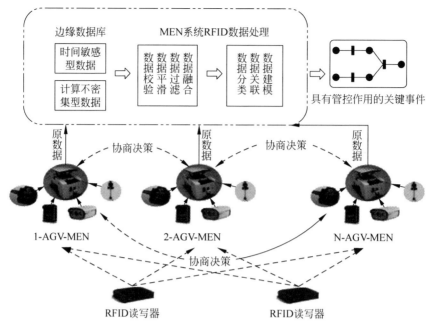

图 2.30　AGV 边缘端数据处理模型

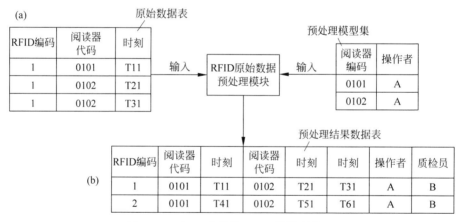

图 2.31　AGV 边缘端 RFID 数据预处理
（a）RFID 阅读器得到的原始数据；（b）经过 MEN 预处理后得到的数据

AGV-MEN,通过对工件的感知以及生产物流的计算决策,运用 AGV 调度模块中的"生产-物流任务竞价"应用服务,择取目标最优 AGV 实现工件运输任务。其基本原理是:将生产-物流任务集成规划过程视为一个马尔可夫过程,将物流工序与生产工序序列按时间排序并看作一条可见观测链,并将实现上述工序的 AGV 与加工设备序列看作一条隐含状态链,则可构建一个用于此云-边协同计算框架模型的生产物流集成规划隐马尔可夫模型(hidden Markov model,HMM),在生产物流

实施过程中,该模型的参数将实时更新。构建的模型如下:

$$F = \{O, I, \boldsymbol{M}, \boldsymbol{B}, \boldsymbol{A}\}$$

$$O = \{O_1, O_2, \cdots, O_T\}$$

$$U = \{U_1, U_2, \cdots, U_S\}$$

$$I = \{i_1, i_2, \cdots, i_t\}$$

$$V = \{V_1, V_2, \cdots, V_N\}$$

$$\boldsymbol{M} = (m_{ij})_{N \times N}$$

$$\forall i, j, m_{ij} = P(i_{t+1} = v_j \mid i_t = v_i)$$

且

$$\sum_{j=1}^{N} m_{ij} = 1$$

$$\boldsymbol{B} = (b_{ik})_{N \times S}$$

$$\forall i, k, b_{ik} = P(o_t = u_k \mid i_t = u_i)$$

且

$$\sum_{k=1}^{s} b_{ik} = 1$$

$$\boldsymbol{A} = (a_i)_{1 \times N}, \quad \sum_{i=1}^{N} a_i = 1$$

其中,O 表示待加工任务的生产-物流工序流;

I 表示与生产-物流工序流对应的最优设备序列;

$\boldsymbol{M}$ 表示不同设备之间任务切换的概率矩阵,且 m_{ij} 表示在制品从设备 v_i 转移到 v_j 的概率;

$\boldsymbol{B}$ 表示工序任务之间切换的概率矩阵,且 b_{ik} 表示在前一工序由设备 v_i 完成的条件下,执行下一工序 u_k 的概率;

$\boldsymbol{A}$ 表示初始概率矩阵,且 a_i 表示第一道工序由设备 v_i 执行的概率;

U 表示制造工序、物流工序的全集;

V 表示智能工厂内的加工设备、物流设备等设备全集。

已知待加工任务的生产工序序列 O,依据 HMM,采用 Vertibi 算法预测满足订单任务需求的概率最大的物流序列 O,即确定了生产-物流工序任务的物流计划。具体求解过程如下。

(1) 定义时刻 t 下具有最大状态转移概率的设备序列为

$$\delta_t(i) = \max_{i_1, i_2, \cdots, i_{t-1}} P(i_t = i_1, i_2, \cdots, i_{t-1} \mid o_1, o_2, \cdots, o_t)$$

(2) 从第一道工序 o_1 开始到当前时刻 t 下的工序 o_t,迭代计算与工序序列相对应的具有最大状态转移概率的设备序列:

$$\delta_1(i) = a_i b_i(1), \cdots, \delta_t(i)$$
$$= \max_{i_1, i_2, \cdots, i_{t-1}} P(i_t = i, i_{t-1}, \cdots, i_1; o_t, \cdots, o_1)$$
$$= \max_{1 \leqslant j \leqslant N} (\delta_{t-1}(j) \cdot m_{ji}) b_{i(t)}$$

（3）直到最后一道工序 o_T。确定与制造-物流工序序列相对应的设备序列最大概率 $P^* = \max_{1 \leqslant I \leqslant N} \delta_T(i)$，据此 MEN 可解构得出为各个工序之间安排的最优 AGV，并实时生成车间生产物流 AGV 任务集成规划方案，如图 2.32 所示。

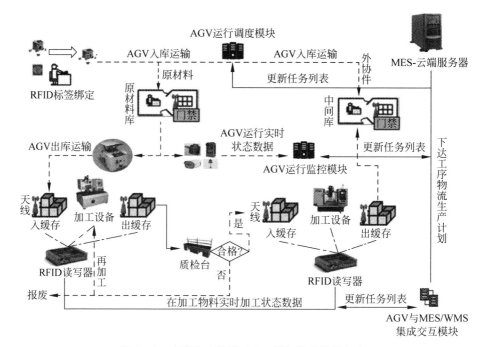

图 2.32　产线生产物流 AGV 任务集成规划方案

本章小结

本章主要为产线状态数据采集方案与数据预处理方法提供理论支持和数据支撑。首先根据产线数控加工装备结构特点确定数据采集方案。其次对加工装备的两种数据采集方法、原理及其关键技术进行研究。最后主要针对外置传感器采集的数据中混杂着噪声信号的问题进行研究，通过工序识别与信号截取完成对无用信息片段的剔除以保留有限信息片段。在 CEEMDAN 分解算法和小波包阈值去噪算法的基础之上提出了 CEEMDAN-小波包组合去噪方法，该方法在凯斯西储大学的 CWRU 数据集上得到验证，且与 CEENAN 去噪法和小波包去噪法相比 SNR 值更大，RMSE 值更小，去噪效果更好。通过云-边协同计算技术，利用云端服务器的高计算性能和车间 AGV 上 MEN 有限的计算能力,提出一种基于 RFID 物料主动感知的车间 AGV 云-边协同计算模型框架,阐述了 AGV 数据采集与信息交互、AGV 边缘端 RFID 数据处理技术和云-边协同计算技术等关键技术,以支撑上述计算框架模型的逻辑准确、高效执行。

参考文献

[1]　滕洪钊,邓朝晖,吕黎曙,等.多传感器信息融合的加工过程状态监测研究[J].机械工程学报,2022,58(6):26-41.

[2]　王志学,刘献礼,李茂月,等.切削加工颤振智能监控技术[J].机械工程学报,2020,56(24):1-23.

[3]　周玉清,梅雪松,姜歌东,等.基于内置传感器的大型数控机床状态监测技术[J].机械工程学报,2009,45(4):125-130.

[4]　梁松博,赵玉龙,赵友.三维集成车削力传感器数据采集与分析系统设计[J].传感技术学报,2017,30(4):623-627.

[5]　ZHAO Y,ZHAO Y L,WANG C H,et al. Design and development of a cutting force sensor based on semi-conductive strain gauge[J]. Sensors and Actuators A:Physical,2016,237:119-127.

[6]　LIU T I,SONG S D,LIU G,et al. Online monitoring and measurements of tool wear for precision turning of stainless steel parts [J]. The International Journal of Advanced Manufacturing Technology,2013,65(9-12):1397-1407.

[7]　CWRU. Bearing Date Center,seeded fault test data[EB/OL]. http://csegroups. case. edu/bearing data center/.

[8]　丁凯,陈东燊,王岩,等.基于云-边协同的智能工厂工业物联网架构与自治生产管控技术[J].计算机集成制造系统,2019,25(12):3127-3138.

[9]　邹萍,张华,马凯蒂,等.面向边缘计算的制造资源感知接入与智能网关技术研究[J].计算机集成制造系统,2020,26(1):40-48.

[10]　温博强,张富强,邵树军,等. RFID 物料主动感知的车间 AGV 云-边协同计算框架模型[J].机床与液压,2022,50(16):46-51.

[11]　曹伟,江平宇,江开勇,等.基于 RFID 技术的离散制造车间实时数据采集与可视化监控方法[J].计算机集成制造系统,2017,23(2):273-284.

产线多级批量生产计划的集成与优化技术

企业为提高生产效率,依据产品零部件的加工工艺流程,将加工设备进行逻辑或物理上的重新组合后形成产线。生产计划的优化是实现产线高效率、低成本运行的基础。因此,本章以产线为对象,对多级批量生产计划集成设计问题进行研究。

3.1 产线生产计划集成概述

产线生产计划集成的目标是确定产品的生产时间、产品的种类及生产批量,并为待加工产品匹配合适的加工产线,以及确定其在产线上的加工顺序[1]。图 3.1 是某同步器企业生产过程管理流程示意图,涉及产品生命周期管理系统(product lifecycle management,PLM)、企业资源计划系统(enterprise resource planning,ERP)、仓储管理系统(warehouse management system,WMS)、制造执行系统(manufacture executing system,MES)和分布式数控系统(distributed numerical control,DNC)5 个模块。企业管理人员定期根据客户需求将生产任务导入 ERP,EPR 依据生产任务要求在满足产能、库存等需求下,自动生成生产计划并下发至MES 系统。车间人员按照接收到的生产计划,结合车间生产班组在岗人员、可用产线资源编制生产任务派发计划,并将生产任务派发到产线进行加工。MES 派发任务的同时,通知 WMS 按时配送满足生产任务执行的原材料,DNC 接收 MES 派发的生产任务清单及生产原料准备就绪的信号,下达开始生产指令,产线开始运行直至派发的生产任务完成。

由此可见,生产计划功能的实现主要集中在 ERP 与 MES 模块。其中 ERP 中生产计划包含 3 个基本内容:①生产产品的品种;②生产产品的数量;③每种产品的生产时间。依据生产规划时间长短的不同,企业生产规划分为企业战略规划、综合生产计划、主生产计划和物料需求计划 4 个层次[2]。其中,主生产计划与物料需求计划直接影响产线生产计划制订,本章后续涉及的生产计划均处于该层次。主生产计划主要是根据综合生产计划,结合近期内客户的实际订单需求,并综合考虑市场需求的短期预测和生产能力情况的变动,计划待生产产品种类、数量和生产时间[3]。物料需求计划是根据主生产计划安排的各种产品数量,结合产品物料清

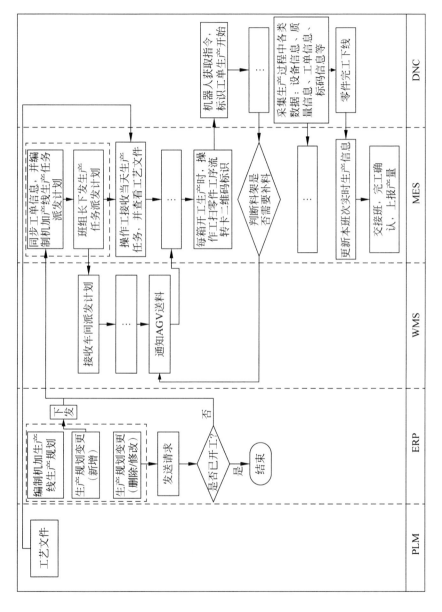

图 3.1 某同步器企业生产过程管理流程示意图

单(bill of material,BOM),确定在计划时域内各时段所需的原材料的种类及数量[4]。MES中生产计划功能是将生产任务合理地分配给生产班组、生产线等生产资源的过程。在本章中其主要指在满足产品交货期和产线生产能力等约束条件下,将待加工产品与产线匹配,同时确定产品加工时间和顺序,以达到优化产品制造时间短、加工成本低或提高设备效率等目标[5-6]。根据车间生产组织方式的不同,将车间生产任务派发问题划分为4种类型:单机任务派发问题、并行机任务派发问题、作业车间任务派发问题和产线任务派发问题[7-8]。产线任务派发问题是指在车间生产过程中,如何分配具有相似生产工艺的待加工工件,使其满足工艺路线,并依次在多台加工设备上完成每一道工序[9-10]。该问题又分为普通产线任务派发问题及柔性产线任务派发问题,相较于普通产线任务派发问题,柔性产线任务派发问题工件的工序在可选的多台机器上进行加工。大规模企业常常采用产线模式进行生产。因此,本章建立的生产计划集成模型将以产线单元为研究对象。

现阶段车间生产活动中,生产计划与生产任务派发由两个不同职能部门分别承担,二者是密切相关、相辅相成的。生产任务派发过程受生产计划决策的影响,生产计划制订及优化过程如果不考虑产线的能力,往往导致生产计划不可行。单独研究生产计划、生产任务派发无法保证整体的决策最优,甚至造成生产计划不可行。因此,越来越多的学者开始关注生产计划集成设计问题[11]。

本章后续首先建立产线生产计划集成模型,在此基础上,采用群智能算法实现该模型的智能求解,最后将模型及智能求解算法用于某同步器产线算例,进行了验证。

3.2　产线生产计划集成模型

大型离散制造企业零件加工及成品装配均采用产线模式。如图 3.2 所示为某同步器关键零件齿毂的产线,齿毂车削端面、铣槽孔、滚齿等工序的加工设备成 U 形布置,经过设备加工及传送,依次完成要求工序。本节针对生产任务派发中多条产线资源配置问题,建立可用于计算机自主排产的生产计划的集成数学模型。

本节描述的生产任务属于多级生产任务,如图 3.3 所示,每个圆圈代表不同类型的生产任务,可分为成品级、部件级和零件级。箭头代表成品、部件、零件之间的装配关系。w_{ij} 表示生产一个上级产品需要下一级产品的数量。

零件级的生产任务实施需要配置机加产线,部件级、成品级的生产任务需要在装配产线上组装完成(本章后续将两种产线统称为产线)。生产过程中成品级生产任务的实施需要提前准备零件级、部件级的产品,部件级生产任务的实施需要提前准备零件级的产品。为了在生产计划中尽可能降低任务实施的成本,需要在考虑生产提前期的情况下,尽可能地优化任务实施过程中的计划与派发的决策,即合理地安排产品在每个计划期内的生产批量、采用的产线及生产顺序。

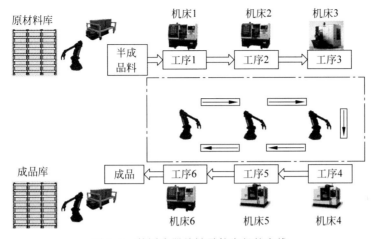

图 3.2　某同步器关键零件齿毂的产线

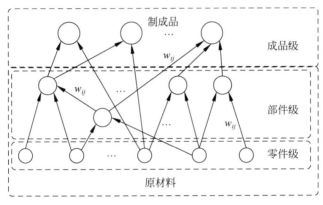

图 3.3　产品多级生产结构图

3.2.1　问题的假设

为了确保研究的生产计划集成设计问题更符合真实生产,做如下规定。

(1)派发多种型号的生产任务,每种成品都是由部件级和零件级的多个产品组装而成,部件级产品由多个零件级产品组装而成,生产任务的 BOM 结构已知。

(2)零、部件级产品除了可以作为 BOM 中上级零部件的原材料,也可以作为成品直接销售。

(3)假定零件级的生产任务实施过程中所需的毛坯件不存在缺货,其他生产任务实施满足 BOM 装配关系的约束。

(4)生产任务实施存在提前期。在 BOM 中,某一级生产任务实施需要足够数量的前一级产品,因此前一级产品的生产需要先于当前任务实施的计划期,即生产任务的提前期。

（5）一个生产任务可配置的产线资源不唯一,一条产线可以完成多种生产任务,但一条产线不能在同一时刻用于两种生产任务的实施。

（6）必须满足各个计划期的需求,不存在缺货、拖单现象。

（7）考虑同一产线上不同生产任务之间的准备时间,即产线在当前生产任务完成后,切换到另一个生产任务需要考虑的设备调试、试件等准备工作。

（8）准备工作只允许在一个计划期内完成,若同一任务的生产跨越多个计划期,不需要准备工作即可准备结转。

3.2.2　变量定义

生产计划集成模型涉及变量索引、集合、模型参数、决策变量等符号,这些符号含义与说明见表3.1。

表 3.1　符号含义与说明

类　别	符　号	含　　义
索引	i,j	生产任务索引号,$i,j=1,2,3,\cdots,N$
	t	生产任务实施的计划期索引号,$t=1,2,3,\cdots,T$
	r	生产任务配置的产线资源的索引号,$r=1,2,3,\cdots,R$
集合	$E(r)$	产线 r 上可以实施的生产任务集合
	$F(i)$	生产任务 i 可以配置的生产资源集合
	$G(i)$	在 BOM 中,将生产任务 i 作为原料的紧邻一级生产任务集合
	EP	成品级生产任务种类集合
参数	N	计划期内生产任务的数量
	T	计划期的数量
	R	在计划期内可用于生产任务实施的产线数量
	D_{it}	计划期 t 内,生产任务 i 的独立需求
	pc_{irt}	计划期 t 内,资源 r 实施单位生产任务 i 的成本
	pt_{irt}	计划期 t 内,资源 r 完成单位生产任务 i 消耗的时间
	hc_i	生产任务 i 产生的单位库存成本
	st_{ir}	资源 r 上,生产任务 i 实施前需要的准备时间
	sc_{ir}	资源 r 上,生产任务 i 实施前准备工作产生的费用
	w_{ij}	单位生产任务 j 的实施对产品 i 产生的关联需求
	C_{rt}	计划期 t 内,资源 r 的最大生产能力
	lt_i	生产任务 i 实施的提前期
	pl_i	生产任务 i 每次实施允许的最小批量
	q_{irt}	计划期 t 内,生产任务 i 在资源 r 实施的批量
	I_{it}	计划期 t 内,产品 i 的库存数量
决策变量	Y_{irt}	资源 r 在计划期 t 是否进行生产任务 i 实施的准备工作
	b_{irt}	在资源 r 上生产任务 i 在计划期 t 结束时是否结转

3.2.3　模型的建立

生产集成计划决策优化的目标是降低生产成本、提高设备利用率和效率。其中,生产成本的降低产生直接的经济效益,是企业提高市场竞争力的重要手段之一。因此,模型中以最小化生产成本为优化目标,如式(3.1):

$$\min \sum_{t=1}^{T} \sum_{r=1}^{R} \sum_{i \in E(r)} \mathrm{pc}_{irt} q_{irt} + \sum_{t=1}^{T} \sum_{r=1}^{R} \sum_{i \in E(r)} \mathrm{sc}_{ir} Y_{irt} + \sum_{t=1}^{T} \sum_{i=1}^{N} \mathrm{hc}_i I_{it} \quad (3.1)$$

生产任务实施过程中,单件产品的加工或装配产生人工成本、设备损耗费用和原材料消耗等,这部分综合成本表示为单位任务实施成本,目标函数(3.1)包含 3项,左边第一项单位任务实施成本与任务实施批量的乘积表示任务实施成本。中间一项表示任务实施前准备工作如设备调试、试件等产生的成本。如果批量过小,将导致平均到每个产品的单件成本增大,因此生产的批量可能大于计划期的需求量,这将导致产品库存的产生。式(3.1)第三项表示产品库存引起的库存成本。

$$I_{i,t-1} + \sum_{r \in F(i)} q_{irt} \geqslant D_{it} \; \forall \, i \in EP \; \forall \, t \quad (3.2)$$

$$I_{i,t-1} + \sum_{r \in F(i)} q_{irt} \geqslant D_{it} + \sum_{j \in G(i)} w_{ij} \sum_{r=1}^{R} q_{jrt+\mathrm{lt}_i} \; \forall \, i \in [1,N] \backslash EP$$

$$\forall \, t = 1,2,\cdots,(T-1) \quad (3.3)$$

制订满足需求的计划,是企业按时交付客户产品的前提,按时交付产品有利于增加客户的满意度。不等式(3.2)和不等式(3.3)保证了生产任务规划的时域内每个计划期的成品、零部件需求均能满足。其中,不等式左边均表示计划期 $t-1$ 期结束的剩余库存与计划期 t 内生产产品的总和,不等式(3.2)右侧表示成品的独立需求,不等式(3.3)右侧表示零、部件级产品的独立需求与关联需求的总和。在库存与需求约束(3.2)和约束(3.3)中,当 $t=1$ 时,I_{i0} 表示计划时域初始时库存中产品的存货量。

$$\sum_{i \in E(r)} (\mathrm{pt}_{irt} q_{irt} + \mathrm{st}_{ir} Y_{irt}) \leqslant C_{rt} \; \forall \, r \; \forall \, t \quad (3.4)$$

有限的时间内,产线资源的产出是有限的,即产线资源受产能约束。不等式(3.4)采用时间尺度衡量产能约束,其含义为,对于计划期 t 内的资源 r,任务实施消耗时间与实施前准备时间的总和小于资源可被使用时间。

$$q_{irt} \geqslant (Y_{irt} + b_{irt}) \mathrm{pl}_i \; \forall \, i \; \forall \, r \; \forall \, t \quad (3.5)$$

生产任务实施前产生准备成本,如果单次任务实施生产的产品数量过少,将导致均摊到单件产品的成本增多。式(3.5)右侧表示是否生产的决策变量与规定的最小生产批量的乘积。该式含义是当任务被实施,则生产批量大于最小生产批量。当任务不生产时,生产批量大于等于零,此时,结合约束(3.6)可以保证生产批量等于零。

$$q_{irt} \leqslant (Y_{irt} + b_{irt})M \; \forall i \; \forall r \; \forall t \tag{3.6}$$

约束(3.6)右侧表示是否生产的决策变量与一个较大常数 M 的乘积。其中较大常

数 M 意味着其应大于产线资源所能达到的最大产量，即 $M \geqslant \max\limits_{t, r, i \in E(r)} \dfrac{C_{rt}}{\mathrm{pt}_{irt}}$。

式(3.6)表示当生产任务实施时，生产批量小于一个较大常数，当不进行生产
时，生产批量小于等于零。

$$\sum_{i \in E(r)} b_{irt} \leqslant 1 \; \forall r \; \forall t \tag{3.7}$$

约束(3.7)表示计划期 t，产线资源 r 至多有一个生产任务被准备结转。当计
划期 t 末尾与计划期 $t+1$ 初始，产线资源 r 上若实施同一个任务则准备结转，实施
不同任务或不生产则不准备结转。

$$Y_{irt}, b_{irt} \in \{0, 1\} \; \forall i \; \forall r \; \forall t \tag{3.8}$$

$$q_{irt}, I_{it} \in \{x \mid x \geqslant 0 \& x \in Z\} \tag{3.9}$$

约束(3.8)表示是否生产的决策变量为二进制变量，约束(3.9)表示生产批量
与库存量均为非负整数。

3.3 基于改进蜉蝣算法的模型求解

3.3.1 标准的蜉蝣算法

蜉蝣是属于古翅下纲昆虫群中蜉蝣目的昆虫。未成熟的蜉蝣从卵中孵化出来
后肉眼可见，它们会作为水生若虫生长数年，成年后爬上水面，目的是完成繁殖，但
一般一只成年蜉蝣只能活几天。为了吸引雌性，大多数成年雄性蜉蝣聚集在离水
面几米的地方，通过特有的上下运动模式"表演婚礼舞蹈"。受到吸引的雌性蜉蝣
飞入雄性蜉蝣群，在空中与雄性交配。交配完成后，雌性会将卵落在水面上，下一
代蜉蝣将会继续重复生命周期。

通过模仿蜉蝣的生物特性，Konstantinos Zervoudakis 等于 2020 年提出了蜉
蝣优化算法(mayfly optimization algorithm，MA)[12-13]。MA 提供了一种强大的
混合算法结构，融合了粒子群算法(particle swarm optimization，PSO)与遗传算法
(genetic algorithm，GA)的优点。MA 通过交叉等技术改善 PSO 在高维空间中执
行时需要进行一些修改的问题，为找出最佳点提供了有效途径[14]。算法设计过程
假设蜉蝣从卵中孵化出来后，就已经是成虫并且所有的蜉蝣都能存活下来，每个蜉
蝣在搜索空间中的位置代表了优化问题的潜在解。

MA 基本过程分为八个步骤：第一步，根据优化目标定义适应度函数，随机产
生两组蜉蝣，分别代表雄性和雌性种群，种群中每个蜉蝣均被随机放置在问题空间
代表候选解；第二步，根据适应度函数评估种群中的个体，找到最佳个体；第三步，
判断算法停止条件是否满足，如果满足则停止计算，如果不满足，转入第四步；第

四步,更新蜉蝣速度以及蜉蝣位置,评估蜉蝣个体;第五步,依据评估结果分别对雄性蜉蝣及雌性蜉蝣排序;第六步,通过蜉蝣交叉操作获得子代蜉蝣;第七步,评估子代蜉蝣,用最佳个体替换最差个体;第八步,将子代蜉蝣随机分配到雌性种群与雄性种群,并跳转至第三步。

算法实现过程中的关键技术包括蜉蝣运动和蜉蝣交配。

1. 蜉蝣运动

性别不同,蜉蝣运动方式不同。雄性蜉蝣成群聚集,每只雄蜉蝣的位置都会根据自己的经验和临近蜉蝣的经验进行调整。假定 n 维向量 $\boldsymbol{x}_i^k=(x_{i1}^k,x_{i2}^k,\cdots,x_{in}^k)$ 表示搜索空间中第 k 次搜索后蜉蝣 i 的位置。蜉蝣在第 $k+1$ 次搜索时的运动速度由 n 维向量 $\boldsymbol{v}_i^{k+1}=(v_{i1}^{k+1},v_{i2}^{k+1},\cdots,v_{in}^{k+1})$ 表示,则雄性蜉蝣在搜索空间的位置可以表示为

$$\boldsymbol{x}_i^{k+1}=\boldsymbol{x}_i^k+\boldsymbol{v}_i^{k+1} \tag{3.10}$$

初始时刻位置 $\boldsymbol{x}_i^0$ 在满足约束的情况下随机生成。考虑到雄性蜉蝣总是在水面上几米处"表演婚礼舞蹈",假设它们不停地缓慢运动。因此,雄性蜉蝣的速度计算如下:

$$v_{ij}^{k+1}=v_{ij}^k+m_1\mathrm{e}^{-\omega r_p^2}(p\,\mathrm{best}_{ij}-x_{ij}^k)+m_2\mathrm{e}^{-\omega r_g^2}(g\,\mathrm{best}_j-x_{ij}^k) \tag{3.11}$$

式中,$j=1,2,\cdots,n$;m_1,m_2 是正数,分别用来衡量蜉蝣个体及集群对速度更新的影响;$p\,\mathrm{best}_i=(p\,\mathrm{best}_{i1},\cdots,p\,\mathrm{best}_{ij},\cdots,p\,\mathrm{best}_{in})$ 表示蜉蝣 i 在搜索过程中迄今为止自己的最佳位置;$g\,\mathrm{best}=(g\,\mathrm{best}_1,\cdots,g\,\mathrm{best}_j,\cdots,g\,\mathrm{best}_n)$ 表示雄性蜉蝣在搜索过程中迄今为止群中任何蜉蝣所达到的最佳位置;ω 是能见度系数,表示蜉蝣个体对其他蜉蝣的能见度;r_p,r_g 分别表示 $\boldsymbol{x}_i^k$ 与 $p\,\mathrm{best}_i$ 及 $g\,\mathrm{best}$ 间的笛卡儿距离,计算公式如下:

$$r_p=\|\boldsymbol{x}_i^k-p\,\mathbf{best}_i\|=\sqrt{\sum_{j=1}^n(x_{ij}^k-p\,\mathrm{best}_{ij})^2} \tag{3.12}$$

$$r_g=\|\boldsymbol{x}_i^k-g\,\mathbf{best}\|=\sqrt{\sum_{j=1}^n(x_{ij}^k-g\,\mathrm{best}_j)^2} \tag{3.13}$$

与雄性不同,雌性蜉蝣不会成群聚集,但它们飞向雄性,以便繁殖。假定 n 维向量 $\boldsymbol{y}_i^k=(y_{i1}^k,y_{i2}^k,\cdots,y_{in}^k)$ 表示搜索空间中第 k 次搜索后雌性蜉蝣 i 的位置。蜉蝣在第 $k+1$ 次搜索时的运动速度由 n 维向量 $\boldsymbol{u}_i^{k+1}=(u_{i1}^{k+1},u_{i2}^{k+1},\cdots,u_{in}^{k+1})$ 表示,则雄性蜉蝣在搜索空间的位置可以表示为

$$\boldsymbol{y}_i^{k+1}=\boldsymbol{y}_i^k+\boldsymbol{u}_i^{k+1} \tag{3.14}$$

初始时刻位置 $\boldsymbol{y}_i^0$ 在满足约束的情况下随机生成。根据算法的适应度函数,最优的雌性被最优的雄性所吸引,次优的雌性被次优的雄性吸引,以此类推。因此,以最小化问题为例,雌性蜉蝣的速度计算如下:

$$u_{ij}^{k+1} = \begin{cases} u_{ij}^k + m_2 \mathrm{e}^{-\omega r_{mf}^2}(x_{ij}^k - y_{ij}^k), & f(\boldsymbol{y}_i^k) > f(\boldsymbol{x}_i^k) \\ u_{ij}^k + d \cdot r, & f(\boldsymbol{y}_i^k) \leqslant f(\boldsymbol{x}_i^k) \end{cases} \tag{3.15}$$

式中，m_2 是正吸引常数；ω 是固定可见度常数；r_{mf} 是雌性蜉蝣与相对应的雄性蜉蝣的笛卡儿距离；d 是随机的步长系数；r 是属于 $[-1,1]$ 的随机变量，$d \cdot r$ 表示雄性蜉蝣不能吸引雌性蜉蝣时，雌性蜉蝣的随机运动；$f()$ 表示适应度函数。

2. 蜉蝣交配

交叉操作表示两只蜉蝣之间的交配，过程如下：交配的个体一个从雄性种群中选择，一个从雌性种群中选择。交配遵循最佳雄性个体选择最佳雌性个体，第二佳雄性个体选择第二佳雌性个体，以此类推。交叉操作产生的两个子代如下：

$$os_1 = L \cdot \mathrm{male} + (1-L) \cdot \mathrm{female} \tag{3.16}$$

$$os_2 = L \cdot \mathrm{female} + (1-L) \cdot \mathrm{male} \tag{3.17}$$

式中，male 表示雄性父代蜉蝣个体；female 表示雌性父代蜉蝣个体；L 是指定范围的随机值。子代蜉蝣的初始速度设置为 0。

3.3.2 改进蜉蝣算法求解模型的总体流程

蜉蝣算法求解产线生产任务集成模型的总体流程如图 3.4 所示。具体步骤描述如下。

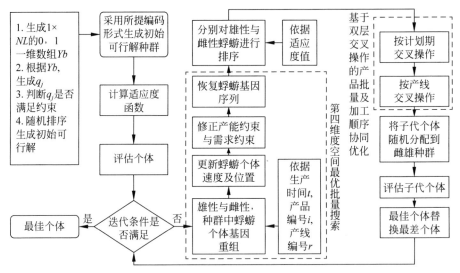

图 3.4 任务集成模型蜉蝣算法优化流程

（1）生成初始可行的雄性、雌性蜉蝣种群。其关键在于：①如何表示蜉蝣个体，使其既能表达所求问题解空间的信息，又能适合蜉蝣算法的操作，即如何编码；②随机生成蜉蝣种群时，如何使得种群中蜉蝣个体表示的解方案满足需求约束、产能约束，即如何保证解的可行。

(2) 计算蜉蝣的适用度值，依据适用度值，评估蜉蝣的优劣。本节采用模型的优化目标的倒数，即式(3.1)的倒数作为优化目标。

(3) 蜉蝣运动位置及速度的更新。本节所研究的问题，求解过程中，首先需要确定各计划期产品的批量，然后以此批量为需求，安排选择加工产品的产线并确定产品在产线中的生产顺序。针对问题的特点结合本节提出的四维编码矩阵形式。本步骤进行第四维度批量的优化，首先进行蜉蝣基因重组，其次采用基本蜉蝣算法位置及速度更新公式更新蜉蝣，再次修正蜉蝣使其满足需求约束及产能约束，最后恢复蜉蝣基因序列。

(4) 蜉蝣交叉操作。交叉操作模拟蜉蝣的交配繁殖过程，为了使得算法更加适合所求问题，本节结合问题及编码特点，提出基于按计划期及产线的双层交叉操作，同时优化解方案的批量及加工顺序。

(5) 判断算法迭代条件是否满足，如果不满足，跳转至步骤(3)；如果满足，则结束算法的执行，并输出最优解方案。

蜉蝣算法求解所提模型的关键技术在于编码及种群的初始化，第四维度空间的批量优化及基于双层交叉操作的批量与加工顺序的协同优化，本节后续将详细介绍相关技术。

3.3.3　四维空间矩阵式编码及种群初始化

启发式算法处理生产管理问题的首要任务是将优化问题的解表达为适合算法处理的形式。本节处理的计划与调度集成优化问题的搜索空间涉及产品种类、计划时间、生产机器和生产批量4个维度。针对该特点，本节提出一种四维空间矩阵式编码方法。该方法将空间中的一个解表示为 $4\times N$ 的矩阵，如图3.5所示。该矩阵的第一行中的数据表示待加工产品的种类，第二行表示产品计划生产时间，第三行表示产品加工使用的设备，第四行表示产品的加工批量。其中 $\mathrm{NL}=\sum_{t=1}^{T}\sum_{i=1}^{N}\sum_{r\in F_i} r$。

第一维度	t_1	$\cdots$	t_j	$\cdots$	t_{NL}
第二维度	i_1	$\cdots$	i_j	$\cdots$	i_{NL}
第三维度	r_1	$\cdots$	r_j	$\cdots$	r_{NL}
第四维度	q_1	$\cdots$	q_j	$\cdots$	q_{NL}

图3.5　编码矩阵

矩阵中的列是编码的最小单位，可以看作个体的基因，具有不可分割的特性且表示意义完整，如第 j 列表示生产计划期 t_j 产品 i_j 在产线 r_j 上的生产批量是 q_j。

假定雄性种群规模 pop_1，雌性种群 pop_2，种群中个体初始生成方法如下：首先计算编码矩阵的列数 NL，随机生成 $1\times \mathrm{NL}$ 的0,1一维数组 Yb，q_i 对应的元素为零时,初始生成解 $q_i = 0$ 即该周期该产品在该产线不生产,否则表示生产。例如,**Yb** 第 j 个元素为 0 表示 t_j,i_j,r_j 单元的第四维度 q_j 为 0。若 **Yb** 第 j 列是 1,则 q_j 不为零。此时生产的批量在 $[\mathrm{pl}_i,c_{rt} - c_{frt}]$ 随机生成。其中 c_{rt} 表示生产计划期 t 产线 r 可用的产能,c_{frt} 表示该产线已经使用的部分。假定有两条产线 $r = 1,2$,两条产线在每个计划期的最大产能均为 40 件,产品 $i = 1,2$ 在计划期 $t = 1$ 的需求分别为 20 件、30 件,计划期 $t = 2$ 与计划期 1 的需求相同,则 NL＝8,假定最小批量为 5。如图 3.6 所示随机生成长度为 8 的一维向量 Yb,其中 0 表示对应的蜉蝣基因表示的生产批量为 0,对于 1 对应的蜉蝣基因表示的批量按规则随机在最大产能与最小允许批量间生成。

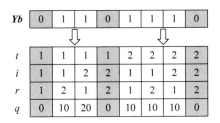

图 3.6 初始解结构示意图

判断解是否满足需求约束,如果不满足,在编码矩阵中将不满足需求约束的产品增加至未满负荷的产线,如果仍然不能满足需求约束,则将剩余需求前移一个计划期,与当前计划期需求共同分配产线生产,以此类推直到需求满足。图 3.6 中,在计划期 $t = 2$,产品 2 产量为 10,不满足需求 30,因此计划期 $t = 1$ 产品 2 的需求增加 20,则编码矩阵的第三个基因表示的批量增加为 40。

对编码矩阵中基因随机排序,生成一组可行解,基因的排列顺序表示了产品的加工在产线的加工顺序。如图 3.7 所示,在计划期 1,产线 2 上,产品 2 先于产品 1 加工,在计划期 2,产线 1 上,产品 2 先于产品 1 加工。

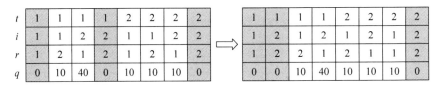

图 3.7 可行解生成示意图

3.3.4 第四维度空间最优批量搜索

将雄性种群中表示个体的编码矩阵的基因按照生产时间、产品序号及设备序号从小到大依次排列。

假定雄性种群中个体第四维度用 $1 \times \mathrm{NL}$ 向量可表示为 $\boldsymbol{q}_x = (q_1,\cdots,q_j,\cdots,q_{\mathrm{NL}})$,则 $\boldsymbol{q}_x$ 在解空间的变化可用式(3.10)和式(3.11)进行更新,式(3.11)中蜉蝣初

始速度 $v_{ij}^0 = 0$。更新后对于 $q_j \leqslant 0$ 的情况,取 $q_j = 0$,对于 $0 < q_j \leqslant \mathrm{pl}_i$,则取 $q_j = \mathrm{pl}_i$。

然后判断 $\sum\limits_{i \in E(r)} (\mathrm{pt}_{irt} q_j + \mathrm{st}_{ir} Y_{irt}) \leqslant C_{rt} \; \forall r \; \forall t$,如果产能约束不能满足,减小批量最小的产品数量,当批量减小为 pl_i 时若仍无法满足产能约束,则依次减小次一级小批量的产品生产数量,直至满足产能约束。

最后判断解是否满足需求约束,如果不满足,在编码矩阵中将不满足需求约束的产品对于未满负荷的产线增加产量,如果仍然不能满足需求约束,则将剩余需求前移一个计划期,与当前计划期需求共同分配产线资源生产,以此类推直到需求满足。

恢复雄性种群个体最小单元的顺序,依据适应度值的大小,分别对雌雄种群与雄性种群中的个体进行排序。然后将雌性种群中表示个体的基因按照生产时间、产品序号及设备序号从小到大依次排列。

假定雌性种群中个体第四维度用 $1 \times \mathrm{NL}$ 向量可表示为 $\boldsymbol{q}_y = (q_1, \cdots, q_j, \cdots, q_{\mathrm{NL}})$,则 q_j 在解空间的变化可用式(3.14)和式(3.15)进行更新,式(3.15)中蜉蝣初始速度 $u_{ij}^0 = 0$。然后判断解是否满足产能约束及需求约束,方法同雄性种群更新方法。

3.3.5　基于交叉运算的产品批量及加工顺序协同优化

为了避免解的搜索不能满足产能约束,蜉蝣交配操作即式(3.17)表示的方法被如下双层交叉方法所替代,具体如下。

交叉的个体分别来源于雄性种群及与雄性种群中个体排序名次相对应的雌性个体,第一次交叉随机选取相同序号的计划期进行整体交叉,然后随机选取相同序号的产线进行交叉,最后判断两子个体是否满足需求约束,如果不满足,则采用如同上一节的方法进行调整。如图 3.8 所示,其中(a)表示两个蜉蝣计划期 2 的基因进行整体交换,(b)表示两个蜉蝣产线 1 的基因整体交换。改进交叉操作避免了产能约束的不满足,可以提高蜉蝣算法求解模型的效率。

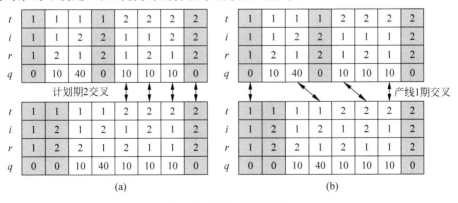

图 3.8　交叉操作示意图

(a) 按计划期交叉;(b) 按产线交叉

3.4　案例分析

本节所提模型适用存在多级关联情况下的产品 BOM 结构,且生产任务在多条产线上派发。为了说明所提模型的适用场景,以某同步器产线为例。现对算例场景说明如下。

(1) 对该系列同步器的产品 BOM 进行简化,选取了三个最终产品,一个部件和两个零件作为计算实例,即示例包括六个项目,分别用字母 X、Y、Z、A、C 和 D 表示,如图 3.9 所示。

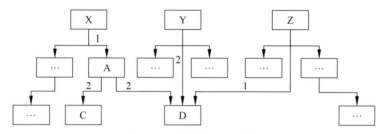

图 3.9　同步器 BOM 结构

(2) 假设生产任务 X、Y、Z 只能在产线 1 上进行装配,部件级任务 A 在产线 2 上进行装配;零件级生产任务 C 和 D 有两个产线(产线 3 和产线 4)可以进行生产。

(3) 假设一天为一个计划期,本次规划的时域为 7 个计划期。

(4) 假设提前期为一个计划期。

(5) 不考虑加班情况产生的额外产能。

(6) 假设规划时域内计划期产品的独立需求是确定的。

3.4.1　数据准备

表 3.2 显示了各计划期市场对产品 X、Y、Z、A、C 和 D 的独立需求,其中,产品 A 和 C 不仅可以作为上级产品的原料使用,还可以在不同计划期有独立需求。符号"—"表示在计划期内,该项目没有独立需求。

表 3.2　独立需求

项目 i	计划期/s						
	1	2	3	4	5	6	7
X	66	78	70	76	58	76	48
Y	55	46	88	58	48	45	56
Z	53	75	55	75	68	68	89
A	—	—	100	—	—	—	—

续表

项目 i	计划期/s						
	1	2	3	4	5	6	7
C	—	—	—	—	—	—	215
D	—	—	—	—	—	—	—

表 3.3 列出了可用产线 r 在不同计划期 t 下的最大可用产能。

表 3.3　产线 r 最大可用产能

资源/ (r/min)	计划期/s						
	1	2	3	4	5	6	7
1	420	400	400	420	430	400	420
2	400	420	420	420	400	420	400
3	420	420	400	400	420	420	420
4	500	500	500	500	500	500	500

表 3.4 给出了生产任务 i 在产线 r 上的准备时间和生产时间,符号"—"表示生产任务 i 不在产线 r 上生产。从表 3.4 可以看出,生产任务 X、Y 和 Z 在产线 1 上生产,生产任务 A 在产线 2 上生产,生产任务 C 和 D 在产线 3 或 4 上生产,资源 3 和资源 4 是相同的生产资源。

表 3.4　产线 r 上生产任务 i 的准备时间和生产时间

项目 i/min	产线 r			
	1	2	3	4
X	60/1.4	—	—	—
Y	60/1.2	—	—	—
Z	60/1.2	—	—	—
A	—	110/1.6	—	—
C	—	—	80/1.2	80/1.2
D	—	—	60/0.8	60/0.8

表 3.5 列出了生产任务的库存成本、准备和生产成本、最小批量等相关数据。

表 3.5　其他相关输入数据

项　目　i	X	Y	Z	A	C	D
库存成本/元	14	16	13	15	15	15
准备成本/元	500	500	500	400	300	300
生产成本/元	130	120	110	60	22	20
初始库存/件	120	120	100	170	200	234
提前期/天	1	1	1	1	1	1

续表

项　目 i	X	Y	Z	A	C	D
最小批量/件	30	30	30	40	45	45
最大库存量/件	500	500	500	800	1000	1000

3.4.2　结果分析

蜉蝣算法的参数取值如下：种群数 $n=40$，蜉蝣个体正吸引系数 $m_1=1.0$，蜉蝣种群正吸引系数 $m_2=1.6$，随机步长系数 $d=0.1$，能见度系数 $\omega=2$，算法最大迭代次数取 70，使用 MATLAB R2019 编程实现。

求解结果如表 3.6 和图 3.10 所示，通过对模型进行求解，不仅能制定符合目标的生产任务实施批量决策，还能得出生产任务配置的产线资源及其在产线资源上的生产时间，其中，表 3.6 列出了在追求低生产总成本目标下，不同产线 r 在每个计划期 t 上生产任务实施的最佳批量大小，包括计划域内每个计划的需求量、生产批量和库存量；图 3.10 显示了不同产线 r 在每个计划期 t 的调度结果。

表 3.6　计划生产批量

项目 i	生产/库存	资源 r	计划期 t						
			1	2	3	4	5	6	7
X	生产批量	1	170	0	0	136	166	0	0
	库存		224	146	76	136	224	168	120
Y	生产批量	1	0	72	99	0	114	111	0
	库存		65	91	102	44	110	176	120
Z	生产批量	1	34	50	86	141	0	172	0
	库存		81	56	87	153	85	189	100
A	生产批量	2	83	50	108	166	95	70	0
	库存		83	133	141	171	100	170	170
C	生产批量	3	66	216	332	190	150	280	
		4	0	0	0	0	0	125	0
	库存		100	216	332	190	150	415	200
D	生产批量	3	0	0	0	0	250	0	
		4	294	500	473	418	500	200	0
	库存		328	534	507	452	534	200	200

图 3.10 给出每个计划期内，资源 r 生产相应项目 i 的顺序、批量大小，以及资源上实施生产准备和转移生产任务的生产准备等详细信息。例如，在第 1 个计划期内，有两个生产任务和两个生产准备涉及产线 1，生产任务实施顺序是 X、Z，项目 Z 的生产状态从第 1 个计划期末直接转移到第 2 个计划期初，只需要准备结转。

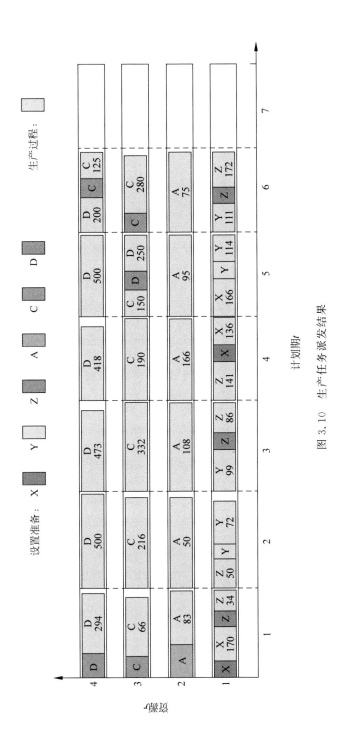

图 3.10　生产任务派发结果

本章小结

生产计划集成设计是产线智能管控的前提。针对大规模企业常用的多产线生产模式,研究了产能约束下多级批量生产任务集成的决策优化问题,以最小化包括生产成本、准备成本、库存成本在内的总成本为优化目标,建立该问题的数学模型。本章给出了改进蜉蝣算法求解模型的方法,并通过某同步器生产实例验证了模型及求解算法的可行性及有效性。

参考文献

[1] RIOS Y,IBARRA-ROJAS O,CABO M,et al. A heuristic based on mathematical programming for a lot-sizing and scheduling problem in mold-injection production[J]. European Journal of Operational Research,2020,284(3):861-873.

[2] 王成. 离散制造企业多目标主生产计划研究[D].大连:大连理工大学,2019.

[3] ZHU B,LI Y,ZHANG F Q. A credibility-based MPS/MRP Integrated programming model under complex uncertainty[J]. International Journal of Fuzzy Systems,2021,23(5):1414-1430.

[4] 张莉,杨子天,葛宁,等.面向生产计划分析的协同制造过程建模语言及建模仿真系统[J].计算机集成制造系统,2022:1-21.

[5] BELKHARROUBI L,YAHYAOUI K. Solving the energy-efficient robotic mixed-model assembly line balancing problem using a memory-based cuckoo search algorithm[J]. Engineering Applications of Artificial Intelligence,2022,114:1-12.

[6] DZIKI K,KRENCAYK D. Mixed-model assembly line balancing problem with tasks assignment[J]. IOP Conference Series:Materials Science and Engineering,2019,591.

[7] ZHANG Z Q,ZHU L X,CHEN Y R,et al. A multi-objective hybrid evolutionary search algorithm for parallel production line balancing problem including disassembly and assembly tasks[J]. International Transactions in Operational Research,2022,30(6):3508-3553.

[8] ZHOU B H,ZHAO Z. A hybrid fuzzy-neural-based dynamic scheduling method for part feeding of mixed-model assembly lines[J].Computers & Industrial Engineering,2022,163.

[9] ASKIN R G,ZHOU M. A parallel station heuristic for the mixed-model production line balancing problem[J]. International Journal of Production Research,1997,35(11):3095-3106.

[10] ÖZCAN U,KELLEGOZ T,TOKLU B. A genetic algorithm for the stochastic mixed-model U-line balancing and sequencing problem[J]. International Journal of Production Research,2011,49(6):1605-1626.

[11] WANG W W,LI X Y,GAO L,et al. Application of interval theory and genetic algorithm for uncertain integrated process planning and scheduling[C]. IEEE International Conference on Systems,Man,and Cybernetics(SMC):Manchester,England,2013:2796-2801.

［12］　CHANDRA B，KUMAR K. A comprehensive study on a meta heuristics optimization algorithm- hybridized mayfly algorithm［C］. 2022 6th International Conference on Trends in Electronics and Informatics(ICOEI)：Tirunelveli，India，2022：1649-1655.

［13］　ZERVOUDAKIS K，TSAFARAKIS S. A mayfly optimization algorithm［J］. Computers & Industrial Engineering，2020，145.

［14］　DURAIRAJ S，SRIDHAR R. Task scheduling to a virtual machine using a multi-objective mayfly approach for a cloud environment［J］. Concurrency and Computation：Practice and Experience，2022，34(24).

第4章

智能产线生产物流的主动感知与协同调度技术

本章首先明确了智能产线生产物流主动感知与协同调度的相关概念和内涵特征;然后对主动感知与协同调度的体系结构进行了研究,并分析了体系的运行逻辑;进而从主动感知模型、物流单元分级协同决策和协同调控策略 3 个方面对体系运行的关键使能技术展开分析。

4.1 生产物流主动感知与协同调度的内涵与特征

4.1.1 相关概念及定义

在描述智能产线的生产物流主动感知与协同调度体系架构前,为使研究定位更加准确,首先应规范相关的基本术语,分别描述如下。

1. 生产物流

生产物流是指面向生产过程的产线物流服务活动,边界始于原材料库或者线边库,止于产成品库或流转站,存在于工件在车间加工的整个过程。物料依据工艺路线和生产节拍,在原料库、机床的加工工位、物流单元和成品库之间的流转过程。

2. 物流单元

物流单元指的是为了高效组织物流服务过程和提高搬运作业效率,按照单元化和模块化思想将车间物流划分为若干独立的具有自组织运行特征的物流单元。物流单元由暂存区、物料筐、AGV 及 AGV 充电桩等物理实体组成,配备有各类传感装置用于采集各类物流信息,并按分布式布局规则部署在车间的不同物理位置。物流单元之间的感知联动和动态组合可以高效率完成复杂多变的搬运作业任务。

3. 主动感知

主动感知指的是将车间内工件、机床和 AGV 等资源封装成具有高度自治的智能体,并基于物联网来实时主动获取自身状态数据和其他加工资源状态数据,并通过数据分析获取车间内的生产物流状态,可以及时主动发现异常状态,能更好地适应车间内复杂多变的生产物流要求。

4. 协同调度

协同调度指的是借助主动感知建立各个智能体间的协同调度机制,通过协同获取各个调度方案对当前调度请求的适应度值和智能体的状态,然后构建车间调度模型并采用算法求解得到最优目标函数的调度决策。

5. 动态调控

动态调控指的是根据加工资源在主动感知到异常时,物流与生产间的动态调度以更好地适应加工过程中的波动。通过对生产物流中的主动感知到的异常事件进行分析,确定受到异常干扰的加工工序、加工资源及物流加工过程等关键信息以构建对应异常事件的异常特征,并搭建异常事件的动态调度方法,当发生异常时可以快速定位并执行对应的动态调度方法,提高车间的动态响应能力。

4.1.2　内涵与特征

工业物联网技术的引进和不断更新迭代促进了产线的数字化、网络化和智能化,使生产状态信息和 AGV 等物流单元状态信息更加透明化。本节采用基于多智能体分布式协作方法实现对生产物流的主动感知和协同[1-2]。各资源智能体具有主动感知自身及其他资源状态的能力,也可以与其他资源个体根据调控规则协同完成调度任务或应对一些复杂事件的扰动。因此,生产物流主动感知与协同调度具有以下 3 个特征。

(1) 制造资源高度自治,能够自我感知分析和监控。自治的核心是资源能根据控制指令分析监控和控制自身的状态过程。自治个体主要是利用智能物联设备采集生产中的各类数据,通过数据分析处理方法获得资源状态并进行监控;同时,自组织协同系统根据当前的状态信息确定下一步的作业任务及资源分配。

(2) 制造资源信息主动感知和协同交互。在智能化生产过程中,物流过程越发强调资源不再是一个独立的个体,各类资源之间必须互联互通。因此,需要感知各类资源的状态,定义其在正常运行状态及扰动状态下的调控规则。同时合理设计交互主动感知信息流,明确资源间交互信息的来源与内容,根据感知信息流,构建资源智能体间数据感知与处理层,实现对资源主动感知资源状态并合理选择调控规则的功能。

(3) 生产物流动态调控。调度系统根据得到的实时状态信息,并结合调控规则对当前的作业任务进行分析,同时利用协同调度算法对不同的决策方案进行比较寻优,从而实现及时调整物流规划、合理选择加工设备;针对不同的生产波动,进行各个加工资源的信息交互,并实施对应的动态调控方法,从而保证生产物流的及时、高效完成。

4.2　生产物流主动感知与协同调度的体系架构

4.2.1　体系架构

根据以上对生产物流主动感知与协同调度的相关概念定义以及内涵特征的分析,以多智能体分布式协作方法为基础,协同调度为依据来设计面向智能产线的生产物流主动感知与协同的总体方案[2-5]。如图 4.1 所示,本方案中的生产物流主动感知与协同的体系架构总共分为 3 层:生产物流物联层、数据感知与处理层、协同服务应用层。

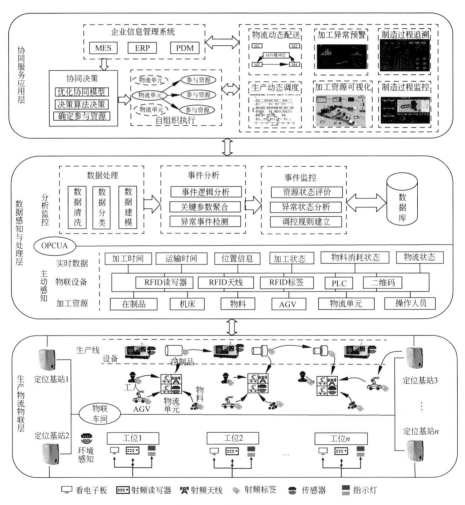

图 4.1　系统体系架构

1. 生产物流物联层

对产线的制造单元、物流单元等进行 IIoT 物联配置。在生产物流过程中，涉及的主要物理加工资源包括机床、AGV、原料库和成品库等，此外还有用于感知资源状态的各类传感器、RFID 标签、电子看板和定位基站等物联设备。此外，各制造资源的相对位置特别是物流单元位置的布局对生产物流规划有重要的影响。

2. 数据感知与处理层

通过物联传感设备，实现对生产物流过程中实时数据的主动感知，通过对有关的数据进行分析获得资源的状态，通过对状态的监控，实现了当出现异常时及时对调控规则进行调整，实现生产物流的动态响应。基于上述描述，数据感知与处理层可以在生产物流过程中实现加工资源的实时数据主动感知、状态信息、状态监控和异常调整，为协同服务应用提供生产物流状态信息和调控规则来源。

3. 协同服务应用层

协同服务应用层主要负责制造资源间的协同执行。基于数据感知与处理层可以获得制造资源的当前状态和当前调度任务的调控规则，采用协同调度方法不断优化获得最优的决策方案。将上述功能进行集成以实现工件在生产物流过程中的不同功能，模块主要包括物流动态配送、生产动态调度、加工异常预警、加工资源可视化、制造过程追溯和制造过程监控等。

4.2.2　运行逻辑

图 4.2 为智能产线的生产物流主动感知与协同调度的运行逻辑。制造资源包括生产资源(机床)、物流资源(AGV/物流单元)等，把制造资源封装成一个高度自治互联具有协作能力的智能体。依托物联网对生产和物流过程中的数据进行主动感知获取实时生产物流数据；通过对数据进行分析可以得到资源的实时状态信息并进行监控，当异常发生时可以根据异常报警信息获取异常特征信息，异常调控主要针对当前调度任务的调控规则进行，根据规则库选择异常调度规则；在规则调控的基础上通过物流单元分级协同建立决策模型，并采用决策算法进行求解得到决策方案并发送指令给对应的加工资源执行，这样就实现了以"物流生产信息感知—状态数据分析—阈值监控—调控规则动态调控—物流单元分级协同—MCTS 决策求解—自组织执行"为完整闭环的物流生产主动感知与协同策略，使整个车间的生产物流变得更加透明、高效、动态和智能。

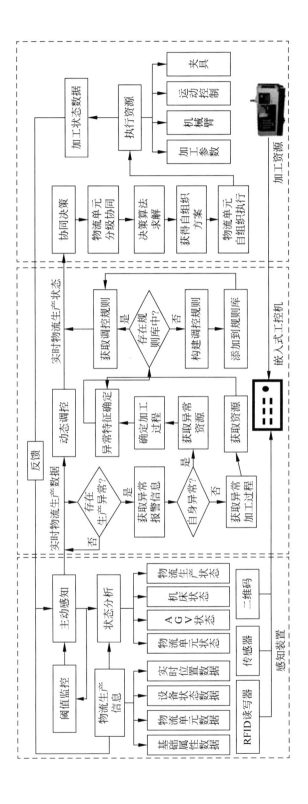

图 4.2　生产物流主动感知与协同调度的运行逻辑

4.3　"感知-分析-监控"生产物流主动感知模型

基于 IoT 车间资源状态信息感知是实现面向智能产线的生产物流协同调度基础[6]。本节重点研究基于智能体建模技术的资源设计和状态分析方法,并针对现有调度过程复杂多变、缺乏有效协作和效率过低等难题,提出一种基于"感知-分析-监控"设计方案,实现车间内加工资源和生产物流过程的主动感知。

4.3.1　基于生产物流的分布式感知模型

加工资源可以借助传感器和 IoT 技术等主动感知自身状态和物流生产过程,在生产物流过程中工件主要通过 RFID、UWB 和二维码等进行标识识别感知。工件作为智能制造车间中的核心生产要素,与所协同的物流单元、运输 AGV 和加工机床贯穿整个物流过程,所有资源的状态都能映射到生产与物流的主动感知与协同中,通过主动感知可以达到生产物流协同和异常监控的目的。

1. 物流感知模型

图 4.3 所示为工件在某道工序的物流数据感知模型。

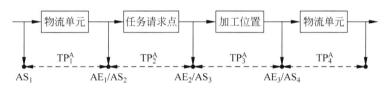

图 4.3　工件在某道工序的物流数据感知模型

图 4.3 中,AS_1 表示 AGV 进入物流单元事件;TP_1^A 表示 AGV 存在物流单元过程;AE_1 表示 AGV 离开物流单元事件;AS_2 表示 AGV 在接到搬运请求后前往任务请求点事件;TP_2^A 表示 AGV 空载前往任务请求点过程;AE_2 表示 AGV 到达任务请求点事件;AS_3 表示 AGV 装载工件前往加工位置事件;TP_3^A 表示 AGV 负载搬运工件过程;AE_3 表示 AGV 到达加工位置并卸载事件;AS_4 表示 AGV 离开加工位置事件;TP_4^A 表示 AGV 返回物流单元过程。将物流感知的几个过程用 U_A 表示,即 $U_A = \{TP_1^A, TP_2^A, TP_3^A, TP_4^A\}$。

2. 生产感知模型

图 4.4 所示为工件在某道工序的生产数据感知模型。图中,WS_1 表示工件加工完成事件;TP_1^W 表示工件搬运应答过程;WE_1 表示工件进入 AGV 准备运输事件;WS_2 表示工件离开任务请求点事件;TP_2^W 表示工件在 AGV 内进行物流运输过程;WE_2 表示工件到达加工位置并卸载事件;WS_3 表示工件进入加工位置事件;TP_3^W 表示工件在加工位置进行加工过程。将生产感知的几个过程用 U_W 表

示,即 $U_W = \{ TP_1^W, TP_2^W, TP_3^W \}$。

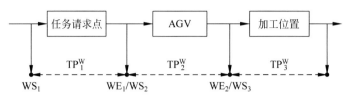

图 4.4　工件在某道工序的生产数据感知模型

4.3.2　资源智能体基本特性

智能体是一种在协作系统中通过物联网实现个体之间的信息交互并以协商的方式完成任务的独立个体,同时具有感知、分析、监控和控制自身运动的能力,通常被称为智能体[7-8]。智能体系统对智能车间信息的快速感知及其较高的自主协同,能较好地满足动态调度的生产物流协同需求和排除加工过程中异常扰动事件的干扰。递进性和分布性是设计智能体基本结构的重要依据,本节基于 JADE(java agent development framework,java 智能体开发框架)设计了如图 4.5 所示的智能体结构,通过为设备加装嵌入式工控机和统一接口保障系统重构性和分布性的要求。

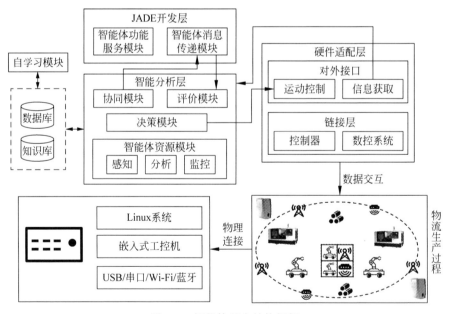

图 4.5　智能体基本结构框架

本节针对生产物流协同调度的特点,采用智能体技术构建生产物流协同多任务调度模型。智能体建模主要针对模型的功能和物理进行建模,将调度任务作为功能智能体,将物流单元、AGV 以及加工机床作为物理智能体,如图 4.6 展示了各个类别智能体的主要功能及其之间交互的主要生产物流信息,调度任务智能体获取调度任务请求后,通过各个类别智能体之间的协同与决策共同完成调度任务。

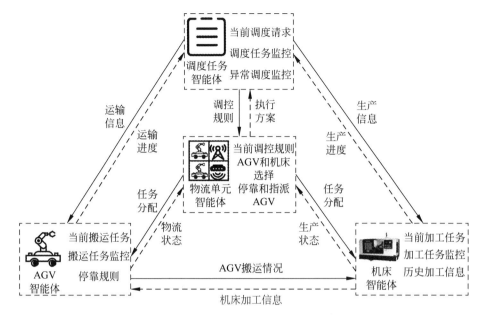

图 4.6　各类智能体的主要功能及交互信息

每个智能体可以根据自身的状态信息与模型中其他智能体进行协同找到整体最优解。根据研究的需要,设计以下智能体及其属性。

1. 调度任务智能体

如图 4.7 所示,调度任务作为一个智能体类,根据与车间 MES、ERP 等进行信息交互可以获取当前的加工工件的质量、尺寸和工序等信息。工件在调度任务中根据当前资源状态不断调整工件的加工方案直至工件完工进入成品库,把一个工件的在不同的加工位置进行流转过程转化为在调度任务智能体中不断更新自身工序信息进行协同调度直至工件完工的主动过程,可以不断推动车间内生产物流进程,并对加工过程进行主动感知。每一个调度任务智能体应具有参数集(类型、编号、加工工件信息、任务请求点位置、任务请求点请求时间、当前任务的工件信息、任务请求是否异常、当前任务对应工件的加工状态和优先级等)。

调度任务在协同调度过程中处于主动状态,根据调度请求将调控规则分发给物流单元,同时将返回的决策信息构建决策模型并求解;将最优方案发送给物流单元自组织执行,并接收物流单元和机床任务执行的实时反馈,对物流生产过程的实时进度进行感知。

2. 物流单元智能体

如图 4.8 所示,将物流单元作为根据调控任务指派 AGV 的自组织执行节点,

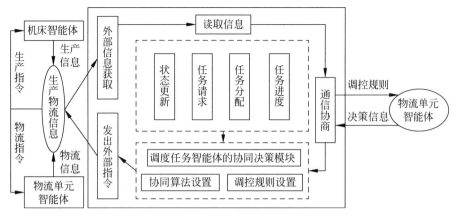

图 4.7　调度任务智能体的结构模型

兼顾 AGV 停靠和生产物流信息分级协同调度。每一个物流单元智能体应具有参数集(编号、AGV 容量、已注册 AGV 信息、位置信息和物流任务列表等)。

物流单元在调度过程中处于主动状态,根据调度任务智能体的调控规则与已注册 AGV 和下一道工序的可选机床进行通信协商获取生产物流信息构建决策信息,并将信息反馈给调度任务进行决策;接收调度任务智能体的最优决策方案后,物流单元发送物流指令给对应的 AGV 进行执行。

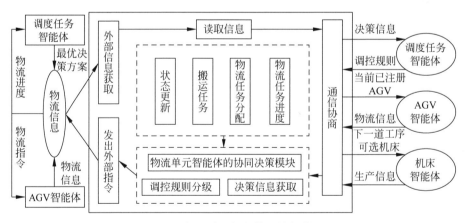

图 4.8　物流单元智能体的结构模型

3. AGV 智能体

如图 4.9 所示,AGV 是智能车间中执行物流任务的关键资源,当 AGV 智能体停靠在物流单元后就完成了在当前物流单元的注册,受当前注册物流单元的指派任务和物流搬运信息的主动感知,直至 AGV 智能体注册到下一个物流单元智能体。AGV 连接了工件在不同机床上离散的生产过程,每一个 AGV 智能体应具有参数集(编号、当前注册物流单元、当前搬运工件信息、工作状态、容量、载重量、电量和位置等)。

　　AGV 在运输过程中处于被动状态,根据物流单元分配的物流任务进行执行,并将物流的进度实时反馈给物流单元智能体,在获取物流单元智能体的物流指令后,AGV 向对应的机床智能体发送搬运请求,获得搬运应答后执行物流操作,并将物流信息反馈给当前已注册的物流单元智能体。

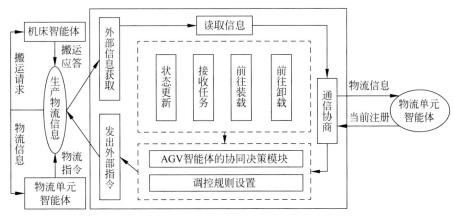

图 4.9　AGV 智能体的结构模型

4. 机床智能体

　　如图 4.10 所示,机床智能体是智能车间中执行生产任务的关键资源,工件在不同的机床上进行生产直至工件所有工序完工。每一个机床智能体应具有参数集(编号、位置、历史工件加工信息、加工状态(是否处于加工中)、工件加工列表和当前加工工件 ID 及加工信息等)。

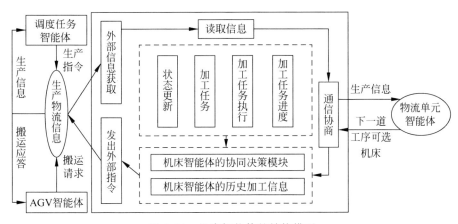

图 4.10　机床智能体的结构模型

　　机床在加工过程中处于被动状态,根据物流单元分配的加工任务进行加工,并将生产信息实时反馈给调度任务智能体,在 AGV 智能体进行搬运请求时作出搬运应答。

4.3.3　基于健康程度的资源智能体状态分析

在生产物流执行过程中,主要有四个选择的过程：物流单元的选择、物流单元选择 AGV 执行任务、AGV 到达任务请求点后下一步加工机床的选择、AGV 返回物流单元的选择。

相关假设如下。

(1) 驶出物流单元 $H_l(1{\leqslant}l{\leqslant}N_H)$ 的具有 $(q+1)$ 个依次劣化的离散 AGV 数量状态,$h_l\in\{0,1,2,\cdots,q\}$,容量均为 H_{AGV},$h_l(t)$ 表示 t 时刻物流单元中的 AGV 数量,$h_l(t)=0$ 表示物流单元 H_l 在 t 时刻 AGV 已停靠满,$h_l(t)=q$ 表示物流单元 H_l 在 t 时刻已没有 AGV 可供调度,$\alpha_H(h_l(t))$ 表示驶出物流单元在状态 $h_l(t)$ 下的价值系数。

(2) AGV 小车 $A_i(1{\leqslant}i{\leqslant}N_{\mathrm{AGV}})$ 具有 $(p+1)$ 个依次劣化的离散电量状态,$a_i\in\{0,1,2,\cdots,p\}$,$a_i(t)$ 表示 AGV 小车 A_i 在时间 t 时刻所处的电量状态,$a_i(t)=0$ 表示 AGV 小车 A_i 在时间 t 时刻处于满电量状态,$a_i(t)=p$ 表示 AGV 小车 A_i 在时间 t 时刻处于无电量状态,$\alpha_A(a_i(t))$ 表示 AGV 小车在状态 $a_i(t)$ 下的价值系数。

(3) 机床 $M_j(1{\leqslant}j{\leqslant}N_M)$ 具有 $(r+1)$ 个依次劣化的离散加工状态,$m_j\in\{0,1,2,\cdots,r\}$,$m_j(t)$ 表示机床 M_j 在时间 t 时刻所处的加工状态,$m_j(t)=0$ 表示机床 M_j 在时间 t 时刻处于正常健康状态,$m_j(t)=r$ 表示机床 M_j 在时间 t 时刻处于正常故障状态无法加工工件,$\alpha_M(m_j(t))$ 表示 AGV 小车在状态 $m_j(t)$ 下的价值系数。

(4) 驶向物流单元 $H_l'(1{\leqslant}l'{\leqslant}N_H')$ 的具有 $(q'+1)$ 个依次劣化的离散剩余 AGV 停靠容量状态,$h_l'\in\{0,1,2,\cdots,q'\}$,容量均为 H_{AGV},$h_l'(t)$ 表示 t 时刻物流单元中的空余 AGV 停靠容量状态,$h_l'(t)=0$ 表示物流单元 H_l' 在 t 时刻没有 AGV 停靠,$h_l'(t)=N_H'$ 表示物流单元 H_l' 在 t 时刻没有空余的位置供 AGV 进行停靠,$\alpha_{H'}(h_l'(t))$ 表示驶向物流单元在状态 $h_l'(t)$ 下的价值系数。

针对多 AGV 混流车间调度的实际情况,将车间运行中的各资源状态函数定义如下。

将车间设备特征信息与任务信息组成一个状态变量来引导协同调度,即在时刻 t 时状态向量 $\pmb{S}_t=(\pmb{H}_t,\pmb{A}_t,\pmb{M}_t)$,$\pmb{H}_t$ 代表物流单元特征信息,$\pmb{A}_t$ 代表 AGV 状态信息,$\pmb{M}_t$ 代表机床状态信息。

(1) $\pmb{H}_t$ 为 $1{\times}N_H$ 的矩阵,$H_t(l){\leqslant}H_{\mathrm{AGV}}(1{\leqslant}l{\leqslant}N_H)$,反映了当前不同物流单元中 AGV 小车的停靠状态,主要是通过 AGV 数量来表示。

(2) $\pmb{A}_t$ 为 $1{\times}N_{\mathrm{AGV}}$ 的矩阵,$0{\leqslant}A_t(i){\leqslant}100(1{\leqslant}i{\leqslant}N_{\mathrm{AGV}})$,反映了当前不同 AGV 小车的搬运物料的能力状态,主要是通过 AGV 电量来表示。

(3) $\pmb{M}_t$ 和 $\pmb{S}_t$ 为 $1{\times}N_M$ 的矩阵,是通过矩阵 $\overline{\pmb{M}_t}$ 计算得来的,$\overline{\pmb{M}_t}$ 为 $(3{\times}N_M){\times}(S_t^{\max})$ 的矩阵,$S_t^{\max}$ 代表矩阵 $\pmb{S}_t$ 中最大的元素,$\overline{M_t}(S_t(j),3{\times}(j-1)+1)$ 代表在机床 j 上开始加工的实际时间 $(1{\leqslant}j{\leqslant}N_M)$,$\overline{M_t}(S_t(j),3{\times}(j-1)+2)$ 代表在机

床 j 上结束加工的实际时间，$\overline{M_t}(S_t(j),3\times(j-1)+3)$ 代表在机床 j 上加工的理论加工时间 $(1\leqslant j\leqslant N_M)$，$\boldsymbol{S_t}=\{S_1,S_2,S_3,\cdots,S_{N_M}\}$，$S_t(j)$ 表示机床 j 从上次维护保养到正常状态后至时刻 t 所加工的零件数量，$\boldsymbol{M_t}$ 反映了当前机床的历史加工平均延期率，通过当前加工时间与理论时间差值 ∂_t 来判断当前工件是否延期，这样就可以在加工过程后获取当前机床的延期率并进行监控。

$$\partial_t=t-\overline{M_t}(l,3\times(j-1)+1) \tag{4.1}$$

$$D_t(l,j)=\overline{M_t}(l,3\times(j-1)+2)-\overline{M_t}(l,3\times(j-1)+1) \tag{4.2}$$

$$M_t(j)=\frac{\displaystyle\sum_{l=1}^{l=S_t(j)}\left(\frac{D_t(l,j)-\overline{M_t}(l,3\times(j-1)+3)}{\overline{M_t}(l,3\times(j-1)+3)}\right)}{S_t(j)} \tag{4.3}$$

在获取加工资源的状态后，对数据进行评价并进行量化比较是非常必要的，为状态的监控提供重要的技术支撑。本节采用健康程度在分级的基础上对加工资源状态进行评价方便后面的状态监控。将整个概率区间按照非劣级别进行概率划分，同时选择一部分的概率区间作为保留概率区间 ω_p，在此基础上对剩余的概率区间按照非劣级别进行概率划分，这样可以通过调整 ω_p 实现对概率分布范围的调整，以适应不同要求下对状态感知的需要，在监控时选择较小的 ω_p 以及时发现状态的变化，当作为价值系数时需要选择较大的 ω_p 以体现不同状态下价值的改变情况，同时又不使状态对价值的影响过大。

1. 驶出物流单元的健康程度

t 时刻物流单元中的 AGV 个数为 $h_l(t)$，共有 $(q+1)$ 个依次劣化的离散 AGV 数量状态，健康程度如下：

$$\omega_H(t)=\begin{cases}0, & h_l(t)=0\\ \omega_p+\omega_{h0}, & 1\leqslant h_l(t)<H_{AGV}\\ 1, & h_l(t)=H_{AGV}\end{cases} \tag{4.4}$$

式中，$\omega_{h0}=\dfrac{1-\omega_p}{q}\left[\dfrac{h_l(t)}{H_{AGV}/q}\right]$。

2. AGV 的健康程度

t 时刻 AGV 的电量为 $a_i(t)$（假设 AGV 电量为 $0\sim100$ 进行划分），共有 $(p+1)$ 个离散的 AGV 状态，健康程度如下：

$$\omega_A(t)=\begin{cases}0, & a_i(t)=0\\ \omega_p+\omega_{a0}, & 1\leqslant a_i(t)<100\\ 1, & a_i(t)=100\end{cases} \tag{4.5}$$

其中，$\omega_{a0}=\dfrac{1-\omega_p}{p}\left[\dfrac{a_i(t)}{100/p}\right]$。

3．机床的健康程度

实际加工时间与理论加工时间，$m_j(t)$代表当前加工工件和机床维修后最新的一个历史平均延误率状态，具有$(r+1)$个离散的机床状态，r_{max}为默认设置的最大延误率。

$$\omega_M(t)=\begin{cases}0, & m_j(t)>r_{max}\\ \omega_p+\omega_{h0}, & 0<m_j(t)\leqslant r_{max}\\ 1, & m_j(t)=0\end{cases}\tag{4.6}$$

其中，$\omega_{h0}=1-\omega_p-\dfrac{1-\omega_p}{p}\left[\dfrac{m_j(t)}{r_{max}/p}\right]$。

4.3.4　基于阈值的实时生产物流状态监控

根据上述内容描述，将工件在生产物流过程中可能发生的异常事件概括分为两类：①与自身健康程度有关的异常事件。在加工过程中，加工资源自身的非劣级别达到最差不能继续执行当前的任务。②与加工过程时间有关的异常事件。当加工资源执行当前任务时间超出预期完工时间过大达到一定的范围时，造成生产物流任务严重拖期。

1．与自身健康程度有关的异常事件

针对第一类异常，在获得健康程度的前提下对不同的加工资源设置阈值进行监控。在加工资源健康程度低于某一值时，即资源的劣化程度较高，这时就需要对资源进行及时预警进行维修来使资源恢复正常，继续参与车间调度。在参数数据模型中，可以看到在调度任务指导下的主要过程，通过对这些加工过程进行监控，在异常发生时可以准确定位到相应的加工资源，然后反馈给调度任务智能体。

对于 AGV 来说，当 AGV 非劣等级小于某一个临界状态时，即 $\omega_A(t)<\omega_{A0}$，AGV 处于一个较低的电量状态，此时 AGV 需要在物流单元进行充电，限制 AGV 的价值系数在一个范围上，ω_{A0} 称之为 AGV 状态阈值。

对于机床来说，当机床非劣等级小于某一个临界状态时，即 $\omega_H(t)<\omega_{H0}$，机床在当前状态的加工时间大大超出理论加工时间，需要及时提出预警，并由管理人员查看故障，并及时处理，ω_{H0} 称之为机床状态阈值。

对于加工资源自身在某道工序的生产物流过程中的异常事件具体检测模型如图 4.11 所示，在生产物流的一个过程中，当物联网检测到当前过程的开始事件对应的标签激活，当前生产过程开始执行，在整个过程的执行过程中加工资源自身要不断检测自身的状态，获取当前的加工资源状态，并根据自身设置的阈值进行判断是否出现异常，直至当前过程的结束事件对应的标签被激活，即当前的物流加工过程结束。当自身健康程度低于阈值时，需要确定当前加工过程和对应的加工资源，并进行异常事件报警，将信息发送给协同服务应用层进行决策执行。

2．与物流加工过程时间有关的异常事件

通过主动感知模型可以获得生产物流感知模型中 U_A 和 U_W 实时过程时间，

对这些过程的数据进行主动感知,并与预期过程完工时间进行比较,在超出较大的时候需及时向调度任务智能体进行反馈。设置物流阈值系数 γ_A 和生产阈值系数 γ_W 对生产物流过程进行监控,公式如下。

$$t(U_A(i)) \geqslant (1+\gamma_A) \times T(U_A(i)) \tag{4.7}$$

$$t(U_W(j)) \geqslant (1+\gamma_W) \times T(U_W(j)) \tag{4.8}$$

上式中,$i=1,2,3,4,j=1,2,3$;$U_A(i)$ 表示 U_A 中的第 i 个过程;$t(U_A(i))$ 表示过程 $U_A(i)$ 的实际物流或运输时间;$T(U_A(i))$ 表示过程 $U_A(i)$ 的理论物流或运输时间。

对于在某道工序的生产物流过程中与过程时间有关的异常事件具体检测模型如图 4.12 所示。在生产物流的一个过程中,当物联网检测到当前过程的开始事件

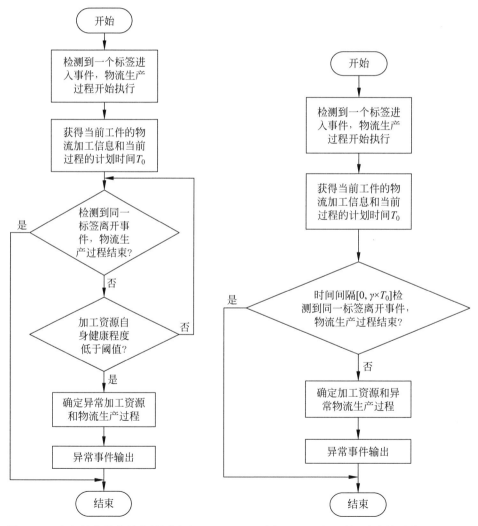

图 4.11　自身健康程度异常检测流程　　　图 4.12　过程时间异常检测流程

对应的标签激活,即当前生产过程开始执行,根据调度任务可以获取当前过程的计划时间 T_0 和阈值系数 γ,在执行的过程中可以得到当前过程的实时时间 T_a,与 γT_0 进行比对从而实现对过程的监控,直至当前过程的结束事件对应的标签被激活,即当前的物流加工过程结束。当实时时间大于 γT_0 时,需要确定当前加工过程和对应的加工资源,并进行异常事件报警,将信息发送给协同服务应用层进行决策执行。

4.3.5 基于"感知-分析-监控"的主动感知模型

工件在某道工序的异常事件监控模型如图 4.13 所示,通过物流单元、RFID 和传感器等车间物联网装置可以主动感知车间内的实时加工数据,对数据进行分析可以得到在当前加工任务中的加工资源状态和生产物流状态,结合上述对两种异常事件的分析可以对其进行监控。当异常事件超出我们提前设置的阈值时即发生异常时,调度任务根据当前异常事件包含加工资源和加工过程的异常特征,获取对应的调控规则,再由协同服务与应用层进行协同调度并自组织加工资源执行,具体的调控规则策略将在第 5 章详细展开介绍。

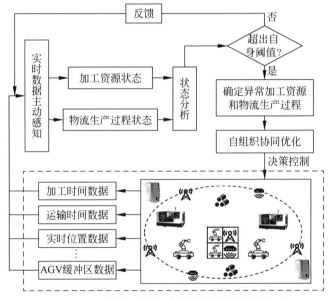

图 4.13　工件在某道工序的异常事件监控模型

图 4.14 是监控策略反馈示意图,在生产物流的每一个过程中,即加工资源开始进入事件,执行生产物流任务直至完成事件的整个过程。在这个过程中的任一时间点,加工资源可以通过异常事件监控模型反馈自身的状态,同时也可以将当前的过程状态进行反馈,通过双层的反馈可以更加准确地监控车间内生产物流的波动,同时也可以在异常事件发生时快速锁定异常加工资源和异常过程,为后面的调控规则的搭建提供基础。

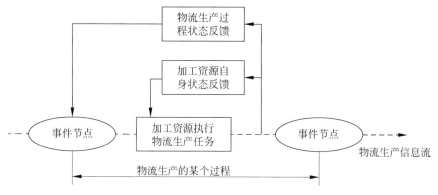

图 4.14　生产物流在某个过程的监控策略反馈示意图

4.4　基于蒙特卡洛树搜索的物流单元分级协同调度

物流单元的加入不仅改善了以往 AGV 只能集中停靠在某一指定位置而引起的物流系统响应速度慢、冗余和占用空间大等问题,而且作为物流感知的重要信息感知和自组织运行的执行主体可以更好地服务智能产线的生产物流协作,所以在生产物流主动感知模型上对物流单元的协同调度研究非常重要[9]。

4.4.1　基于物流单元智能体的生产物流服务分析

AGV 作为车间物流服务的关键加工资源,可以满足智能车间日益增长的柔性化加工和智能化需求。AGV 在智能产线得到了广泛应用,主要进行工件在不同的加工资源之间的物流运输。相比传统的车间调度,AGV 调度不仅是用 AGV 替代人工驾驶的叉车进行物料运输,更多的是使物料加工过程更加信息化,能够实时准确地掌握车间内的机床、AGV、原料库和成品库的状态,为后面的协同调度提供各类所需要的数据基础。AGV 调度及其与作业车间的集成调度方面的研究不是新的研究课题,但是随着智能工厂和黑灯工厂的引入,工厂智能化程度和规模不断提高与扩大,也引起了 AGV 数量的不断增加。当 AGV 达到一定数量时,如果不对其采取合理的停靠策略,任其分散停靠在车间中,会给车间物流带来阻力造成物流运输系统臃肿,不利于车间内的统一调度,降低加工运输效率。所以,在车间中设置物流单元对闲置的 AGV 进行部署安排是非常有意义的。物流单元生产物流服务如图 4.15 所示,体现在以下 3 个方面。

1. 停靠缓存 AGV

物流单元主要功能是在车间内物流系统冗余臃肿的情况下对 AGV 进行集纳停靠,提高车间内的物流运输效率。单个物流单元物理结构如图 4.16 所示,物流单元包含若干个 AGV 停靠位置,每个位置都配有充电桩、射频天线和传感器等物联装置。充电桩主要是为了给停靠的 AGV 补充电量,射频天线主要是为了确定

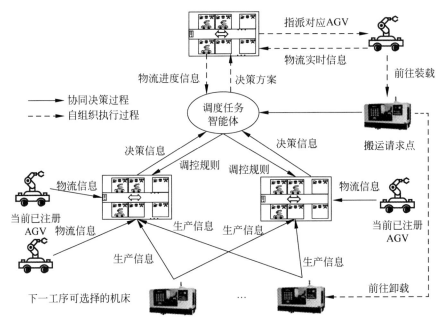

图 4.15　物流单元在 3 个方面的生产物流服务

AGV 的停靠位置方便,传感器是为了与停靠的 AGV 在指派任务时与对应的 AGV 进行信息交互和感知当前停靠位置是否空闲,在物流单元的出入口均设置射频读写器以便监控 AGV 出入库。

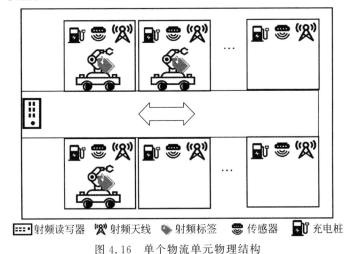

图 4.16　单个物流单元物理结构

2. 面向生产过程的物流单元感知逻辑

在生产物流的过程中,物流单元作为生产物流任务重要接收者和执行者也需要不断地与加工资源智能体进行信息交互,同时在信息交互的过程中,物流单元作为分布式感知的主体可以通过"感知-分析-监控"对物流过程进行主动感知,更好地感知物流中的异常事件。在协同调度过程中,物流单元智能体可以根据调控规则对相应加工资源智能体的实时状态和对应过程的时间反馈给调度任务智能体,由调度任务智能体根据物流单元的数据构建调度决策模型并通过算法进行求解,选择当前最优的方案发送给对应的物流单元进行执行。

3. 面向生产过程的物流单元自组织逻辑

当调度任务发出后调度任务智能体负责对方案过程进行主动感知,由物流单元根据方案自组织相应的加工资源进行执行。物流单元智能体在接收到生产物流调度方案后指派对应的 AGV 执行物流任务,这时的信息主要集中在物流单元和 AGV 智能体之间,在主动感知自身状态的基础上不断监控 AGV 智能体在运输过程中的事件和过程,直至 AGV 智能体执行完运输任务进入下一个物流单元,这样就完成了一次物流运输任务。

4.4.2 集成物流单元智能体的 AGV 调度规则

含有物流单元智能体的 AGV 调度规则问题可等同为:当车间中有搬运请求时,AGV 在已注册物流单元的管控下根据任务调度规则确定当前物流运输的价值,多个物流单元之间通过协同调度获取满足调度约束和响应当前调度请求的最佳 AGV 编号;当搬运任务执行结束后,AGV 会根据任务调度规则执行停靠策略以继续参与新的搬运任务。智能产线中 AGV 的调度规则包括 AGV 任务调度和 AGV 停靠规则两个方面。

1. AGV 智能体的任务调度规则

AGV 任务调度是为了使物流单元获取在不同 AGV 配置的情况下,搬运请求任务的物流运输价值,以便供调度系统选择最佳的物流方案。常见 AGV 任务调度规则有先到先服务、距离 AGV 运输路径最短优先(shortest travel distance first,STDF)和最短队列优先(shortest queue,SQ)等,对应关键的特征数据为:搬运任务产生时间、空闲 AGV 到搬运任务装载点路程和最先完工时间等。在本节中 AGV 的任务调度采用先到先服务的策略,AGV 实时主动感知工件的加工状态,当有工件的当前加工任务结束即有搬运任务时,通过计算比较每辆在完成自身当前搬运任务后或者闲置时停靠的 AGV 缓冲点到达目标点的最短运输时间,选择最先到达的 AGV 参与调度,这样就可以不用为每一个运输任务指派 AGV,提高算法运行效率,同时也使整个调度系统的稳定性得到改善。

2. AGV 智能体的停靠规则

在目前 AGV 调度的研究中,多将 AGV 停靠在机床旁边等待下一个任务,但是物流单元的加入改变了这种方式,使 AGV 可以有多个可供停靠的选择,所以应对 AGV 的停靠规则进行选择。AGV 每次加工完成后会返回唯一的物流单元或者直接在机床边等待下一个任务,由于当前车间中存在多个物流单元,AGV 可以在运输任务完成后返回距离最近的物流单元。为了简化模型,本节中 AGV 的停靠策略为 AGV 完成运输任务后停靠在机床边等待物流指令,如果一段时间内没有调度任务将前往距离最近的物流单元等待调度运输任务。

AGV 的基本作业过程如图 4.17 所示,可以分为 3 个阶段:接受搬运任务从停靠点空载运行至搬运任务请求点;装载工件后载重运输至工件下一道工序的加工点,并卸载工件;根据停靠策略空载返回至停靠点,等待参与下一个运输任务。在传统研究中,多将 AGV 停靠在机床或者只有唯一的物流单元。在对 AGV 进行物流单元布局之后,不仅 AGV 的停靠规则发生了变化,同时 AGV 的基本作业过程也发生了改变。在图 4.18 中,物流单元布局的加入改变了 AGV 的基本作业在运输过程中的起点和终点,相较于停靠在机床边,多物流单元的调度响应时间变长,但通过对缓冲进行合理布局,使物流单元整合在一块,同时也使车间内部更加整洁,便于管理;相较于停靠在单个物流单元布局,物流单元布局的加入提高了调度响应时间,提高了加工效率,只增加了少量的成本。所以,对 AGV 的物流单元布局是非常有必要的,本节中 AGV 的停靠策略是加工任务完成后在一段时间内没有加工任务前往最近的物流单元。

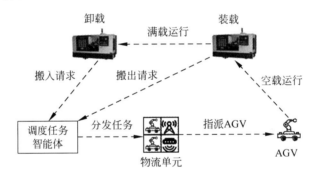

图 4.17　AGV 的基本作业过程

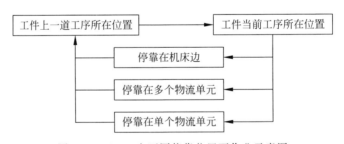

图 4.18　AGV 在不同停靠位置下作业示意图

4.4.3　物流单元分级协同调度过程

通过将多个物流单元协同过程转化为 3 个连续的决策过程,再结合蒙特卡洛树搜索对各个分支不断探索,把每一个分支的累计价值计算出来,让每一个调度任务都能根据不同的加工资源状态获得最优的调度解决方案,从而提高物流单元智能体作为分布式感知中心、协同调度中心的重要作用和面对复杂多变的车间环境的适应能力。若考虑将所有资源状态和选择过程时间发给调度任务智能体,会造成调度任务智能体在短时间内需要对大量状态数据进行处理,影响处理其他调度请求的效率甚至会造成大量物流加工任务严重拖期和过程监控不及时等问题。多个物流单元按照一定规则分布于车间内,而且作为物流 AGV 的关键管控者在调度决策过程中是第一个选择的对象,在建立决策信息之前,可以让物流单元将调控规则分解,通过与自身管控的 AGV 和可供选择的机床之间进行信息交流获得其状态和过程时间,进而构建除了物流单元选择之外的选择过程。图 4.19 是基于主动感知模型的多物流单元调度的序列图。调度任务智能体、AGV 智能体和机床智能体在物流单元的连接和沟通下能更好地感知车间生产物流的变化,及时根据加工

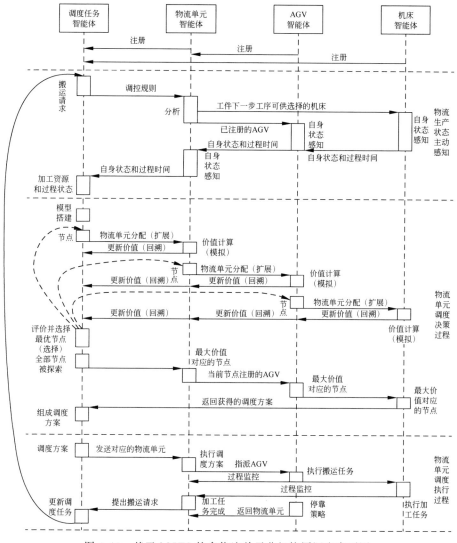

图 4.19 基于 MCTS 的多物流单元分级协同调度序列图

资源的实时状态获得最佳的调度优化方案。

4.5　考虑资源智能体状态触发的协同调控策略

物流单元可重构分级配置是在调度任务发出后,调度系统根据当前资源的加工状态和调控规则为加工工件制订最优的调度方案并执行,但没有考虑到实际加工过程中的不可抗拒、随机发生的干扰的影响,这使原有的调度方案无法正常运行,可能造成拖期现象。借助物流感知模型可以实时获取车间加工资源和生产物流过程状态,并及时识别异常资源和异常过程[10]。因此,本节对资源智能体触发的动态调控问题进行研究,保障生产物流高效协同运行。

4.5.1　生产物流动态调控问题描述

本节研究对象为在 N_m 台机床布局前提下为其选择安排合适的物流单元布局及数量 N_H 和合适的 AGV 数量 N_{AGV} 所组成的柔性流水线,资源智能体之间通过物联网互通连接并主动感知车间内的生产物流过程,当有调度请求时,调度任务智能体根据当前资源智能体的实时状态和调控规则进行分级决策确定当前最优的调度方案,并通过主动感知模型对物流加工过程进行感知分析和监控。为了使加工过程更贴近实际加工过程中生产与物流的波动,将 3.4 节中的自身健康程度和物流加工过程中的阈值作为加工资源智能体异常事件的触发依据,当车间生产物流过程发生上述异常事件时,需要根据当前加工资源的实时状态和基于物流单元的分布式感知模型,准确地掌握异常过程和异常加工资源并重新对调控规则进行构建,以更好地处理车间内的异常波动情况,使车间管理人员及时发现异常并进行处理,提高车间生产的透明性和高效性。

根据上述描述,对离散制造车间生产物流过程的动态调度分析问题时作出如下假设。

(1) 机床加工顺序需遵循先到先加工原则。

(2) AGV 在任意两个位置之间的运行轨迹已知,不考虑多辆 AGV 在搬运运行过程中的轨迹干涉。

(3) 一台 AGV 同一时刻只能进行一个工件的运输,AGV 在完成搬运任务后才能继续参与其他工件的运输。

(4) 将 AGV 装载卸载工件等物料转移的事件计入加工时间,不做单独考虑。

(5) 物流过程中的异常仅考虑 AGV 出现故障不能继续移动问题。

(6) 在加工过程中的异常仅考虑机床故障不能继续完成加工,需要更换至其他机床进行继续加工。

(7) 调度任务进行决策规划和求解的时间忽略不计。

4.5.2　异常事件扰动对应的可重构分级调控规则

调控规则将生产物流过程异常转化为一个或者若干个连续的可重构生产物流决策过程,并搭建决策树提供给物流单元进行协同调度,将得到的决策过程及其对应的奖励值返回给调度智能体进行评价并确定最优的扰动调度方案,调度智能体将最优的调度方案返回给对应的物流单元执行,这样就完成了扰动事件的处理。在扰动事件的处理与实际加工提出搬运请求并执行过程中,唯一的不同是根据扰动事件重新构建调控规则,物流单元根据重构后的调控规则执行动态调度策略,保障物流单元分级协同调度为车间内唯一的调度控制者,促进物流加工过程的高效响应与协同。

正常的调控规则有物流单元选择、AGV 选择、机床选择 3 个连续的决策过程,每一个决策过程都是建立在上一个决策过程确定的前提下,不同决策选择的价值也各不相同。为了更形象地展示调控规则,采用多级决策树对调控规则进行展示,在决策树中间有多个决策点表示不同加工资源的选择,具体的调度规则多级决策树如图 4.20 所示。

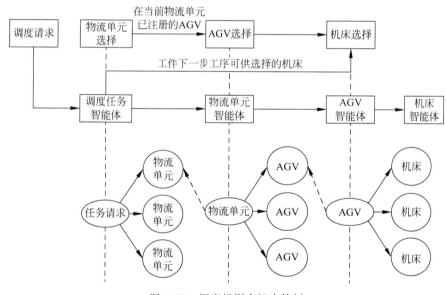

图 4.20　调度规则多级决策树

在发生扰动时,需要根据扰动重新构建新的调度规则指导物流单元进行分级配置。首先,通过物流主动感知模型确定异常过程和异常加工资源,根据异常过程确定当前加工工件的加工状态和物流状态;其次,分析当前调度任务处于调度规则决策树的决策位置,重新把剩余决策重新构建为新的决策树,并需要对异常加工资源进行处理；最后，将异常加工资源的位置作为新的任务请求点发出搬运请求，这样就完成了调控规则的构建。在重构调控规则时，主要从物流单元选择、AGV选择、机床选择、返回物流单元选择和维修点选择等决策选择中选择一种或者多种组合在一起重构调控规则。

1. 物料运输过程异常调控规则构建

在物料运输过程中仅有 AGV 参与，当物流过程发生异常时，仅考虑 AGV 故障不能继续前进导致物流运输任务超期，需要将 AGV 运输到故障维修点进行维修并报警；AGV 自身状态出现异常主要是由于自身电量不足，需要指派 AGV 将其运输到最近的物流单元进行充电。不同物流过程中对应的加工资源智能体发生扰动时的调控规则如下。

1）AGV 离开物流单元异常事件

当物流单元接收到调度任务智能体的调度方案时，需要根据调度方案指派对应的 AGV 执行物流运输方案，对应物流感知模型中的 TP_1^A，若该过程中出现异常事件，则 AGV 离开物流单元异常事件触发。因为求解模型采用 MCTS 方法，通过不断向下选择并将选择奖励逐级向上回溯，选择当前物流单元是因为当前物流单元的累积奖励最大，而且物流单元的选择也处于选择决策的第一个分支，具有较大的价值。所以当 AGV 离开物流单元异常事件触发时首先看当前物流单元中是否存在其他 AGV 替代，从剩余的 AGV 中选择最优的执行，如果当前物流单元中没有 AGV 可供指派，则按照原来的正常调控规则在任务请求带点重新进行调度，重新选择调度方案。

2）AGV 空载前往任务请求点过程异常事件

当 AGV 接到搬运请求后，AGV 从物流单元出发空载前往任务请求点，对应物流感知模型中的 TP_2^A，若该过程中出现异常事件，则 AGV 空载前往任务请求点过程异常事件触发。这时 AGV 处于指派物流单元和运输请求点之间，没有运输物料，首先将异常 AGV 的状态修改，异常 AGV 不再参与物流决策，然后需要重新指派 AGV 执行任务，并指派 AGV 对异常 AGV 处理，防止阻塞其他 AGV 车辆。

如图 4.21 所示，首先需要对调度任务进行重新请求，由于物料没有被搬运，所以调度规则不改变，重新根据加工资源状态进行调度决策，选择新的调度方案执行。然后需要重新指派 AGV 处理异常 AGV，当 AGV 自身状态出现异常时指派 AGV 将其运输到物流单元进行充电，将异常 AGV 位置作为任务请求点，调控规则共有 3 个连续的决策过程，首先是物流单元的选择，然后是 AGV 的选择，最后是驶入物流单元的选择，需要注意这时驶入物流单元的小车为两辆，而且驶入单元的状态与剩余的 AGV 停靠位置有关。当物流过程出现故障时需要指派 AGV 将异常 AGV 运到维修点并进行报警,调控规则共有两个连续的决策过程,首先是物流单元选择,然后是 AGV 选择,其中 AGV 时间 t_0^{sr} 应该为 AGV 从当前位置出发到任务请求点,然后再到维修点的总运输时间:

$$h_l'(t) = H_{AGV} - h_l(t) - 1 \tag{4.9}$$

$$t_0^{sr} = t(\boldsymbol{P}^s, \boldsymbol{P}^H) + t(\boldsymbol{P}^s, \boldsymbol{P}^r) \tag{4.10}$$

其中,$h_l'(t)$ 表示剩余 AGV 数量;H_{AGV} 表示 AGV 的总数量;$h_l(t)$ 表示 t 时刻物流单元中 AGV 的个数;$\boldsymbol{P}^s$ 表示搬运请求点位置;$\boldsymbol{P}^H$ 表示 AGV 的当前位置;$\boldsymbol{P}^r$ 表示 AGV 维修点坐标。

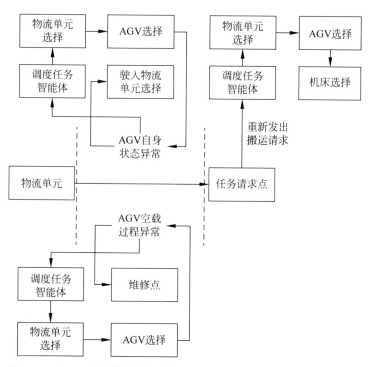

图 4.21　AGV 空载前往任务请求点过程异常对应的调控规则示意图

3) AGV 负载搬运工件过程异常事件

当 AGV 到达搬运请求点装载物料后,AGV 从搬运请求点出发负载前往机床加工点,对应物流感知模型中的 TP_3^A,若该过程中出现异常事件,则 AGV 负载搬运工件过程异常事件触发。在这个过程中,AGV 处于指派运输请求点和加工机床之间运输物料,需要重新指派 AGV 先对异常 AGV 连同工件一起继续运输至加工机床,然后再对异常 AGV 进行处理。

如图 4.22 所示,当 AGV 自身状态出现异常时,调控规则共有 3 个连续的决策过程,首先需要选择物流单元,然后是 AGV 的选择(AGV 从物流单元出发到异常

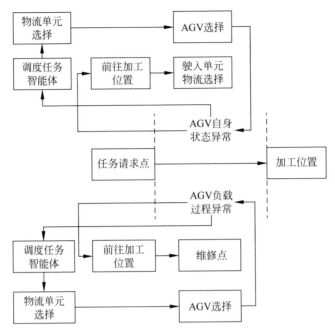

图 4.22　AGV 负载搬运工件过程异常对应的调控规则示意图

AGV 位置再到加工机床的总时间记为 t_1^{sh}），最后是驶入物流单元的选择。当 AGV 负载搬运工件过程出现异常时，调控规则共有两个连续的过程，首先是选择物流单元，然后是 AGV 的选择，AGV 选择过程的时间 t_1^{sr} 是 AGV 从当前位置出发到故障发生点然后到加工机床最后到维修点的过程：

$$t_1^{sh} = t(\boldsymbol{P}^s, \boldsymbol{P}^H) + t(\boldsymbol{P}^s, \boldsymbol{P}^M) \tag{4.11}$$

$$t_1^{sr} = t(\boldsymbol{P}^s, \boldsymbol{P}^H) + t(\boldsymbol{P}^s, \boldsymbol{P}^M) + t(\boldsymbol{P}^r, \boldsymbol{P}^M) \tag{4.12}$$

其中，$\boldsymbol{P}^M$ 表示异常 AGV 需要到达机床的位置。

4）AGV 返回物流单元过程异常事件

当执行完运输任务后，根据停靠规则若长时间没有调度任务返回最近的物流单元，AGV 从当前位置到返回物流单元的过程对应物流感知模型中的 TP_4^A，若该过程中出现异常事件，则 AGV 返回物流单元过程异常事件触发。在这个过程中 AGV 处于自身位置和物流单元之间运行，需要重新指派 AGV 对异常 AGV 进行处理。

如图 4.23 所示，当 AGV 自身状态出现异常时，调控规则共有 2 个连续的决策过程，首先需要选择物流单元，然后是 AGV 的选择，其中，AGV 选择过程的时间 t_2^{sh} 是 AGV 从当前位置出发到异常 AGV 位置再到物流单元的总时间。当返回过程出现异常时，调控规则共有两个连续的决策过程，首先是选择物流单元，然后是 AGV 的选择，AGV 选择过程的时间是 AGV 从当前位置出发到异常 AGV 位置再到维修位置的总时间 t_0^{sr}：

$$t_2^{sh} = t(\boldsymbol{P}^s, \boldsymbol{P}^H) + t(\boldsymbol{P}^s, \boldsymbol{P}^H) \tag{4.13}$$

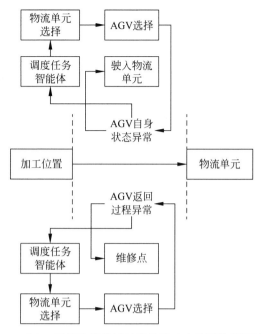

图 4.23　AGV 返回物流单元过程异常对应的调控规则示意图

2．工件加工过程异常调控规则构建

在工件加工过程中工件借助 AGV 在不同机床上进行加工,加工过程与物流过程有很多重叠部分。生产感知模型共有 3 个主要过程:工件搬运应答过程 TP_1^W、工件在 AGV 内进行物流运输过程 TP_2^W 和工件在加工位置进行加工过程 TP_3^W,其中 TP_1^W 对应物流运输过程中的 AGV 空载前往任务请求点过程 TP_2^A, TP_2^W 对应负载搬运工件过程 TP_3^A,相应的调控规则已在上述内容中描述,加工过程的异常事件主要针对 TP_3^W 的调控规则进行分析。

对于加工过程中机床状态的评价主要是根据对历史加工工件的延迟率平均值进行计算的,机床加工工件后才能对机床进行分析,也就是说在机床自身状态出现异常时,没有工件在机床上加工,而过程监控是针对机床正在加工的过程进行评价,此时机床加工工件的时间大大超出了理论加工时间。

当机床自身状态出现异常时,首先需要将机床健康程度设置为 0,不再参与车间内的调度决策,并发出警报提示工人进行查看维修,然后把当前机床的待加工工件进行处理,对于已经到达机床位置的重新发出搬运请求按照正常的调控规则执行,对于选择当前机床加工还未到达的,仅对 AGV 负载运行到达的机床进行改变,由 AGV 根据其他可选择机床的状态获得替补方案,当前的调控规则共有 1 个决策,执行任务的 AGV 在负载运行阶段需要进行机床选择的决策。

当机床加工过程出现异常时,首先需要将机床健康程度设置为 0,把当前工件标记为异常工件,不再参与车间内的调度决策,并发出警报提示工人进行查看维修,然后把当前机床的待加工工件进行处理,处理方案与上述机床自身状态异常时的方法相同。最后对异常工件的异常工序进行处理,把当前工件作为新的搬运请求,执行正常的调控规则重新搬运,这时机床的加工时间应按照当前工序未加工的部分进行计算。其调控规则如图 4.24 所示。

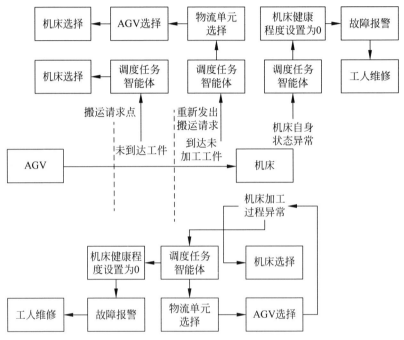

图 4.24　工件加工过程异常对应的调控规则示意图

4.5.3　基于调控规则的多智能体协同调度策略

在离散制造车间的生产物流活动中,多种因素在生产物流过程中导致的异常事件造成加工资源智能体无法继续执行已接受的调度任务,在本节的设定中,当出现异常事件扰动时,把异常资源的位置重新作为任务请求点,调度任务根据异常过程和异常智能体确定调控规则,然后重新进行协同调度获取新的调度方案。同时,将物流单元为起点的选择过程下放到各个物流单元进行执行,有效分散调度任务智能体的数据处理压力,也使得各个物流单元智能体协同完成调度,更好地应对生产物流的波动。

多智能体的协同动态调度策略流程如图 4.25 所示,在生产物流主动感知模型中检测到异常事件,首先需要判断资源异常事件是过程异常还是资源异常,并确定异常事件所处的加工过程和对应资源提交调度资源智能体获取对应的一个或多个异常调控规则,并由物流单元智能体对异常调控规则进行分解,构建以物流单元为起点的决策树,然后通过信息交互传递给调度智能体,由调度智能体构建整体的决策树并由 MCTS 进行异常调度方案求解,再将调度方案发送给指定的物流单元智能体进行自组织执行,这样就完成了加工资源状态智能体触发的动态调控。

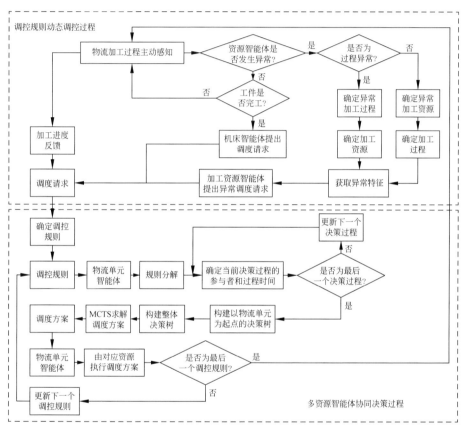

图 4.25　多智能体的协同动态调度策略流程

4.6　案例分析

车间产线内所有的加工资源均看作可以互通互联且能够协商的智能体,构建含有物流单元的车间物理布局如图 4.26 所示,对每道工序的可选机床如表 4.1 的加工工艺路线。表 4.1 所示为 10 个零件在 14 台机床设备上的加工时间,每个批次零件对应着不同的加工工艺路径,每道工序具有 3 个不同加工时间的机床选择。其中 J1 表示第一批加工工件,01.1 表示 J1 的第一道工序。

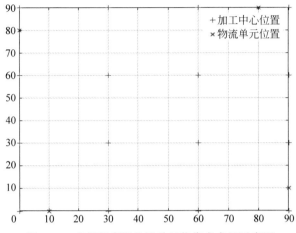

图 4.26 车间机床及物流单元停靠点布局示意图

表 4.1 各加工任务的工艺路线

工 件	工 序	工序可选的加工机床			机床对应的时间/min		
	01.1	M1	M13	M5	60	70	65
	01.2	M2	M11	M7	80	120	80
J1	01.3	M6	M9	M1	100	105	115
	01.4	M8	M5	M10	40	75	50
	01.5	M13	M3	M9	60	95	75
	01.6	M11	M5	M6	50	85	65
	02.1	M3	M10	M8	60	100	110
	02.2	M4	M2	M9	100	115	105
J2	02.3	M7	M8	M6	40	120	45
	02.4	M10	M9	M13	70	90	95
	02.5	M12	M6	M11	50	55	55
	02.6	M9	M8	M4	90	100	120
	03.1	M3	M9	M5	70	80	70
J3	03.2	M13	M1	M11	90	50	115
	03.3	M14	M6	M4	60	65	95
	04.1	M1	M10	M7	50	45	45
J4	04.2	M5	M3	M14	40	80	85
	04.3	M7	M9	M6	70	85	105
	05.1	M12	M6	M5	60	65	70
J5	05.2	M7	M2	M9	80	75	85
	05.3	M2	M6	M3	50	100	60
	06.1	M4	M6	M7	90	115	85
J6	06.2	M3	M5	M2	80	120	40
	06.3	M8	M9	M11	60	95	80

工　件	工　序	工序可选的加工机床			机床对应的时间/min		
J6	06.4	M10	M9	M6	70	50	50
	06.5	M12	M13	M7	85	95	105
	06.6	M14	M4	M9	100	40	115
J7	07.1	M2	M7	M13	65	85	40
	07.2	M5	M6	M12	80	55	80
	07.3	M13	M1	M14	75	90	90
	07.4	M10	M6	M7	110	40	75
	07.5	M9	M11	M2	90	80	105
	07.6	M1	M9	M13	85	55	90
J8	08.1	M12	M14	M1	70	95	90
	08.2	M2	M9	M10	60	95	55
	08.3	M11	M14	M4	90	85	115
	08.4	M7	M3	M9	110	90	115
J9	09.1	M8	M10	M4	80	95	110
	09.2	M5	M11	M3	90	105	60
	09.3	M9	M12	M7	100	70	110
	09.4	M3	M11	M4	95	115	95
J10	010.1	M13	M14	M10	110	100	80
	010.2	M4	M12	M2	75	65	55
	010.3	M11	M14	M7	90	85	50

根据基于 MCTS 的车间物流单元分级协同调度,整个生产案例的运行甘特图如图 4.27 所示。

(1) 当车间接收到调度请求时,调度任务智能体获取当前请求资源的物流生产信息和工件加工状态,通过分析得到当前资源对应的调控规则,判断工件处于哪一步的工序加工,并获取下一道加工工序的可选择加工机床、对应的时间等信息,然后把调控规则和下一道工序信息发送给各个物流单元智能体。

(2) 当物流单元智能体接收到调度任务智能体的调控规则和工序信息时,物流单元根据调控规则组建对应的加工资源进行协同,获取加工资源的自身状态和在不同选择下的价值等信息,然后将决策信息和自身状态返回给调度任务 智能体进行协同调度。

(3) 当调度任务智能体接收到物流单元智能体的决策信息后,调度任务智能体根据获得信息构建整体的协同调度模型,然后通过 MCTS 对决策模型进行选择扩展模拟回溯获得各个决策分支的累计收益,依次选择最大价值的节点作为当前的调度方案,最后把调度方案发送给对应的物流单元进行自组织执行。

(4) 当物流单元接收到调度方案后,将物流调度信息发送给执行搬运任务的物流 AGV 智能体进行自组织,由相应的 AGV 智能体作为物流搬运的执行者,

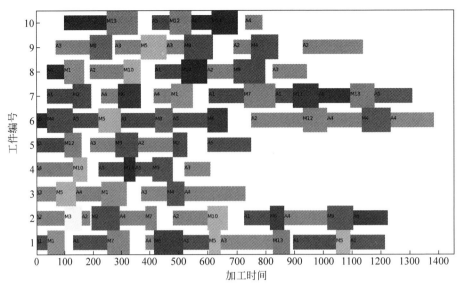

图 4.27　实时调度甘特图

AGV 将自身的物流状态实时反馈给已注册物流单元进行主动感知。

（5）机床智能体作为工件加工过程的主要执行者，机床智能体接收调度任务，智能体发送加工指令，当工件通过 AGV 流转到自身机床后，机床按照到达顺序对工件进行加工；同时，机床智能体通过信息交互将自身加工状态反馈调度任务智能体以进行生产过程的实时主动感知；机床智能体监控自身的生产过程，当检测到工件加工完成后重新给调度任务智能体发出搬运请求，执行（1）对应的过程。

为了验证基于 MCTS 的物流单元分级协同调度过程，进行生产物流协同调度运行的模拟实验，如图 4.27 所示，对最终的协同调度结果生成实时调度甘特图，在图中用 A 加数字代表工件当前运输的 AGV 资源编号，用 M 加数字代表工件当前工序的加工机床编号，并用不同宽度的矩形区分 AGV 和机床，最大完工时间为 1380，本节所提的 MCTS 建立在每一步工序的基础上，根据不同的资源状态选择最优的资源执行，具有良好的时效性和较快的运算速度。

本章小结

本章针对智能产线生产物流主动感知与协同调度问题，以物流服务生产过程为核心，通过采用多智能体理论、蒙特卡洛树搜索算法和重构调控规则等方法与技术，研究了基于"感知-分析-监控"的主动感知模型、物流单元分级协同调度和动态协同调控等模型与算法。

（1）从生产物流物联层、数据感知与处理层和协同服务应用层 3 个层次建立了基于 IoT 的车间生产物流主动感知与协同调度框架。

（2）针对车间实时生产物流的需求，基于多智能体的混合式架构实现主动感知中"感知-分析-监控"的各个功能；通过健康程度对各个资源的状态进行分析；通过设置阈值实现对生产物流的监控。

（3）引入物流单元的概念，建立物流单元分级协同调度的模型。对物流单元物理布局进行求解，并确定 AGV 的调度规则，在此基础上构建了基于 MCTS 的物流单元协同调度模型，能适应复杂多变的生产物流环境。

（4）建立了资源智能体触发的协同调控策略。结合主动感知模型和对加工过程的异常扰动，对其进行分析获取异常特征；通过重构调控规则解决异常事件扰动的协同动态调控问题，可以动态适应车间内生产的异常波动。

参考文献

［1］　陈伟兴,李少波,黄海松.离散型制造物联过程数据主动感知及管理模型［J］.计算机集成制造系统,2016,22(1)：166-176.

［2］　屈挺,张凯,罗浩,等.物联网驱动的"生产-物流"动态联动机制、系统及案例［J］.机械工程学报,2015,51(20)：36-44.

［3］　张富强,付颖斌.制造物联驱动的工序物流动态规划框架［J］.计算机集成制造系统,2016,22(5)：1315-1322.

［4］　JIANG H F，QU T，WAN M，et al. Digital-twin-based implementation framework of production service system for highly dynamic production logistics operation［J］. IET Collaborative Intelligent Manufacturing,2020,2(2)：74-80.

［5］　蔡磊,李文锋,罗云.个性化定制车间生产-物流协同调度框架与算法研究［J］.机械工程学报,2022,58(7)：214-226.

［6］　GUO Z G，ZHANG Y F，ZHAO X B，et al. CPS-based self-adaptive collaborative control for smart production-logistics systems［J］. Ieee Transactions on Cybernetics,2020,51(1)：188-198.

［7］　赵福民,王治森,高锷,等. Agent 技术在智能制造系统中的应用研究［J］.机械工程学报,2002(7)：140-144.

［8］　蔡跃坤,王俊佳,朱智鹏.基于多 Agent 的智能工厂生产调度优化［J］.西南科技大学学报,2020,35(1)：90-94.

［9］　孙阳君,赵宁.基于数字孪生的多自动导引小车系统集中式调度［J］.计算机集成制造系统,2021,27(2)：569-584.

［10］　刘二辉,姚锡凡,陶韬,等.基于改进花授粉算法的共融 AGV 作业车间调度［J］.计算机集成制造系统,2019,25(9)：2219-2236.

第 5 章

刀具磨损状态智能监控与寿命预测技术

刀具是"工业上的牙齿",是车间实现高质量、高效率和低成本加工过程的关键,直接影响工件加工的尺寸几何精度和表面质量。随着柔性产线加工批量和品种的多样化,车间刀具种类和数量激增,定制化刀具也越来越多,对刀具管理,特别是磨损识别和寿命预测等提出了更高要求。因此,本章以智能产线的加工刀具为研究对象,对刀具磨损监控与寿命预测技术进行研究。

5.1　刀具磨损状态智能监控与寿命预测概述

在切削加工过程中,刀具与工件接触处不断产生热量,其中大部分热量被切屑带走,但仍有一部分热量传入刀具中,不可避免地引起刀具磨损。如图 5.1 所示,刀具磨损主要有正常磨损和非正常磨损之分。正常磨损为在长期的摩擦作用下产生的自然连续磨损现象;非正常磨损往往是突然发生,通常为瞬时的机械冲击或瞬时高温所致,具有不可预测性。本节主要聚焦于研究刀具正常磨损,当工件上附着的坚硬微小硬质颗粒或加工硬化材料时相互挤压产生的碎屑,随着切削的进行在相互挤压作用下逐渐进入刀片随之引起的是后刀面磨损。而在加工过程中,后刀面的磨损会降低刀具寿命。由于工件加工质量受后刀面磨损的影响程度较前刀面磨损大,同时后刀面磨损面积较大且便于测量,所以本节用后刀面磨损带宽度 VB 值来表征刀具的磨损情况。

正常磨损情况下,随切削时间的增加,刀具磨损量也逐渐扩大。以刀具后刀面磨损为例,其正常的刀具磨损过程如图 5.2 所示。

1. 初期磨损

刀具初期磨损阶段,磨损曲线斜率比较大,刀具磨损速度较快。这是由于刚开始刀具表面不平整,存在一定的粗糙度,因此在刀具与工件加工表面的接触中,接触面积小,应力集中,接触压强大,从而导致刀具快速磨损。但随着切削的进行,刀具表面凸出的地方被磨平,从而增大了刀具与工件加工表面的接触面积,接触应力逐渐变小,刀具磨损速率也随之减小,刀具磨损量逐渐稳定,一直到刀具的初期磨损阶段结束。

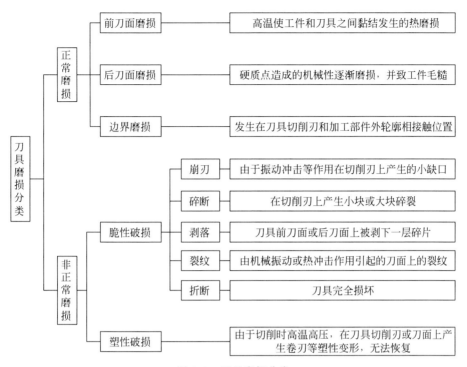

图 5.1　刀具磨损分类

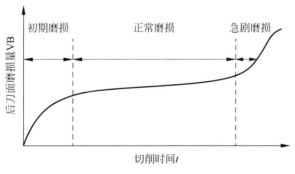

图 5.2　刀具磨损过程

2. 正常磨损

　　正常磨损阶段主要特征是磨损曲线斜率较小,刀具磨损量的变化较小。其主要原因是经过初期的磨损阶段后,刀具与工件的接触面积变大,接触压力减小。随着切削的进行,刀具后刀面磨损带宽度也随之均匀变大。正常磨损阶段的磨损曲线类似一条斜直线,这一阶段是切削过程中最理想的阶段,因此这一阶段越长,表示切削过程越平稳,刀具磨损速率越小,刀具有效工作时间即刀具寿命越长。

3. 急剧磨损

急剧磨损阶段切削应力增大,切削温度急剧升高,影响加工工件精度和工件的表面质量,所以此时必须重新对刀具进行刃磨或更换。当切削过程经过正常磨损阶段进入急剧磨损阶段后,此时由于刀具磨损达到一定值,切削过程中刀具切削力会不断增大,温度值也会迅速升高,刀具磨损速率快速增大,刀具磨损量很快就达到磨钝标准而失效。

5.2 刀具信号的特征提取与特征选择

5.2.1 刀具磨损监测信号获取

间接监测法相比直接监测法更易测量,无须停机便可实现在位快速监测,在刀具磨损监测中常采集的信号有切削力信号、振动信号、声发射信号和电流、功率信号等[1]。其中切削力直接作用在工件上,在加工过程中摩擦不断加大,切削力增大产生高温高压,刀具磨损都会直接反映到切削力的变化上。在切削加工过程中,由于刀具与工件直接作用,加工产生的切屑或其他材料发生脱落时必然伴随着振动的产生,通过加速度传感器采集的振动信号中包含随刀具磨损加重而变化的刀具信号特征,随着时间的推移,刀具的磨损程度可以通过振动信号来间接反应。声发射为材料在发生变形或断裂或两者同时发生时自发释放的声波辐射现象,将机械能转化为声能,从而产生弹性波,也可用来反映刀具的磨损情况,但由于存在其他干扰噪声的限制,在工业环境中使用声音测量技术不太受欢迎。电流、功率信号也是与刀具磨损密切相关的特征,尽管这些信号采集相对简单,但与切削力信号、振动信号相比,它们对刀具磨损的敏感性较低[2]。

同时采用单一信号不能全面表示刀具信息,这常常会带来较大误差,切削力和振动信号具有反应灵敏的共同点[3],与刀具的切削状态关联性最强,许多研究人员已将力和振动信号用于生产过程的基础研究和刀具磨损监测,这些方法比其他间接监测方法更为成熟,使用更加频繁。由于监测力和振动信号的传感器坚固、廉价且易于使用,所以更适合工业环境。

5.2.2 刀具特征信号的预处理

信号是经过采集系统中各种仪器采集得来的,这些仪器的内部或者外部受各种各样因素的影响,都会使采集的信号含有不必要的成分,与真实的信号存在差别。不经信号处理分析直接使用采集的信号通常会产生误差,影响后续学习器的效率,严重的会得到错误的结果,为此需对信号进行预处理得到高质量的信号数据,尽可能真实地还原成实际切削信号。

信号预处理就是对测量信号进行某种量值变换,去除测量信号中电压漂移高频干扰或非平稳的趋势等因素导致的误差,并将其转换为计算机系统能够接收的数据形式。接下来示例美国 PHM Society 数据挑战赛上公开的 c4 铣削刀具数据集[4],其中涵盖了刀具从加入使用至报废的全生命周期共 315 次走刀数据。以第 125 次铣削为例分析铣削过程中监测的信号,图 5.3 和图 5.4 分别为第 125 次铣削时 x 向力、x 向振动信号变化。由此得出一次铣削的信号变化基本保持平稳,即反映出单次的刀具磨损程度保持一致。

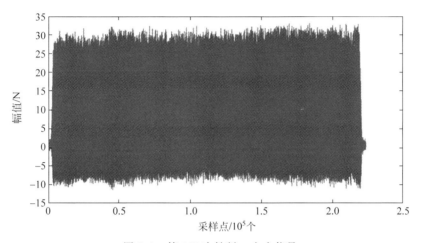

图 5.3　第 125 次铣削 x 向力信号

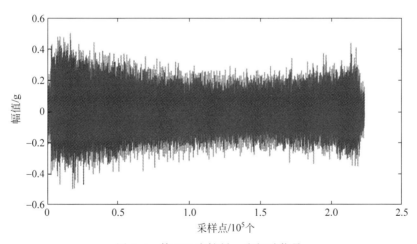

图 5.4　第 125 次铣削 x 向振动信号

根据图 5.3 和图 5.4 得出刀具在加工伊始和结束时,信号与正常加工过程存在明显差异,信号值很小,对应着刀具加工过程中的进退刀数据,其无法反映刀具在切削实际过程中与工件作用的实际信号,会对后续学习器产生影响,为此剔除进退刀数据以便信号分析和后续应用。得到第 125 次铣削时剔除进退刀数据后的 x 向力信号、x 向振动信号分别为图 5.5 和图 5.6,可以看出剔除后已不包含进退刀时的信号,其整体趋于平稳。

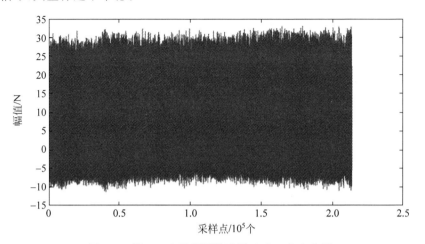

图 5.5　第 125 次铣削剔除进退刀后 x 向力信号

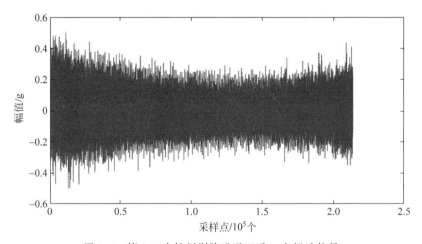

图 5.6　第 125 次铣削剔除进退刀后 x 向振动信号

　　更进一步,在实验中温度会发生变化,这会造成实验仪器的零点漂移,不在传感器频率范围内的低频信号易存在波动性以及周围环境会对传感器产生一系列干扰,这些都会使采集的信号含有长周期趋势项,使信号夹杂不必要成分,为此需纠正长周期趋势项引起的信号偏离基线的不规则变化。通过将原始信号与经滑动平均法处理得到的趋势项曲线相减即得到不包含无规律趋势项的信号,实现信号的平滑去噪处理,减弱干扰信号的影响。

　　平均法的基本计算公式为

$$y_i = \sum_{n=-N}^{N} h_n x_{i-n}, \quad i=1,2,\cdots,m \tag{5.1}$$

式中,x 为采样数据;y 为平滑处理后的结果;m 为数据点数;N 为滑动窗口半

径；h 为加权平均因子。同时 h 还需符合

$$\sum_{n=-N}^{N} h_n = 1 \tag{5.2}$$

直线滑动平均法利用最小二乘法原理对离散数据进行线性平滑，五点滑动平均（$N=2$）的公式为

$$\left.\begin{aligned}
y_1 &= \frac{1}{5}(3x_1 + 2x_2 + x_3 - x_4) \\
y_2 &= \frac{1}{10}(4x_1 + 3x_2 + 2x_3 + x_4) \\
&\vdots \\
y_i &= \frac{1}{5}(x_{i-2} + x_{i-1} + x_i + x_{i+1} + x_{i+2}) \\
&\vdots \\
y_{m-1} &= \frac{1}{10}(x_{m-3} + 2x_{m-2} + 3x_{m-1} + 4x_m) \\
y_m &= \frac{1}{5}(-x_{m-3} + x_{m-2} + 2x_{m-1} + 3x_m)
\end{aligned}\right\}, \quad i=3,4,\cdots,m-2 \tag{5.3}$$

采用滑动平均法对第 125 次铣削时 x 向振动信号的平滑结果如图 5.7 所示。

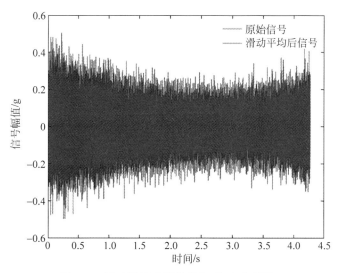

图 5.7　滑动平均法消除趋势项（文前彩图）

5.2.3　信号特征提取

实验中经传感器采集到的信号数据量巨大，直接将其作为输入数据用于刀具磨损监测不太现实，需提取磨损监测信号特征，并从中选择影响磨损监测效果最为

明显的几个特征。特征提取与特征选择是刀具磨损监测的关键步骤，直接影响刀具磨损状态识别及预测的准确性。常用的特征不仅包括时域和频域特征，还兼顾总体变化的时频域特征。使用时域、频域和时频域特征提取方法能够找出表征影响磨损的特征量。

时域分析是在时间坐标系内表示各物理量随时间的变化关系，时域特征通过反映信号幅值随时间的变化程度间接反映刀具的磨损剧烈程度，主要的时域特征如表 5.1 所示，其中，x_i 表示采集到的监测信号，$i = 1, 2, \cdots, N$，N 为信号的数据总数。

表 5.1　时域特征

时 域 特 征	公　　式	时 域 特 征	公　　式
峰值	$x_p = \max\limits_i x_i$	峰峰值	$x_{p-p} = x_{\max} - x_{\min}$
均值	$\bar{x} = \dfrac{1}{N} \sum\limits_{i=1}^{N} x_i$	斜度	$\alpha = \dfrac{\dfrac{1}{N} \sum\limits_{i=1}^{N} (x_i - \bar{x})^3}{\left(\sqrt{\dfrac{1}{N} \sum\limits_{i=1}^{N} (x_i - \bar{x})^2} \right)^3}$
绝对平均值	$\overline{x_{abs}} = \dfrac{1}{N} \sum\limits_{i=1}^{N} |x_i|$	峭度	$\beta = \dfrac{\dfrac{1}{N} \sum\limits_{i=1}^{N} (x_i - \bar{x})^4}{\left(\dfrac{1}{N} \sum\limits_{i=1}^{N} (x_i - \bar{x})^2 \right)^2}$
方差	$\sigma^2 = \dfrac{1}{N} \sum\limits_{i=1}^{N} (x_i - \bar{x})^2$	裕度因子	$L = \dfrac{x_p}{x_{smr}}$
标准差	$\sigma = \sqrt{\dfrac{1}{N} \sum\limits_{i=1}^{N} (x_i - \bar{x})^2}$	波形因子	$S = \dfrac{x_{rms}}{x_{abs}}$
均方根	$x_{rms} = \sqrt{\dfrac{1}{N} \sum\limits_{i=1}^{N} x_i^2}$	脉冲因子	$I = \dfrac{x_p}{\bar{x}}$
方根幅值	$x_{smr} = \left(\dfrac{1}{N} \sum\limits_{i=1}^{N} \sqrt{|x_i|} \right)^2$	峰值因子	$C = \dfrac{x_p}{x_{rms}}$

时域分析对于平稳信号表示特征值随时间的变化能在一定程度具有很好的表征能力，但是切削加工的信号不具有周期性且易波动，因此还需要进一步提取频域特征。

由于自相关函数最能代表监测信号的统计平均特性，因此常被用作信号提取，而信号的自相关函数经傅里叶变换得到功率谱密度，常用的频域特征都建立在获取功率谱密度的基础上运用数理知识求解得出，频域分析更加简洁深刻。常用的频域特征如表 5.2 所示。其中，f_i 为监测信号经过快速傅里叶变换得到的频谱；$p(f_i)$ 为各信号的功率谱。

表 5.2　频域特征

频　域　特　征	公　　式
重心频率 x_{FC}	$x_{FC} = \dfrac{\sum\limits_{i=1}^{N} f_i p(f_i)}{\sum\limits_{i=1}^{N} p(f_i)}$
均方频率 x_{MSF}	$x_{MSF} = \dfrac{\sum\limits_{i=1}^{N} f_i^2 p(f_i)}{\sum\limits_{i=1}^{N} p(f_i)}$
均方根频率 x_{RMSF}	$x_{RMSF} = \sqrt{x_{MSF}}$
频率方差 x_{VF}	$x_{VF} = \dfrac{\sum\limits_{i=1}^{N} (f_i - x_{FC})^2 p(f_i)}{\sum\limits_{i=1}^{N} p(f_i)}$
频率标准差 x_{RVF}	$x_{RVF} = \sqrt{x_{VF}}$

刀具的工作环境通常是复杂多变的,切削加工过程中的信号通常具有非平稳、波动较大的特点。时域或频域中的常用特征揭示的是整体信号的平均统计特征,无法从局部化分析非平稳信号,即时间频率分辨率不均衡。因此,只分析其时域或频域特征不足以实现深度剖析信号,这就需要引入新的时频分析方法。

传统的傅里叶分析仅包含信号的频域信息,并未包含时域信息。而在传统傅里叶变换里未包含的时域信息对于某些问题来说是至关重要的。为此,提出许多针对傅里叶变换的改进方法,其中短时傅里叶变换假定在短时间范围内信号是平稳的,通过分成多个时间窗,仅仅靠大小固定的时间窗将信号展开至频域。由于采用单分辨率分析,期望时间和频率分辨率同时达到最优的需求经短时傅里叶无法满足,用短时傅里叶分析切削加工过程中的信号存在误差较大和精度不足的问题,还存在较大局限性。

而小波分析采用多分辨分析,可以随实际情况改变频率,同时得到局部的时域和频域信息。在刀具信号的低频部分、时间间隔较宽处实现频率细分可以保持信号的完整性,刀具故障常发生在信号的高频部分,为此在高频部分时间间隔较窄处追求精确的时间定位,实现高频部分时间细分。由于小波分析不能在高频部分继续分解,这对于主要包含低频信息的信号来说较为恰当,但机械加工信号为避免失效还需重点研究高频部分。小波包分析的出现能够持续细分刀具加工的高频信号,可以避免信号丢失,同时在高频处采用较高的时间分辨率,确保时间频率和分辨率同时达到最优。

随着切削进行,刀具磨损不断加大,其状况直接反映在小波包分解后的各频段

能量值 W 上,通过提取频段能量值作为时频域特征,可以反映出刀具磨损状态。对刀具信号进行 3 层小波包分析,分解树如图 5.8 所示。其中低频部分用 A 表征,高频部分用 D 表征,小波包分解层数用图中末尾的数字来表征。分解关系为

$$S = AAA3 + DAA3 + ADA3 + DDA3 + AAD3 + DAD3 + ADD3 + DDD3$$

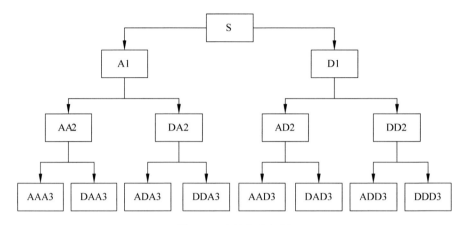

图 5.8 小波包分解树

5.2.4 信号特征选择

从监测信号中提取的特征量过多,直接应用这些特征会增加后续模型的时间和空间开销,且存在与刀具磨损不相关的多余特征,会对模型产生干扰,降低学习效率。为此,从数据量较大的特征中选择最能反映刀具状况的特征并且提高学习的准确性和效率至关重要,可避免维数灾难。

特征选择是一个组合优化问题,通常包括两部分,即搜索策略和特征评价准则。初始化特征集,确定搜索起点后根据特定的搜索策略对当前的特征子集采用特定的评价准则进行打分,判断是否达到终止条件,还未结束时则不断根据搜索策略形成新的特征子集,通过评价准则优化,不断迭代直到达到终止条件时得到最优特征集合。

特征选择根据特征评价准则分为过滤式、包裹式和混合式[5]。过滤式特征选择评价性能和学习器无关,可快速剔除不相关的噪声特征,具有快速响应的优点,但是所选特征与模式识别模型相关性小,所选特征可能不是最优。包裹式特征选择引入了学习器,学习器的输入为单次所选特征,根据学习器中适应度的高低来评价特征组合,能够得到小规模且准确度高的特征,但是处理大数据集时计算速度慢,需要较多时间开销。混合式既有过滤式时间复杂度低,又有包裹式算法性能高的优点。使用过滤式方法无须引入学习器,基于数据本身快速进行特征性选择,减小数据规模,进一步使用包裹式方法通过评估学习器的优劣选出最优特征集合。

搜索策略可以分为穷举搜索、随机搜索和启发式搜索[6]。穷举搜索依次遍历全部的解空间可以保证找到最好的特征集合，但是数据量激增会造成组合爆炸问题。随机搜索可以避免陷入局部最优，但是搜索结果取决于可用的资源。启发式搜索可以根据特定的搜索规则快速搜索到最优结果，粒子群优化算法是人们受鸟类觅食的集群活动的启发而提出来的一个启发式算法。当存在不相关的特征时，标准支持向量机分类的性能会大大降低[7]，基于此选取 SVM 作为包裹式特征评价准则进行特征选择。

在分析特征选择方法的基础上，选取混合式评价准则的方法进行刀具特征选择。其中过滤式特征选择方法采用 ReliefF，包裹式特征选择方法中搜索策略为 PSO 算法，学习器为 SVM，即形成基于 PSO-SVM 的包裹式特征选择方法。

为了提高训练效率，首先使用 ReliefF 方法滤去相关度低的特征，减小数据规模，其中 ReliefF 是 Relief 算法的改进，可以处理多类别问题，通过计算每个特征对于刀具磨损监测的权重来实现特征选择。将 ReliefF 用于过滤特征时，每次从训练样本集中随机选取一个样本 R，分别从与 R 同类和不同类的样本集中找 k 个近邻样本，之后更新每个特征的权重：

$$w(A) = w(A) - \sum_{j=1}^{k} \text{diff}(A,R,H_j)/(k) +$$

$$\sum_{C \in \text{class}(R)} \left[\frac{p(C)}{1 - p(\text{class}(R))} \sum_{j=1}^{k} \text{diff}(A,R,M_j(C)) \right] \bigg/ k \quad (5.4)$$

式中，$\text{diff}(A,R,H_j)$ 是样本 R 与 H_j 在特征 A 上的差；C 为与样本 R 不同的类别；$p(C)$ 为第 C 类的概率，$\text{class}(R)$ 为样本 R 所在的类；M 为类 C 中与样本 R 的第 j 个最近邻样本，$\text{diff}(A,R,M_j(C))$ 为样本 R 与样本 M 在特征上的差。

进一步使用基于 PSO-SVM 的特征选择方法选出最优特征集合。

采用 PSO 与 SVM 进行特征选择的主要原理是：通过 PSO 更新生成不同的特征组合，以 SVM 的预测正确率对每次特征组合进行评价，最终符合结束条件则搜索得出最优特征组合。基于 PSO-SVM 的特征选择方法流程如图 5.9 所示。

基于 PSO-SVM 的特征选择方法的具体步骤如下。

输入：数据集 D，初始群体个体数目 M，最大迭代次数 MaxDT，惯性因子 ω，加速度因子 c_1,c_2。

输出：优化的特征集合及 SVM 学习器的分类准确率。

(1) 初始化 PSO 中粒子的速度和位置，设置恰当的阈值来选择特征，大于阈值的特征即为初始特征集合。

(2) 对包含所选特征集合列的数据集 D 进行归一化处理，并将数据集划分为训练集和测试集。

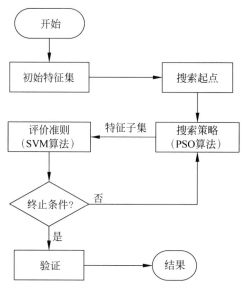

图 5.9　基于 PSO-SVM 的特征选择方法流程

（3）将训练集输入 SVM 模型中进行训练，训练好后输入测试集进行预测，反归一化输出预测结果进而检验 SVM 模型，其中适应度函数用来评价每个粒子的优劣情况，即为粒子选中的特征子集反映在刀具磨损状态的对应准确率。特征子集选择的目标是随着迭代寻找到分类正确率更高的特征子集，此处选用分类错误率评价方法作为适应度函数，高正确率就意味着不断获得更小的适应度值。

（4）根据 PSO 算法更新粒子速度和位置，用于选择单次的特征。

（5）根据粒子适应度不断更新最优的特征组合。

（6）判断是否达到最大迭代次数 MaxDT，如果满足结束条件，则根据更新过程得到最优的特征集合；如果不满足结束条件，则继续完成迭代。

5.3　刀具磨损状态智能识别

5.3.1　刀具磨损状态识别概述

刀具磨损是刀具在加工过程中出现的性能退化现象，严重影响加工精度和生产效率。而对刀具磨损状态进行直接识别需停机监测刀具状况，由于不能保证在正常加工过程中实现在线监测，所以必然造成生产成本的增加以及生产效率的降低。刀具磨损状态识别难以通过精确的数学模型进行表达，而切削产生的信号中带有丰富的刀具磨损信息，以信号形式存在的数据信息如果不经转化为判别磨损状态的知识，其价值没有得到充分发挥。刀具磨损状态识别的实质是通过切削信号特征间接反映刀具状态,采集刀具加工信号,提取能够反映刀具磨损的信号特征作为输入并建立刀具磨损状态识别模型,输出刀具的磨损状态,将其作用于实际加工生产,对实现实时、长期观测刀具磨损状态至关重要。

刀具磨损状态识别精度主要取决于采集系统的精度及磨损状态识别模型的性能,利用刀具信号反映刀具磨损状态是具有潜力的技术,采集系统的精度通过信号特征提取与选择技术得以保证,磨损状态识别模型只有充分发挥算法模型的优势,才能准确得出刀具磨损状态,起到事半功倍的效果,以便操作人员做好提前预判准备。

磨损状态识别作为监测刀具的关键环节,直接决定刀具是否还能继续使用,判断是否需要采取换刀操作。通过获取加工环境的各项参数作为影响因素,调用特征提取与选择的结果,通过刀具磨损状态识别技术具体算法预判刀具状态。其结构如图 5.10 所示。

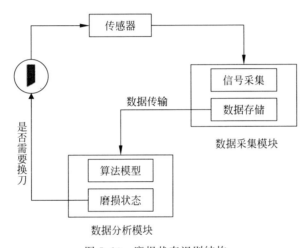

图 5.10　磨损状态识别结构

刀具磨损状态识别算法模型的优劣直接影响磨损状态识别能否成功,因此识别模型的选择至关重要。在分析现有传统刀具磨损状态识别模型的基础上,引入集成学习思想以提高识别精确度及效率,以实现准确而又快速识别刀具磨损状态。

5.3.2　基于广义回归神经网络的刀具磨损状态识别

基于广义回归神经网络(general regression neural network,GRNN)的刀具磨损状态识别模型由四层构成[8],如图 5.11 所示。对应网络输入为经过特征提取与特征选择得到的特征向量 $x = (x_1, x_2, \cdots, x_n)^{\mathrm{T}}$,输出为刀具磨损状态 $y = (y_1, y_2, \cdots, y_k)^{\mathrm{T}}$。

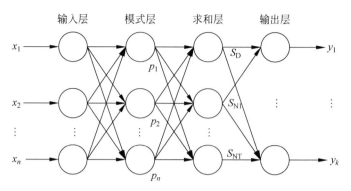

图 5.11 广义回归神经网络结构

1. 输入层

输入层神经元数量与学习样本中输入向量的维数保持一致,直接将输入特征传输给模式层。

2. 模式层

模式层神经元数量与学习样本数量 n 保持一致,其神经元传递函数为

$$p_i = \exp\left[-\frac{(x-x_i)^{\mathrm{T}}(x-x_i)}{2\sigma^2}\right], \quad i=1,2,\cdots,n \tag{5.5}$$

式中,x 为网络输入变量,x_i 为第 i 个神经元对应的学习样本。

3. 求和层

求和层中有两种计算方式,分别为对所有模式层神经元的输出进行算术求和与加权求和。

其一计算公式为

$$\sum_{i=1}^{n} \exp\left[-\frac{(x-x_i)^{\mathrm{T}}(x-x_i)}{2\sigma^2}\right] \tag{5.6}$$

传递函数为

$$S_D = \sum_{i=1}^{n} p_i \tag{5.7}$$

其二计算公式为

$$\sum_{i=1}^{n} y_i \exp\left[-\frac{(x-x_i)^{\mathrm{T}}(x-x_i)}{2\sigma^2}\right] \tag{5.8}$$

传递函数为

$$S_{Nj} = \sum_{i=1}^{n} y_{ij} p_i, \quad j=1,2,\cdots,k \tag{5.9}$$

4．输出层

输出层神经元数量与学习样本输出向量的维数 k 保持一致，神经元 j 的输出对应估计结果 $\hat{y}(x)$ 的第 j 个元素，即

$$y_j = \frac{S_{Nj}}{S_D}, \quad j = 1, 2, \cdots, k \tag{5.10}$$

5.3.3　基于 XGBoost 与 Softmax 的刀具磨损状态识别

构建基于 XGBoost 与 Softmax 的刀具磨损状态识别模型，其中 Softmax 应用在刀具磨损状态识别的输出层，指定学习任务为三分类磨损状态，模型的具体实现步骤如下：

（1）采集切削加工过程中的力信号和振动信号，对信号进行预处理。

（2）提取信号中的特征，并经 ReliefF 和 PSO-SVM 得到经过选择后的特征集合。

（3）将特征选择集合作为基于 XGBoost 与 Softmax 的刀具磨损状态识别模型的输入，并将其分为训练集和测试集。调整初始化模型的最优参数，包括模型学习率和最大树深度等。

（4）模型开始迭代，每迭代一次产生一个分类模型。

（5）初始化待分割的叶子节点列表，选择目标函数 $\mathrm{obj}^{(m)}$ 下降最大的点作为最佳切分点，引入损失函数 $\mathrm{Loss}_{\mathrm{XGBoost}}(y_i, \hat{y}_i^{(m)})$ 与正则化项 $\Omega(f_i)$ 建立目标函数 $\mathrm{obj}^{(m)} = \sum_{i=1}^{N} \mathrm{Loss}_{\mathrm{XGBoost}}(y_i, \hat{y}_i^{(m-1)} + f_m(x_i)) + \Omega(f_m) + c$，目标函数进行泰勒展开 $\mathrm{obj}^{(m)} \approx \sum_{i=1}^{N} \left[\mathrm{Loss}_{\mathrm{XGBoost}}(y_i, \hat{y}_i^{(m-1)}) + g_i f_m(x_i) + \frac{1}{2} h_i f_m^2(x_i) \right] + \Omega(f_m) + c$，计算分割的叶子节点的权重向量以及信息增益。

（6）判断是否达到树的深度或增益 $\mathrm{Gain} = \frac{1}{2} \left[\frac{G_L^2}{H_L + \lambda} + \frac{G_R^2}{H_R + \lambda} - \frac{(G_L + G_R)^2}{H_L + H_R + \lambda} \right] - \gamma$ 是否小于 0，若满足，则得到最终叶子节点；若不满足，则返回第（5）步基于分割点创建左右叶子节点，重新初始化新的叶子节点列表，计算叶子节点的权重值与增益值继续迭代。

（7）将新的分类模型添加到当前分类模型中 $\hat{y}_i^{(m)} = \hat{y}_i^{(m-1)} + f_m(x_i)$。

（8）判断是否达到最大迭代次数，若满足，则得到最优的分类模型；若不满足，则返回第（7）步继续迭代。

（9）输入测试集检验所建立的刀具磨损状态识别模型的准确率。

基于 XGBoost 与 Softmax 的刀具磨损状态识别模型流程如图 5.12 所示。

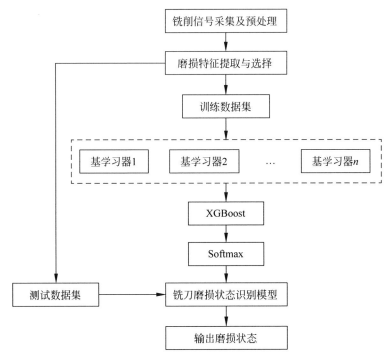

图 5.12　基于 XGBoost 与 Softmax 的刀具磨损状态识别模型流程

5.4　刀具寿命智能预测模型

5.4.1　刀具寿命智能预测概述

在实际生产过程中,精度要求更加严格,刀具透明化监测不仅要通过定性分析实时识别当前磨损状态,还要基于当前观测信号对信号进行特征提取和选择实现对信号数据的提炼,以数据为基础搭建刀具寿命预测模型,实现以数据驱动为中心实时监测刀具的寿命,从而产生动作响应,以便为刀具提供刃磨或换刀决策知识。影响刀具系统稳定性与健壮性的关键一环为刀具寿命,若不能清晰确定合理的刀具寿命预测方法,轻者将影响工件加工质量,重者将导致工件报废、机床故障,引起生产线迟缓。因此,数控刀具寿命预测可作为切削参数配置和提前换刀的依据,准确的寿命预测可最大化刀具利用率,提高生产线加工效率,保证效益最优。

刀具寿命预测结合刀具加工特征量和刀具状态对未来时刻的刀具寿命进行预测,其精度依赖深度学习技术的发展。深度学习技术具有较强的分析与运算能力,已被广泛使用于各工程领域,刀具复杂信号借助于深度学习技术分析能够得到很好的解释效果。刀具寿命预测实质是借助于深度学习技术把两方面通过非线性映射相互关联起来,一方面为刀具特征提取与选择的各参量结果,另一方面为刀具寿命,通过历史加工信息和当前经过提取得到的特征量预测未来刀具寿命,以便为操作人员提供指导。

5.4.2　基于 AMPSO-SVR 的刀具寿命预测

由于支持向量回归机(support vector regression,SVR)在预测刀具寿命时惩罚参数 c 和核函数参数 σ 难确定、不同的参数设置对预测效果影响较大的问题,在标准粒子群算法的基础上引入变异算子,提出自适应变异粒子群优化算法(adaptive mutation particle swarm optimization,AMPSO)。在支持向量回归算法的基础上,引入 AMPSO 优化 SVR 参数,建立基于 AMPSO-SVR 的刀具寿命预测模型。

首先用 AMPSO 对 SVR 的惩罚参数和核函数参数进行全局寻优,基于得到的最优参数值训练 SVR 算法,从而可以更好地提升预测效果,模型的具体实现步骤如下。

(1) 在分析刀具寿命影响因素的基础上,确定预测模型的输入为切削速度、每齿进给量、切削深度、切削宽度、刀具直径和刀具齿数,输出为刀具寿命。

(2) 初始化 AMPSO 参数,其中种群迭代次数为 200,种群数量为 20。

(3) 将 SVR 中的参数 c 和 σ 作为 AMPSO 算法的粒子种群位置进行随机初始化,归一化后的训练样本数据作为 AMPSO 算法的输入,将刀具实际寿命与预测寿命之间的偏差转换为 AMPSO 算法的适应度函数值,适应度函数为预测误差平方和的倒数,即 $\mathrm{fitness} = \dfrac{1}{\sum\limits_{i=1}^{n}(f(x_i) - y_i)^2}$,其中 $f(x_i)$、y_i 分别表示第 i 个训练样本数据的实际寿命和预测寿命,n 表示输入样本数据的总数。

(4) 将每个粒子的当前位置作为目前最优解,计算各自适应度值,根据式(5.11)和式(5.12)更新每个粒子的速度和位置。

(5) 根据式(5.13)和式(5.14)进行粒子自适应变异操作。

(6) 判断每个粒子的适应度值是否满足误差要求,若满足,则得到最优的参数组合;若不满足,则返回第(4)步继续迭代。

(7) 基于所得的最佳参数 c 和 σ 组合,以训练样本数据为输入,将寻优得到的参数值赋给 SVR 进行训练,得到基于 AMPSO-SVR 的刀具寿命预测模型。其中选用 $k(x_1, x_2) = \exp\left(-\dfrac{\|x_1 - x_2\|^2}{2\sigma^2}\right)$ 作为 SVR 模型的核函数,σ 为高斯核函数参数。

(8) 输入测试样本数据进行预测,反归一化输出最终预测结果,通过计算实际寿命与预测寿命之间的偏差,来检验所建立的刀具寿命预测模型的预测准确率。

其中自适应变异粒子群优化支持向量回归机算法如下。

标准的粒子群算法假设在一个 D 维的搜索空间中,有 n 个粒子组成的种群

$\boldsymbol{x} = (\boldsymbol{x}_1, \boldsymbol{x}_2, \cdots, \boldsymbol{x}_n)$，其中第 i 个粒子的速度为 $\boldsymbol{v}_i = (v_{i1}, v_{i2}, \cdots, v_{iD})^{\mathrm{T}}$，个体极值为 $\boldsymbol{p}_i = [p_{i1}, p_{i2}, \cdots, p_{iD}]^{\mathrm{T}}$，种群的全局极值为 $\boldsymbol{p}_g = (p_{g1}, p_{g2}, \cdots, p_{gD})^{\mathrm{T}}$。粒子的速度和位置更新方式如下：

$$v_{id}^{k+1} = \omega v_{id}^k + c_1 r_1 (p_{id}^k - x_{id}^k) + c_2 r_2 (p_{gd}^k - x_{id}^k) \tag{5.11}$$

$$x_{id}^{k+1} = x_{id}^k + v_{id}^{k+1} \tag{5.12}$$

上式中，ω 为惯性因子；$d = 1, 2, \cdots, D$；$i = 1, 2, \cdots, n$；k 为当前迭代次数；v_{id} 为粒子的速度；c_1 和 c_2 为加速度因子；r_1 和 r_2 为区间 $[0, 1]$ 上的随机数。

为了设置较优的 SVR 模型的参数组合 c 和 σ，同时改善标准的粒子群算法，本节在 PSO 算法的基础上引入自适应变异算子，构建 AMPSO 算法来优化 SVR 模型的参数组合 c 和 σ。该改进算法的基本思想是：在每次粒子更新后，以预先设定的概率对粒子设置初始化操作，使粒子在更大的空间内展开搜索，增加新解的可能性，使其跳出目前局部最优解，提高模型搜索到 SVR 参数最优值的可能性。AMPSO 算法中的粒子更新过程如下。

经过 k 次迭代，第 i 个粒子在 D 维搜索空间的位置为 $\mathrm{pop}(j, k)$，p 为变异阈值，当粒子满足大于阈值时，将跳出当前位置，出现新的位置，否则保持不变。其可表示为

$$t = \begin{cases} \mathrm{ceil}(2r_1), & r_1 > p \\ 0, & r_1 < p \end{cases} \tag{5.13}$$

$$\mathrm{pop}(j, k) = \begin{cases} \mathrm{pop}(j, k), & t = 0 \\ (\mathrm{sizepop} - 1) \cdot r_2 + 1, & t = 1 \\ (\mathrm{popgmax} - \mathrm{popgmin}) \cdot r_2 + \mathrm{popgmin}, & t = 2 \end{cases} \tag{5.14}$$

式中，p 为 $0 \sim 1$ 的常数，$\mathrm{ceil}(x)$ 将四舍五入为大于或等于最接近 x 的整数，sizepop 为种群最大数量，popgmax，popgmin 分别为 SVR 核函数参数变化的最大值和最小值。

5.4.3　基于特征因子与多变量 GRU 网络的刀具寿命预测

通过引入特征因子与多变量 GRU 网络建立刀具寿命预测模型。模型训练的主要步骤如下：

（1）构造数据集为多特征因子即影响刀具寿命的多个因素序列和原始刀具寿命序列，对数据集做归一化处理；

（2）搭建 GRU 网络结构，设定 GRU 层、全连接层和防止过拟合操作 Dropout，初始化参数设置包括神经元个数、学习率等；

（3）配置训练方法，使用 Adam 优化器和均方误差损失函数 $\mathrm{MSE} = \dfrac{1}{n} \sum\limits_{i=1}^{n} (y_i - \hat{y}_i)^2$ 进行训练优化；

（4）执行训练过程，并追踪 loss 实现可视化。

基于特征因子与多变量 GRU 网络的刀具寿命预测模型流程如图 5.13 所示。

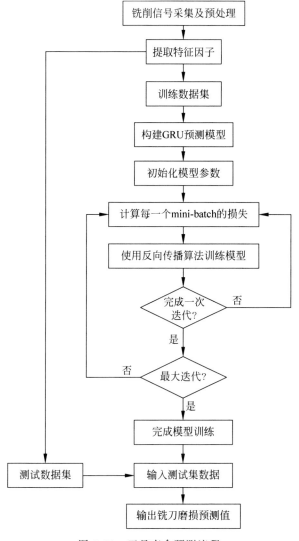

图 5.13　刀具寿命预测流程

为了提高模型性能，加快模型收敛，主要介绍两种模型优化的操作，包括防止模型过拟合和优化器选择。

1. 防止模型过拟合操作

为了防止模型在测试集上的效果远远不及训练集，广泛使用的是 L1 和 L2 正则化方法。这两种方法都需要在目标损失函数中引入一个额外的多项式来调整需要正则化参数的权重。对于 L1 正则化,将网络中所有的权重相加求和,而对于 L2 正则化,将所有权重的平方相加求和。Dropout 能够更有效地防止过拟合[9],在训练过程中,从网络中以一定概率使部分节点暂时失效,如图 5.14 所示。将 Dropout 正则化应用于网络中相当于得到一个简化版的网络,其中神经元数量减少,并没有使用全部神经元进行训练,能够使网络不依赖具有强影响的特征,从而提高模型的泛化性能。

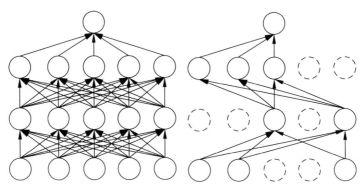

图 5.14　Dropout 正则化

2. 优化器选择

GRU 网络结构一旦固定,不同参数选取对实际模型的准确度影响很大。优化器是在 GRU 网络进行反向传播时引导参数更新的工具,优越的优化器使得在迭代过程中损失函数以最便捷的方式寻找到全局最小值,从而提升学习效果。定义待优化参数为 w,损失函数 loss,学习率 lr,每次迭代一个 batch,r 表示当前 batch 迭代的总次数,更新参数分为以下几步:

(1) 计算 t 时刻损失函数关于当前参数的梯度 $g_t = \nabla \mathrm{loss} = \dfrac{\partial \mathrm{loss}}{\partial w_t}$;

(2) 计算 t 时刻一阶动量 m_t 和二阶动量 V_t;

(3) 计算 t 时刻下降梯度:$\eta_t = \mathrm{lr} \cdot m_t / \sqrt{V_t}$;

(4) 计算 $t+1$ 时刻参数:$w_{t+1} = w_t - \eta_t = w_t - \mathrm{lr} \cdot m_t / \sqrt{V_t}$。

常用优化器的一阶动量 m_t 和二阶动量 V_t 更新如表 5.3 所示。

表 5.3　参数优化器

优　化　器	参　数　更　新
SGD	$m_t = g_t,\quad V_t = 1$ $\eta_t = lr \cdot m_t / \sqrt{V_t} = lr \cdot g_t$ $w_{t+1} = w_t - \eta_t = w_t - lr \cdot m_t / \sqrt{V_t} = w_t - lr \cdot g_t$

续表

优 化 器	参 数 更 新
SGDM	$m_t = \beta \cdot m_{t-1} + (1-\beta) \cdot g_t, \quad V_t = 1$ $\eta_t = lr \cdot m_t / \sqrt{V_t} = lr \cdot m_t = lr \cdot (\beta \cdot m_{t-1} + (1-\beta) \cdot g_t)$ $w_{t+1} = w_t - \eta_t = w_t - lr \cdot (\beta \cdot m_{t-1} + (1-\beta) \cdot g_t)$
Adagrad	$m_t = g_t, \quad V_t = \sum_{\tau=1}^{t} g_\tau^2$ $\eta_t = lr \cdot m_t / (\sqrt{V_t}) = lr \cdot g_t \left/ \left(\sqrt{\sum_{\tau=1}^{t} g_\tau^2} \right) \right.$ $w_{t+1} = w_t - \eta_t = w_t - lr \cdot g_t \left/ \left(\sqrt{\sum_{\tau=1}^{t} g_\tau^2} \right) \right.$
RMSProp	$m_t = g_t, \quad V_t = \beta \cdot V_{t-1} + (1-\beta) \cdot g_t^2$ $\eta_t = lr \cdot m_t / \sqrt{V_t} = lr \cdot g_t / (\sqrt{\beta \cdot V_{t-1} + (1-\beta) \cdot g_t^2})$ $w_{t+1} = w_t - \eta_t = w_t - lr \cdot g_t / (\sqrt{\beta \cdot V_{t-1} + (1-\beta) \cdot g_t^2})$
Adam	$m_t = \beta_1 \cdot m_{t-1} + (1-\beta_1) \cdot g_t, \quad \hat{m}_t = \dfrac{m_t}{1-\beta_1^t}$ $V_t = \beta_2 \cdot V_{step-1} + (1-\beta_2) \cdot g_t^2, \quad \hat{V}_t = \dfrac{V_t}{1-\beta_2^t}$ $\eta_t = lr \cdot \hat{m}_t / \sqrt{\hat{V}_t} = lr \cdot \dfrac{m_t}{1-\beta_1^t} \left/ \sqrt{\dfrac{V_t}{1-\beta_2^t}} \right.$ $w_{t+1} = w_t - \eta_t = w_t - lr \cdot \dfrac{m_t}{1-\beta_1^t} \left/ \sqrt{\dfrac{V_t}{1-\beta_2^t}} \right.$

其中自适应动量估计法(adaptive moment estimation,Adam)结合了基于动量的算法和基于自适应率的算法[10],运行所需内存少,为每一个参数设置了自适应学习来进行更新,在处理包含高噪声的不平稳稀疏刀具信息时具有优秀的性能。

5.5　案例分析

5.5.1　刀具磨损状态识别应用实例

用 GRNN 磨损状态识别模型求解示例时,假设样本的标签 $y_i \in \{1,2,3\}$,分别为 3 种磨损状态的唯一编码。考虑到刀具磨损状态的类别数据不均衡,这时候随机采样会造成训练集和测试集中不同磨损状态的数据比例不一致,这会在一定程度上影响模型的分类性能。同时为了确保数据的随机性且不受人为干预,进行分层采样从各个磨损状态按照 70％的比例作为训练集(Train),30％的比例作为测试集(Test),将各个磨损状态取出的个体数据合在一起分别作为总体的训练集和测试集,可以使得训练集和测试集中每一种磨损状态的数据比例基本持平,使样本具有较好的代表性且减小抽样误差。样本训练集和测试集的划分如表 5.4 所示。

表 5.4　样本训练集和测试集的划分

	样本数	类别	选择组数	唯一编码
初期磨损(1～28)	28	Train	20	1
		Test	8	
正常磨损(29～208)	180	Train	126	2
		Test	54	
急剧磨损(209～315)	107	Train	75	3
		Test	32	

基于 GRNN 的磨损状态识别模型输入层有 11 个节点,分别对应特征选择的结果。其中训练集矩阵为 221×11,测试集矩阵为 94×11。测试集经过 GRNN 识别出的刀具磨损状态效果如图 5.15 所示。

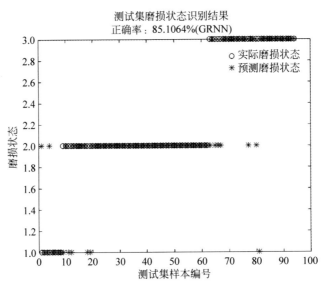

图 5.15　GRNN 测试集刀具磨损状态识别结果

得出基于 GRNN 的刀具磨损状态识别准确率为 85.1％,预测与实际磨损状态不符的大多数出现在每个磨损状态的交界处,即磨损状态发生过渡处识别效果不佳。

进一步采用基于 XGBoost 与 Softmax 的磨损状态识别模型求解示例分析,主要包括两个步骤。

1. 模型训练

采集刀具加工过程的监测信号并对信号进行预处理,提取特征并进行特征选择,将选出的特征作为 XGBoost 与 Softmax 组合模型的输入,刀具磨损状态作为模型的输出对模型进行训练。参数设置通过网格搜索优化得出,其中学习率参数为 0.1,最大树深度为 5,刀具磨损状态为 3 类。

2. 磨损状态识别

对于新输入的刀具,采集信号提取特征,输入已经训练好的模型,学习得出刀具此时的磨损状态。

训练集与测试集依然采用分层采样得出,其中训练集矩阵为 221×11,测试集矩阵为 94×11。总共训练 100 轮的对数似然损失函数 logloss 值变化如图 5.16 所示,随着迭代次数的增加,训练集和测试集上的 logloss 值在不断下降,最终收敛趋于 0。

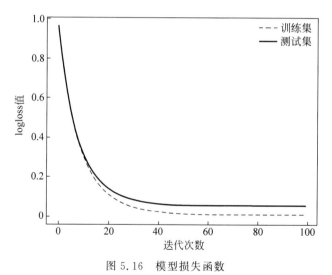

图 5.16　模型损失函数

测试集经过基于 XGBoost 与 Softmax 的模型识别的刀具磨损状态效果如图 5.17 所示,得出刀具磨损状态识别模型准确率为 98.9%,识别准确率高。

5.5.2　刀具寿命预测应用实例

选取铣削实验数据验证所提出模型的有效性[11]。该实验采用的铣刀材料为硬质合金钢,在要求粗铣加工的情况下,采用立铣加工方式,加工材料为 45 钢的工件,实验数据如表 5.5 所示。以第 1～7 组数据为训练样本数据集,第 8～10 组数据为测试样本数据集。

表 5.5　实验样本数据（训练＋测试）

样本编号	铣削速度/(r/min)	铣削深度/mm	铣削宽度/mm	铣刀直径/mm	铣刀齿数/个	每齿进给量/(mm/z)	实际寿命/h
1	197	1	40	60	3	0.08	80
2	182	2	60	80	4	0.10	90
3	164	2	80	100	5	0.12	105
4	124	5	120	160	8	0.16	155
5	115	6	120	180	9	0.18	170
6	90	8	200	250	12	0.18	245
7	78	12	220	300	13	0.18	290
8	106	8	140	200	10	0.15	200
9	150	4	80	120	6	0.14	120
10	132	4	100	140	7	0.15	135

首先，将表 5.5 中的第 2～7 列作为模型的输入，最后一列作为模型的输出，训练并测试基于 AMPSO-SVR 的铣刀寿命预测模型。将训练样本集（编号 1～7）的输入数据归一化后，采用 AMPSO 算法得到优化后 SVR 中的参数为：$c=12.94$，$\sigma=0.01$。

其次，采用 SVR 训练得出铣刀寿命预测模型，计算该模型在训练集上的预测结果如图 5.17 所示，图中标出了针对每个训练样本的铣刀寿命预测相对误差，最小为 0.35046%，最大为 1.3496%。因此，所训练的基于 AMPSO-SVR 的铣刀寿命预测模型在训练样本集上可较准确地预测铣刀寿命。

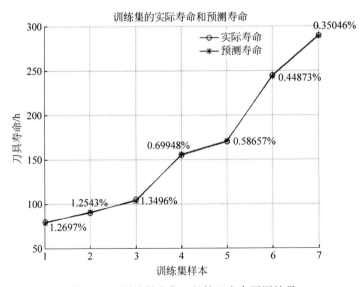

图 5.17　训练样本集上的铣刀寿命预测结果

最后,在测试样本集(编号 8~10)上对所训练的 AMPSO-SVR 模型进行验证,得到的铣刀寿命预测结果如表 5.6 所示。由表可知,预测寿命与实际寿命之间的相对误差最小为 0.5872%,最大为 0.9088%。因此,所训练的基于 AMPSO-SVR 的铣刀寿命预测模型在测试样本集上也可较准确地预测铣刀寿命。

表 5.6　测试样本集上的铣刀寿命预测结果

编号	实际寿命/h	预测寿命/h	绝对误差/h	相对误差/%
8	200	198.8257	1.1743	0.5872
9	120	119.1992	0.8008	0.6673
10	135	136.2269	1.2269	0.9088

本章小结

本章以智能产线加工刀具为研究对象,对刀具磨损状态监控与寿命预测问题进行了研究。在对刀具信号进行特征提取与选择的基础上,建立了基于 GRNN 的刀具磨损状态智能识别模型、基于 XGBoost 与 Softmax 的刀具磨损状态智能识别模型两种方法,实现对刀具磨损状态的准确识别。在此基础上,建立了基于 AMPSO-SVR 的刀具寿命智能预测模型、基于特征因子与多变量 GRU 网络的刀具寿命智能预测模型,实现对刀具寿命的准确预测。通过实验研究,证明了本章所提模型和算法的有效性。

参考文献

[1]　ZHANG X Q,WU Y C,LIU W X . Tool condition monitoring based on second generation wavelet transformation and hyper-sphere support vector machine[C]. 2016 International Conference on Applied Mechanics. Mechanical and Materials Engineering. December 18-19, 2016. Xiamen,China,1-7.

[2]　王晓强. 刀具磨损监测和剩余寿命预测方法[D].武汉:华中科技大学,2016.

[3]　SIDDHPURA A,PAUROBALLY R. A review of flank wear prediction methods for tool condition monitoring in a turning process [J]. International Journal of Advanced Manufacturing Technology,2013,65 (1-4):371-393.

[4]　PHMSociety. 2010 PHM Society Conference Data Challenge[EB/OL]. https://www.phmsociety. org/competition/phm/10.

[5]　王丽,王涛,肖巍,等. XGBoost 启发的双向特征选择算法[J].吉林大学学报:理学版,2021,59(3):627-634.

[6]　张宗飞.基于量子进化算法的网络入侵检测特征选择[J].计算机应用,2013,33(5):1357-1361.

[7]　吴青,付彦琳.支持向量机特征选择方法综述[J].西安邮电大学学报,2020,25(5):16-21.

[8] 熊昕,王时龙,易力力,等. GRNN 与粒子滤波集成的刀具磨损监测[J]. 机械设计与制造,2019(1)：186-189,193.

[9] SRIVASTAVA N,HINYON G,KRIZHEVSKY A,et al. Dropout：a simple way to prevent neural networks from overfitting[J]. Journal of Machine Learning Research,2014,15：1929-1958.

[10] KINGMA D,BA J. Adam：a method for stochastic optimization[C]. International Conference on Learning Representations. May 7-9,2015,San Diego,CA：1-15.

[11] 曾晓雪,吉卫喜,徐杰. 基于 CPSO-BP 的刀具寿命预测算法[J]. 组合机床与自动化加工技术,2020(8)：57-59,63.

第 6 章

工件加工质量的误差分析、溯源与预测技术

工件的加工质量是各项误差源在加工过程中的综合反映,而神经网络的非线性映射能力为误差溯源模型的建立提供了一种思路。本章以面向智能产线的工件加工过程为对象,分析工件加工质量的影响因素,对加工质量的虚拟测量技术、基于优化神经网络的误差溯源及加工质量预测模型进行研究。

6.1 工件加工质量的误差影响因素分析

在工件加工过程中,受众多不确定性因素的影响,工件加工得到的实际尺寸、几何量与设计的理想尺寸、几何量之间存在一定的误差。从对质量的影响大小来看,质量影响因素可以分成偶然因素与异常因素。其中,偶然因素始终存在,对质量的影响微小,难以去除;异常因素则有时存在,虽然对质量的影响很大,但不难去除。工件误差溯源的目的是识别并且减少或消除加工过程中的异常因素,控制工序质量特性在可允许的误差范围内。

工件的加工是在工艺系统中采用一定的加工工艺(加工方法、工艺参数)进行的。工件的加工结果最终取决于工件和刀具在切削过程中的相对位置关系。所以,在加工过程中能引起工件与刀具相对位置变化的因素都将影响工件的加工质量。整个工艺系统(机床、夹具、刀具、工件)在加工状态下的行为(几何误差、运动误差、安装误差、力变形、热变形)会通过各个环节不同程度地转换为对刀具与工件相对位置的影响,在综合因素的影响下就产生加工误差[1-3]。常见的机械加工误差,按照性质可分为尺寸误差、形状误差和位置误差 3 类。

由机械加工误差产生的机理可知,工件的加工误差主要是加工工艺系统(机床、夹具、刀具、工件)中的种种误差在各种不同的加工条件下以不同程度反映到工件上而形成的。此外,工件的加工误差还与加工工艺、测量系统等因素有关,由此有以下概念。

(1)误差源。误差源指工艺系统、测量系统各部分,其误差最终以某种程度反映到加工零件上并综合表现为零件的加工误差。其中,工艺系统包括机床各部件、

刀具、夹具等对工件的加工误差有影响的部分；测量系统包括测量仪器的精度、测量的方法和测量条件等。此外还有工艺设计合理性等误差源。

（2）源误差。源误差指误差源的误差值的大小。多个源误差以不同程度耦合，形成零件的最终加工误差。各种加工误差影响因素如图 6.1 所示。在图 6.1 所示的众多误差源中，由机床、夹具、刀具和工件组成的工艺系统是机械加工最主要的误差源，对工件的加工误差起着主导作用。根据误差源的特点，工艺系统的误差源可以分为静态误差源和动态误差源。

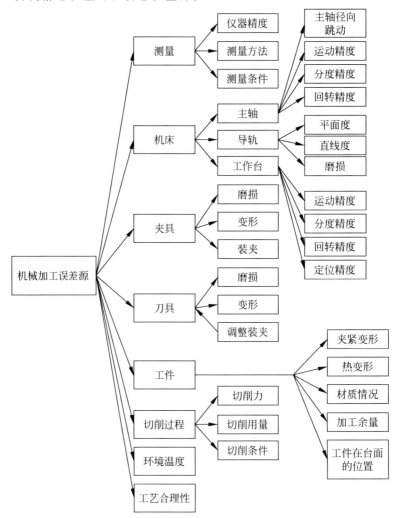

图 6.1　机械加工误差源影响因素

1. 静态误差源

（1）机床的静态误差。该误差取决于机床本身零部件的制造和装配质量，主要包括：主轴误差，如主轴的径向跳动、轴向窜动等；导轨误差，如导轨的间隙、导向误差等；传动链的静态误差，如传动齿轮、丝杠的制造误差以及配合间隙等。

（2）由夹具的制造、装配引起的定位误差。

（3）刀具的制造误差。

2．动态误差源

（1）机床动态误差。机床动态误差是指在加工过程中，切削力和切削热等动态因素引起机床各部件的变形和磨损产生的加工误差，主要包括：切削动态因素作用于主轴引起的加工误差，如主轴的力变形、热变形、磨损等；切削动态因素作用于导轨引起的加工误差，如导轨的力变形、热变形、磨损等；切削动态因素作用于工作台、传动机构引起的加工误差。

（2）夹具动态误差。夹具动态误差是指由切削力以及切削热引起的夹具变形、磨损而产生的加工误差。

（3）刀具动态误差。刀具动态误差是指由切削力以及切削热引起的刀具变形、磨损、破损而产生的加工误差。

（4）由工件的受力变形、受热变形引起的加工误差。

加工误差是工艺系统各个环节的加工误差源的原始误差，通过一定的误差传播途径，在工件上的累积耦合叠加效应。加工误差源的原始误差和加工误差之间存在着如式（6.1）所示的函数关系，该函数关系表达了工件加工误差 Δ 与原始误差 e_i 之间的关系。

$$\Delta = f(e_1, e_2, \cdots, e_n) \tag{6.1}$$

式中，$(e_1, e_2, \cdots, e_n)$ 表示该加工过程中工艺系统产生的原始误差集合；f 表示该工艺系统中各原始误差对工件加工误差影响的传递函数。尽管上述的函数关系很难准确地显式表示，但是工艺系统的各个原始误差对加工误差影响是不同的，而且是有规律的。例如，车削加工中，刀具的磨损使得轴类工件的直径尺寸增大，而刀具的热伸长使得轴类工件的直径尺寸减小。

6.2　工件加工质量的虚拟测量技术

6.2.1　虚拟测量方法概述

实现机械制造高质量输出的关键是对加工质量波动进行精准有效的分析与识别。在生产工件时，加工产线设备较多、加工工艺流程复杂，会出现各种质量问题。在大数据的背景下，新一代信息技术在机械车间的广泛应用，使得零件质量数据采集量猛增，数据间关系更复杂，而且基于物理测量的手段所需的测量设备和技术成本昂贵，测量周期长，不能满足当下制造业的生产节奏，不具有实时性。因此，需要采用合适的虚拟测量方法对长链条多工序加工中与工件质量相关的实时数据进行分析，以便构建零件加工质量与多源误差影响因素间的映射模型，揭示其加工质量的演变机理,对加工过程中导致质量问题的误差影响因素溯源具有重要意义[4]。

本节在分析同一工位不同影响因素对零件加工质量影响的基础上,提取有效的监测数据与质量特征数据,对其进行处理,充分挖掘多源误差影响因素与工件加工质量之间的映射关系;以连续时间序列下工件加工过程中的机床误差信息、刀具使用时间、定位信息、环境温度、测量误差为基础,建立基于误差反向传播(back propagation,BP)神经网络的加工质量虚拟测量方法,从而揭示其加工质量的演变机理。BP 虚拟测量概念如图 6.2 所示。

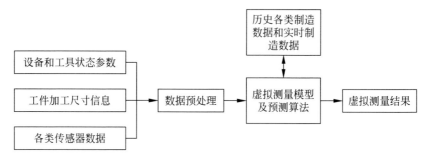

图 6.2　BP 虚拟测量概念

根据制造过程的特征及误差分析,工件在加工过程中的加工质量会受到机床误差、刀具误差、装夹误差、测量误差及环境等因素的影响。

6.2.2　BP 神经网络结构设计

1. BP 神经网络结构

误差反向传播神经网络是一种被广泛使用的前馈型的人工神经网络。与传统线性模型相比,BP 神经网络的非线性、全局性优越,并且有着很强的联想记忆功能和自主学习能力,这使得很多非线性问题均能得到有效解决。

经典 BP 神经网络的结构包括输入层、隐含层和输出层,不同层之间通过神经元进行数据和误差的传递。主要算法流程是:数据从输入层流入隐含层,并利用激活函数进行计算,将隐含层计算结果作为输入经过传递函数输送到输出层,得到最终结果。具有三层拓扑结构的 BP 神经网络如图 6.3 所示。

BP 神经网络的隐含层输出可以表示为

$$h_i = f\left(\sum_j w_{ji} x_i - \theta_j\right) \tag{6.2}$$

预测输出表示为

$$y_k = f\left[\sum_j w_{kj} h_{ij} - \theta_k\right] \tag{6.3}$$

设置期望输出为 d_0,则输出误差为

$$E = \frac{1}{2}\sum_k (d_0 - y_k)^2 \tag{6.4}$$

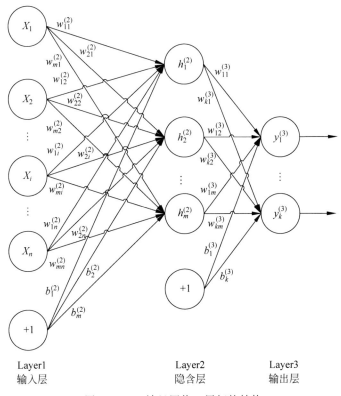

图 6.3　BP 神经网络三层拓扑结构

将式(6.3)代入式(6.4)可得全局误差:

$$E = \frac{1}{2}\sum_k \left[d_0 - f\left(\sum_j w_{kj} f\left(\sum_i w_{ji} x_i - \theta_j\right) - \theta_k\right) \right]^2 \qquad (6.5)$$

根据梯度下降法对隐含层和输出层的连接权值进行求导运算,而且连接权值随误差梯度成正比变化,从而得到

$$\begin{cases} \Delta w_{kj} = -\eta\, \dfrac{\partial E}{\partial w_{kj}} \\[2mm] \Delta w_{ji} = -\eta\, \dfrac{\partial E}{\partial w_{ji}} \end{cases} \qquad (6.6)$$

权值修正公式为

$$\begin{cases} w_{kj}(k+1) = w_{kj}(k) + \Delta w_{kj} \\[2mm] w_{ji}(k+1) = w_{ji}(k) + \Delta w_{ji} \end{cases} \qquad (6.7)$$

具体算法步骤如下:

(1) 对 BP 神经网络的相关参数初始化,即神经网络的学习参数、连接权值、阈值的初始值,设置神经网络的激活函数、误差阈值以及最大迭代次数;

(2) 选择合适的训练样本,训练 BP 神经网络模型;

（3）由式(6.2)、式(6.3)得到 BP 神经网络各层的输出结果；

（4）由式(6.4)计算一个训练样本的输出结果与实际输出结果的误差；

（5）根据所求的 BP 神经网络误差更新各个连接权值，代入步骤(3)中得到各层输出结果；

（6）根据式(6.5)计算 BP 神经网络模型误差精度，当网络误差值在设定误差阈值范围内时，结束网络训练，若不在误差阈值范围内，则返回步骤(2)重新进行网络训练。

2. BP 神经网络模型的设计

设计 BP 神经网络需要考虑初始值、训练样本数量、激活函数、隐含层的层数以及神经元个数、学习速率等因素。

1）训练样本数

确定神经网络的训练样本数量。如果训练样本数量较少，神经网络就很难发现隐含在样本中的数据关联关系，从而使得样本预测值与实际值之间存在很大的差异；如果样本数据过多，虽然会使网络预测误差减小，但是网络效率会降低，成本变高。因此，选择一个合适的样本容量，是设计 BP 神经网络之前的一个关键。

2）输入输出层神经元个数

根据样本数据确定输入层和输出层的神经元个数。

3）隐含层的层数和隐含层的神经元个数

隐含层的层数取值范围广泛。层数越多，BP 网络的泛化能力越强，预测结果越接近实际值，但是处理数据所需时间也越长，效率降低。因此，在满足精度要求前提下优先选用单隐含层的 BP 网络，但如果样本太多，需解决的问题较复杂，则可以选用多隐含层的 BP 网络。

在 BP 神经网络中，合适的隐含层神经元个数可以使网络性能提升，如果设置不合理的神经元个数，将使得 BP 网络性能下降。一般根据经验公式获取估计值，从而可以选择合适的神经元个数：

$$M = \sqrt{n + m} + \alpha \tag{6.8}$$

式中，M 是网络隐含层的神经元个数；n 是输入层的神经元个数；m 是输出层的神经元个数；α 是$[0, 10]$的常数。

4）权值及学习速率

神经网络的初始权值是随机赋值的，但如果设置的初始权值不合理，将会影响神经网络的性能。通常设置较小的非零数作为神经网络的初始权值，使得加权后的输入值无限接近 0。经验值一般取$(-2.4/F,\ \ 2.4/F)$或$(-3/\sqrt{F},\ \ 3/\sqrt{F})$之间的随机数，其中 F 为神经网络连接权值输入端的神经元个数，本节采取该方法设置网络初始权值。

学习速率数值的选取在$(0.01,\ \ 0.08)$的区间里。

5) 传递函数

隐含层选择 Sigmoid 函数作为激活函数。输出层选择线性函数作为激活函数，如 purelin 函数，这样输出值可以取任意数值。

6.2.3　基于 BP 神经网络的加工质量虚拟测量模型构建

基于上节的分析，虚拟测量模型的构建步骤如下：

(1) 确定神经网络的结构。本节以某同步器齿毂的多工序加工过程为对象，选取具有一个隐含层结构的神经网络，选取某型号齿毂端面半精加工工位的机床误差值、定位误差值、刀具磨损值(使用时间)、环境温度作为神经网络的输入，将齿毂加工质量特征值作为网络输出。综上所述，网络的输入值共 4 个，网络的输出值 1 个，取 α 的值为 7，根据式(6.8)设定隐含层神经元个数为 10。

(2) 设置 BP 神经网络各参数的初始值，即连接权值、阈值、最大迭代次数以及学习速率等。

(3) 选取各层之间的激活函数。隐含层采用 tansig() 函数作为激活函数，输出层选用 purelin() 函数作为激活函数。

(4) 将数据信息输入神经网络，进行网络初次训练。

(5) 将网络初次训练得到输出结果利用式(6.5)计算网络的预测误差值 $E(k)$。

(6) 与目标误差值进行比较，判断是否满足误差要求，若满足则训练结束并输出结果，若不满足则进行步骤(7)。

(7) 判断网络训练迭代次数是否达到设定的最大迭代次数，若已达到则训练结束并输出结果，若未达到则进行步骤(8)。

(8) 误差逆向传播，调整各层之间的连接权值和阈值，然后返回步骤(4)。

基于 BP 神经网络的虚拟测量模型流程如图 6.4 所示。

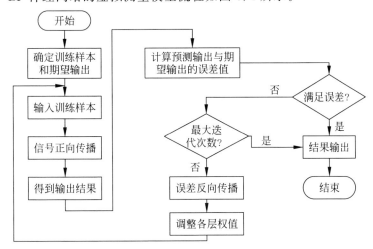

图 6.4　BP 神经网络虚拟测量模型流程

6.2.4 案例分析

1. 基于 BP 神经网络的加工质量虚拟测量模型检验实例

仿真研究在 MATLAB 环境下进行,BP 神经网络选用三层网络结构。为了更好地验证模型的可行性,以同步器齿毂为例,在产线真实测量数据的基础上,引入符合产线加工趋势的制造仿真数据,将其进行随机组合形成所需样本数据,共 70 组。将 70 组仿真数据作为样本数据集,随机选取 60 组样本数据作为训练样本,剩余 10 组样本数据作为测试样本。将同步器齿毂加工中的机床误差数据、刀具使用时间、定位误差数据以及环境温度数据作为 BP 神经网络的四个输入,将齿毂质量特征信息作为网络的输出,将样本数据进行归一化预处理,然后输入 BP 神经网络中,对同步器齿毂的加工质量进行预测,并与实际的加工数据进行比较不断提高网络精度。将 BP 网络训练的各特征曲线进行绘制分析,如图 6.5 所示。

由图 6.5(a)可知,算法训练曲线、测试曲线以及最佳测试曲线整体呈下降趋势,并能够快速收敛,在经过 4 次迭代后网络模型的误差达到设定要求。从图 6.5(b)可以看出,模型的梯度变化呈整体下降趋势,根据图 6.5(b)中间的误差曲线,其下降收敛速度快,因此神经网络的学习率取值是合理的。分析图 6.5(c)可以看出模型训练完成后测试样本的整体表现。神经网络中决定系数 R^2 一般用于评价预测值与实际值之间的相似度。由图 6.5(c)可知决定系数 R^2 值高达 0.926,接近 1,神经网络的拟合效果好,符合要求。

将剩余测试样本进行网络预测,比较分析该神经网络的预测结果与测试样本集的实际结果。BP 神经网络模型的输出与实际样本的输出结果如图 6.6 所示,预测相对误差如图 6.7 所示。

由图 6.7 可知,经过训练得出的同步器齿毂加工质量的 BP 神经网络模型的相对误差大部分在(0, 0.035),决定系数为 0.96,拟合精度高。由此可知,得到的 BP 网络模型精度满足要求,可以根据该模型进行主要误差因素分析。

2. 基于虚拟测量的齿毂加工误差主要影响因素仿真分析

为进一步研究机床误差、刀具磨损、定位误差与环境这几个因素对加工质量的影响程度,在得到的 BP 神经网络模型中只改变其中一项因素,其他因素固定进行研究。分析影响零件加工质量的主要因素。

1) 机床误差对加工质量的影响

当刀具使用时间为额定寿命 450 h,定位误差设置为恒定值 0.05 mm,环境温度为恒温值 21℃时,根据构建的 BP 神经网络模型可以得出机床误差影响因素对同步器齿毂加工质量的影响曲线,如图 6.8 所示。

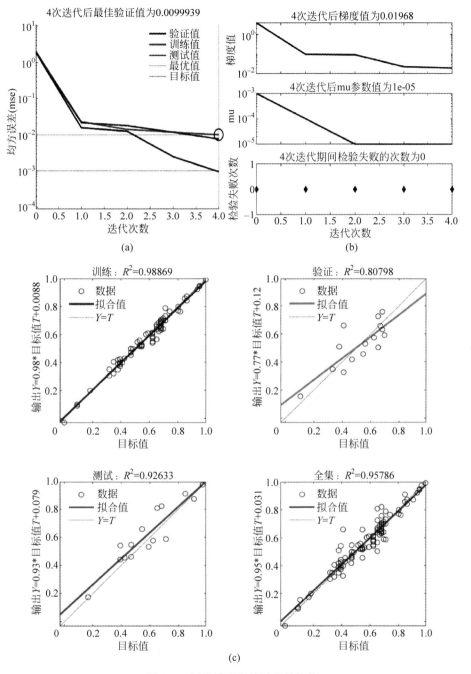

图 6.5　网络模型训练过程的性能

由图 6.8 可知，当同步器齿毂加工机床误差从 −0.4 mm 上升至 0.5 mm 时，同步器齿毂的加工误差从 −0.13 mm 上升至 0.25 mm，由此得出，同步器齿毂的加工质量随机床误差的增大而增大。

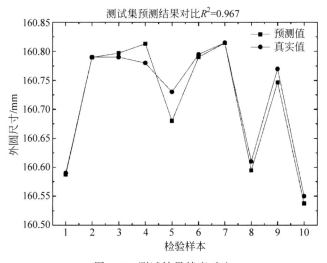

图 6.6　测试结果精度对比

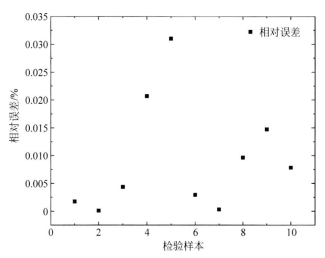

图 6.7　测试结果相对误差

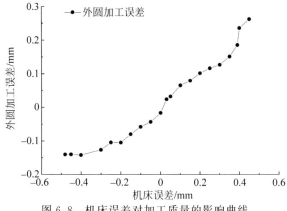

图 6.8　机床误差对加工质量的影响曲线

2）定位误差对加工质量的影响

当加工机床误差为 0 mm，刀具使用时间为 450 h，环境温度为 21℃时，定位误差对齿毂加工质量的影响曲线如图 6.9 所示。

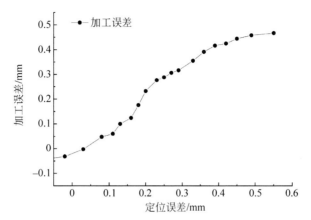

图 6.9　定位误差对加工质量的影响曲线

由图 6.9 可知，当定位误差较小时，定位误差的增加对齿毂加工质量的影响并不明显，随着定位误差的增大，其对齿毂加工质量的影响逐渐增大。

3）刀具误差对加工质量的影响

当加工机床误差为 0 mm，零件定位误差设置为 0.05 mm，环境温度为恒温值 22℃时，根据构建的 BP 神经网络模型可以得出刀具影响因素对同步器齿毂加工质量的影响曲线，如图 6.10 所示。

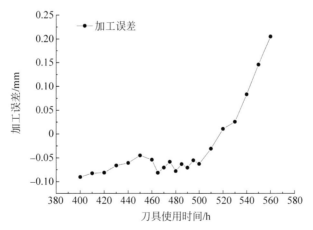

图 6.10　刀具误差对加工质量的影响曲线

由图 6.10 可以看出，当刀具使用时间小于 500 h 时，刀具对同步器齿毂加工质量的影响并不明显。随着刀具使用时间的增加，其对同步器齿毂加工质量的影响越来越明显。当刀具使用时间超过 500 h 时，齿毂的加工质量误差随着刀具使用时间的增加而剧烈增大。

4）环境温度对加工质量的影响

当加工机床误差为 0 mm，刀具使用时间为 450 h，零件定位误差设置为 0.05 mm 时，根据构建的 BP 神经网络模型可以得出环境温度影响因素对同步器齿毂加工质量的影响曲线，如图 6.11 所示。

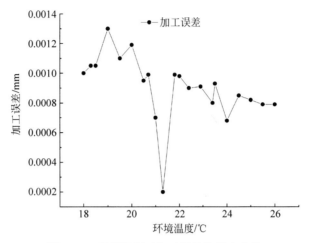

图 6.11　环境温度对加工质量的影响曲线

由图 6.11 可以看出，随着环境温度的升高，齿毂的加工质量误差在[0.0002，0.0014] mm，并无显著变化，环境温度因素对同步器齿毂加工质量无显著影响，可忽略不计。

6.3　基于改进神经网络的工件加工质量误差溯源方法

6.3.1　工件加工质量误差溯源概述

揭示加工质量演变机理只是保障零件加工质量的第一步，最终目标还是根据加工质量问题及误差因素溯源结果寻找到质量问题的成因，并采取措施解决具体异常问题，有效预防零件加工质量缺陷的发生。

近年来，在现代制造系统中，对机械加工工序进行有效的过程质量监控是保证零件加工质量的关键。当加工过程中零件加工质量出现较大偏差时，如何对导致这一问题的原因进行有效溯源以便能够快速有效地解决这一问题并避免这种情况再度发生至关重要。

在误差溯源中，常用的手段是搭建专家系统和知识库，但是机械加工是一个非线性、时变且多工况影响因素耦合的复杂动态变化过程。同时，机械加工质量还会受到诸多客观因素的影响，这些影响因素之间又相互影响。因此，单靠专家系统和知识库的误差溯源,溯源结果的准确度往往达不到要求。而且加工误差中包含所有影响加工质量输出的误差影响因素,因此,建立的算法模型需要具有较高的精度、可信度以及较好的实用性。

通过采集产线多种设备的工作状态及工件产品的质量信息,利用神经网络等智能算法理论,挖掘能够反映工件实际加工状态的特征信息,利用神经网络误差溯源算法对特征信息进行融合,从而能够找到导致加工质量出现问题的原因。本节基于神经网络理论的加工质量误差溯源方法可以有效地建立工件加工质量与误差影响因素之间的非线性映射关系。

考虑到长链条、多工序加工过程的耦合特性、数据全样本以及多元性的特点,若直接采取神经网络理论进行误差影响因素溯源模型的训练,很可能会发生收敛速度慢或者局部收敛现象,使得溯源模型的准确度不高。因此,本节以 MES 环境下提取的加工过程中的质量特征数据以及产线加工设备的状态数据等信息,整理融合后结合神经网络及优化算法,研究影响加工质量的主要误差影响因素,从而追溯工件加工质量不合格的主要误差影响因素,为有效实施产品质量控制及全生产周期质量管理打下基础。

6.3.2　BP 神经网络工件加工质量误差溯源模型

1. BP 神经网络误差溯源模型的构建

基于 BP 神经网络的误差溯源模型,主要是根据加工过程中采集的与工件加工质量相关的工况因素特征,来追溯尺寸超差原因。以三层 BP 神经网络搭建误差溯源模型,由 0 节误差影响因素分析可知,输入参数可分为两部分,第一部分为工件加工的历史质量特性数据,质量特性数据包含需要进行误差追溯的超差尺寸误差数据及对应关联质量特征误差数据,关联质量特征指的是影响超差尺寸加工误差的其他质量特征,及规定 t 时间内产线所产工件中该超差尺寸的变化趋势。第二部分为影响质量特征的历史加工状态数据,包括设备状态数据、刀具状态数据和夹具状态数据。模型输出层即为误差原因,模型网络结构如图 6.12 所示。

为了更好地溯源工件误差产生原因,保证溯源准确性,采取溯源模型实时更新策略,从而确保在线自适应实时误差溯源,即对最新在线测量超差尺寸误差溯源完成后,将新的超差工件数据集成到历史训练数据样本中,形成一个新的训练样本,更新迭代 BP 误差溯源模型,进而对下一个超差工件误差原因进行判断。由于训练样本不断地增加,模型溯源准确率也会相对增加,最终在某一区间处于稳定状态,再应用实时更新溯源模型得到误差溯源结果,调整工艺系统相关参数,进行质量管控,提升工件加工质量。

综上所述,构建 BP 误差溯源模型的步骤如下。

(1)确定要进行误差溯源的某一工件质量特征,从企业质量数据库中调取该质量特征的历史加工状态数据集 S,质量特征数据集 Z,从而形成多源数据集合 $J = \{S, Z\}$。

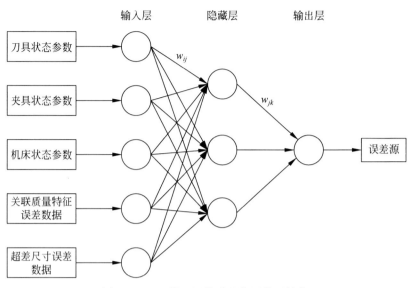

图 6.12　BP 神经网络误差溯源模型结构

（2）对溯源数据集 J 进行数据处理，划分误差溯源模型训练集、测试集，同时确定溯源模型的拓扑结构及参数，结构可采用经验公式获得，参数可采用多种优化算法确定。

（3）利用学习样本集训练 BP 模型，得到 BP 误差溯源模型，将溯源模型用于测试样本进行验证，满足规定溯源误差后，即可对下一超差工件进行误差成因分析。同时，采取实时更新策略，及时更新迭代 BP 溯源模型，实现工件在线误差溯源。

BP 误差溯源模型构建流程如图 6.13 所示。

2．BP 误差溯源模型性能分析

（1）模型搭建简单。利用 BP 神经网络搭建的误差溯源模型不需要事先确定工件尺寸超差原因与多误差源间的数学模型，即可实现两者间复杂的输入与输出关系。

（2）高度非线性。影响工件加工质量的各类误差影响因素具有非线性和强耦合性，所以搭建的误差溯源模型需要具备极强的非线性映射能力，而 BP 神经网络通过应用合适的结构与参数，可以表示误差溯源模型的非线性。

（3）较好的容错性。误差溯源数据可能会存在空值、缺失或者模糊化问题，BP 误差溯源模型具备良好的记忆特性，仍然可以对残缺溯源数据进行学习、决策，具有较好的容错性。

（4）高度的自学习及自适应能力。BP 误差溯源模型在训练时，可以自动找出质量特性数据、工况数据及误差原因间隐含的关联规律，并用各层连接权值 w、阈值 b 记忆，一旦溯源信息发生改变，网络权值 w、阈值 b 的记忆也一同改变，具有良好的泛化能力。

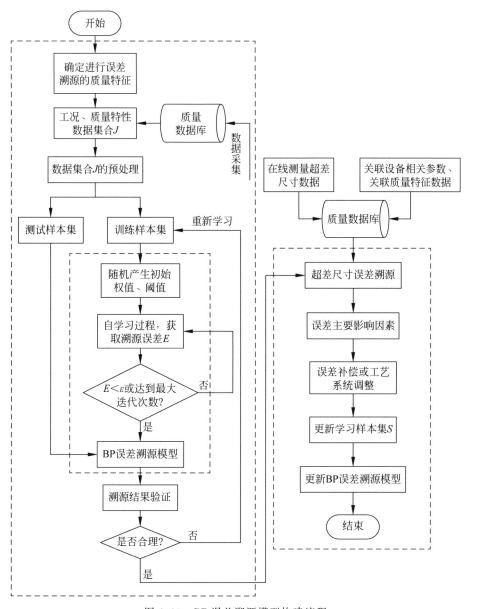

图 6.13　BP 误差溯源模型构建流程

　　当然,BP 误差溯源模型一定程度上也存在缺陷:误差溯源模型的初始参数值是随机确定的,导致溯源模型训练时易陷入局部极小且收敛速度慢的困境;没有统一标准,难以设计精简的溯源模型结构,既能保证误差溯源的准确性,也能降低模型学习过程的复杂性。因此,为了 BP 误差溯源模型能够发挥最优追溯性能,有必要寻找多种智能优化算法优化参数,比较优化结果,从而提高模型的追溯精度,减少训练时间,弥补其不足。

6.3.3 基于遗传算法优化的 BP 神经网络误差溯源模型

1. 遗传算法概述

遗传算法是由美国 Holland 教授基于遗传进化机理、自然选择等理论提出的一种寻优算法[5]。将其应用于优化求解结果时，具体前期准备工作如下。

（1）确定个体表示方案。个体表示方案也称为参数编码，将问题解空间里所有可能是最优解的点都映射为有限长串符。根据需解决的问题确定串长和表示方法，表示方法通常使用二进制法、实数法等。

（2）确定适应度函数。适应度函数设置是解决优化问题的关键一步，通过该函数可以计算有限长串符对应的可能最优解的适应值，依据适应值大小评判该解的优异程度。

（3）设置重要参数。遗传算法的重要参数有群体大小 M、遗传代数 G、复制概率 P_r、交叉概率 P_c 和变异概率 P_m 等。

在完成上述工作后，便可执行遗传算法，该算法将复杂的优化问题简单化，没有严苛的数学要求，仅需要使用适应值信息，不用计算优化方程的导数或其他信息，为多种优化问题提供了系统的解决方法。与其他优化算法相比，其优势如下。

（1）遗传算法从初始群体出发搜索最优解，且使用概率机制进行迭代而非确定性规则，因此具有良好的灵活性和多样性，可最大限度上产生全局最优解。

（2）遗传算法不是从单一个体出发，因此具有隐含并行性，可同时比较多个个体，适用于大型并行计算机上。

（3）遗传算法具有强适应性，可与其他算法混合使用。

当然其也存在劣势，前期需要设置大量影响优化结果的参数，且参数选择无权威依据，优化过程较复杂，不能及时利用反馈信息，所以算法收敛速度较慢。

2. GA-BP 误差溯源模型的构建

结合上节的理论分析，将遗传算法用于优化 BP 误差溯源模型的初始权值 w、阈值 b，以往研究者需要通过大量反复的实验和经验，才能找到适用于实际问题的网络参数，而遗传算法的引用可以改善 BP 误差溯源模型训练时的劣势。

GA-BP 误差溯源模型构建流程如图 6.14 所示，具体步骤描述如下。

（1）确定需要进行误差溯源的工件质量特征，从质量数据库中调取该质量特征相关加工数据，形成溯源数据集 J。之后划分误差溯源模型训练集 S_{train} 和测试集 S_{test}，并根据实际情况，进行归一化、标准化处理。

（2）确定 GA-BP 溯源模型中的参数取值，GA 算法中，一般群体大小 $N \in [20,100]$，遗传代数 $G \in [100,500]$，交叉概率 $P_c \in [0.4,0.99]$，变异概率 $P_b \in [0.0001,0.1]$。并根据溯源数据集特点，确定溯源模型网络结构。

（3）随机初始化溯源模型权值 w_{ij}，w_{jk}，阈值 b，B 种群，种群内个体编码长度

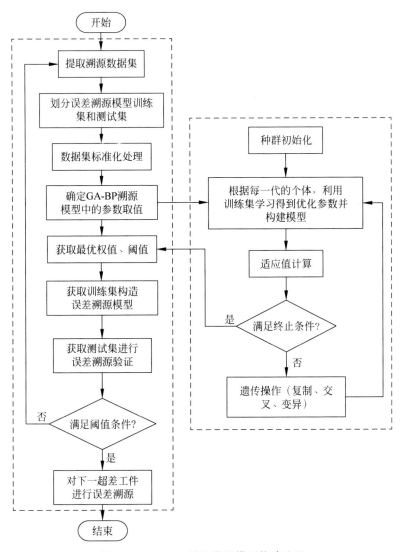

图 6.14　GA-BP 误差溯源模型构建流程

$S＝S_1\times S_2＋S_2\times S_3＋S_2＋S_3$。

（4）确定适应度函数，将误差溯源模型训练集 S_{train} 的均方误差 MSE 作为适应值函数，将其值作为评判溯源模型参数优劣的指标。

（5）训练 GA-BP 溯源模型，择优评估适应值。将 GA 算法每代遗传操作获得的新解对溯源训练集学习，并计算适应值，进行择优排序。

（6）获得最优模型参数 $(w_{ij}^*,w_{jk}^*,b^*,B^*)$。当算法满足终止条件时（达到设定遗传代数 G 或收敛），输出最佳参数向量。

（7）获取 GA-BP 误差溯源模型，并进行测试。将 $(w_{ij}^*,w_{jk}^*,b^*,B^*)$ 应用于

溯源训练集学习获得误差溯源模型,最后用溯源测试集 S_{test} 验证,若满足溯源准确率及运行时间要求,即可将其应用于在线智能误差溯源,否则返回步骤(1)重新学习。

6.3.4 基于思维进化算法优化的 BP 神经网络误差溯源模型

1. 思维进化算法概述

思维进化算法(mind evolutionary algorithm,MEA)是以遗传算法为基础的一种改进算法,它将群体分为两类,分别是优胜子群体和临时子群体,并在此基础上进行趋同、异化操作[6-7]。该进化算法具有良好的全局搜索性,可以有效解决 BP 误差溯源模型在初始权值、阈值上的选择问题。

该算法有两个特殊操作——趋同和异化,其中趋同操作是在各子群体范围内,个体为成为胜者而竞争的过程,当群体内不再有胜者产生,则子群体成熟,种群成熟判别如式(6.9):

$$\max(\Delta f_i \mid t = i - M + 1, i - M + 2, \cdots, i - 1) < \varepsilon \qquad (6.9)$$

式中,$M-1 < i < \infty$,Δf_i 是子群体在第 i 代增长的得分,当子群体在连续 M 代内增长的得分小于 ε,则判定子群体在第 i 代成熟。

异化操作是各个子群体进行全局竞争,实现优胜子群体和临时子群体间的交换及释放,从而得到全局最优个体及得分。这两种操作相互协调且具有独立性,其中任意一方进行改进都有益于提升算法寻优效率[8]。

2. MEA-BP 误差溯源模型的构建

根据 BP 神经网络溯源模型的结构,对权值 w_{ij},w_{jk},阈值 b,B 进行编码,再利用 MEA 算法进行优化,从而建立 MEA-BP 误差溯源模型。根据 MEA 算法的寻优流程,MEA-BP 误差溯源模型构建流程如图 6.15 所示。

具体实现步骤如下。

(1) 获取误差溯源模型训练集 S_{train} 和测试集 S_{test}。

(2) 设置 MEA-BP 溯源模型的参数,并生成(w_{ij},w_{jk},b,B)初始种群,并评价每个个体得分 val。

(3) 根据个体得分 val 排序,获得 N_s 个优胜个体、N_t 个临时个体,将其作为子种群初始中心,以一定密度函数产生优胜子种群 bestpop、临时子种群 temppop。

(4) 执行趋同操作,根据式(6.9)判别子种群 bestpop、temppop 是否成熟。

(5) 执行异化操作,若存在子种群 temppop 比 bestpop 得分高,则子种群 temppop 替换 bestpop。同时补充新的临时子种群 temppop,保证种群个数不变。

(6) 当满足终止条件时,输出最佳(w_{ij}^*,w_{jk}^*,b^*,B^*),获得 MEA-BP 误差溯源模型。

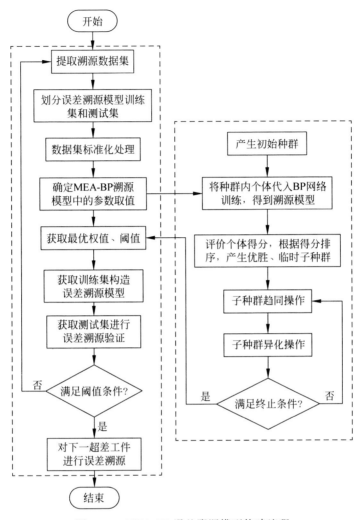

图 6.15　MEA-BP 误差溯源模型构建流程

6.3.5　基于粒子群优化的 BP 神经网络误差溯源模型

1. 粒子群优化算法概述

粒子群优化算法(particle swarm optimization,PSO)是一种智能迭代进化算法,其核心原理是种群内个体之间通过彼此作用(信息共享、相互竞争、相互合作及相互交流),逐步向全局最优解靠近。PSO 算法将所有解抽象为 D 维空间内零质量零体积的微粒,每个微粒的位置向量代表一组优化参数解,通过目标函数可决定微粒适应值,进而衡量其优劣[9]。此外,微粒的速度特性决定其迭代的方向和距离。在寻优过程中,所有微粒不仅记忆自己当前所在位置和经过的最优位置Pbest,也能记忆所有微粒信息共享的最优位置 gbest,所有微粒综合自身及群体飞

157

行经验,动态调整速度 $\boldsymbol{v}$ 和位置 $\boldsymbol{x}$,最终达到优化目标。

　　用数学方式对其进行描述,假设生成 N 个微粒 $\boldsymbol{X}=(\boldsymbol{x}_1,\boldsymbol{x}_2,\cdots,\boldsymbol{x}_i,\cdots,\boldsymbol{x}_N)$,向量 $\boldsymbol{x}_i=(x_{i1},x_{i2},\cdots,x_{id})$ 表示微粒位置,将 $\boldsymbol{x}_i$ 代入目标函数得到适应值 $\mathrm{fitness}(\boldsymbol{x}_i)$ 从而评价微粒状态, $\boldsymbol{v}_i=(v_{i1},v_{i2},\cdots,v_{id})$ 为微粒速度特性,表示迭代距离和方向。微粒个体 $\boldsymbol{x}_i$ 的极值为 $\boldsymbol{p}_i=(p_{i1},p_{i2},\cdots,p_{id})$,微粒群体的全局极值为 $\boldsymbol{p}_g=(p_{g1},p_{g2},\cdots,p_{gd})$,在寻优过程中以适应值大小更新 $\boldsymbol{p}_i$ 和 $\boldsymbol{p}_g$。微粒速度和位置向量更新如式(6.10)所示:

$$\begin{cases} v_{id}^{k+1}=\omega v_{id}^k+c_1\mathrm{rand}_1(p_{id}^k-x_{id}^k)+c_2\mathrm{rand}_2(p_{gd}^k-x_{id}^k) \\ x_{id}^{k+1}=x_{id}^k+v_{id}^{k+1} \\ v_{id}=v_{\max},\quad v_{id}>v_{\max} \\ v_{id}=-v_{\max},\quad v_{id}<-v_{\max} \end{cases} \tag{6.10}$$

式中, i 代表微粒个体对应编号, $i=1,2,\cdots,N$, N 为种群大小,设置的值越大,微

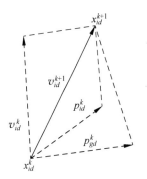

图 6.16　微粒更新过程

粒搜索区域越大,越有可能发现最优解,但相应增加了时间代价。 k 和 ω 分别表示进化次数和惯性权重,后者主要用于调节上一时刻微粒速度的影响。 c_1 和 c_2 为加速常数,表示所有微粒间的信息共享。 rand_1 和 rand_2 为随机数,目的是保证更新的微粒具有多样性和随机性。 v_{id}^k 和 x_{id}^k 分别是第 k 次迭代时,微粒 $\boldsymbol{x}_i$ 中第 d 个参数的速度向量分量和距离向量分量。 p_{id}^k 和 p_{gd}^k 分别是微粒 $\boldsymbol{x}_i$ 第 k 次迭代时, p_i 和 p_g 第 d 个参数分量。微粒更新过程如图 6.16 所示。

2. PSO-BP 误差溯源模型的构建

　　结合 6.3.4 节的理论分析,PSO-BP 误差溯源模型建立流程如图 6.17 所示,具体实现步骤如下。

　　(1) 初始化微粒种群,微粒信息包含溯源模型权值 w_{ij},w_{jk},阈值 b,B。

　　(2) 设置 PSO-BP 误差溯源模型参数,将误差溯源模型训练集 S_{train} 的均方误差 MSE 作为适应值评价函数,即 $\mathrm{fitness}(k)=\mathrm{MSE}=\sqrt{\dfrac{1}{N}\sum_{i=1}^N(O_i-Y_i)}$。

　　(3) 根据各微粒位置训练 PSO-BP 溯源模型,并计算微粒适应值,从而更新个体极值 p_i、全局极值 p_g。

　　(4) 根据式(6.10)更新微粒,直至满足终止条件,输出最优 $(w_{ij}^*,w_{jk}^*,b^*,B^*)$。

　　(5) 将 $(w_{ij}^*,w_{jk}^*,b^*,B^*)$ 应用于齿毂误差溯源训练集学习获得误差溯源模型,最后用溯源测试集 S_{test} 验证。

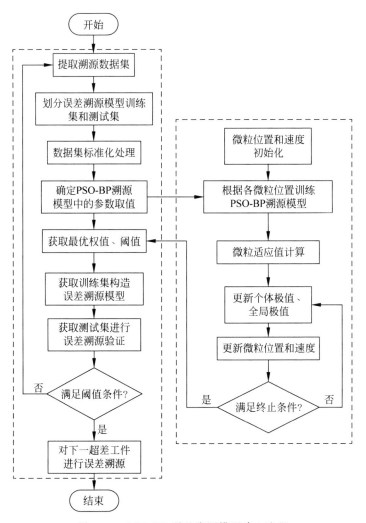

图 6.17 PSO-BP 误差溯源模型建立流程

6.3.6 基于蝙蝠算法优化的 BP 神经网络误差溯源模型

1. 蝙蝠算法概述

蝙蝠算法(bat algorithm,BA)主要通过微型蝙蝠搜寻猎物时的超声波特征设计,且遵循下述理想化准则:蝙蝠在搜寻目标时,其个体响度、频率均在一定区间内,根据回声定位反馈的目标信息,改变频率、响度和脉冲发射速率,计划飞行路线更新位置,不断缩短与目标位置间的距离,获得最优解[10-11]。

其搜寻过程亦可用数学公式描述,假设蝙蝠搜索空间为 D 维,在 t 时刻,蝙蝠 $i(i=1,2,\cdots,n)$ 所含信息可用五元组 $(\boldsymbol{x}_i^t,\boldsymbol{v}_i^t,A_i^t,r_i^t,f_i^t)$ 表示。其中,频率 f_i^t、响度 A_i^t 和脉冲发射速率 r_i^t 为算法执行时需要的 3 个参数。速度 $\boldsymbol{v}_i^t$、频率 f_i^t 更新规

则如式(6.11):

$$\begin{cases} \boldsymbol{v}_i^{t+1} = \boldsymbol{v}_i^t + (\boldsymbol{x}_i^t - \boldsymbol{x}_*) \times f_i^t \\ f_i^t = f_{\min} + (f_{\max} - f_{\min}) \times \beta \end{cases} \qquad (6.11)$$

式中,$\boldsymbol{x}_*$ 是蝙蝠记忆的历史最优位置,$(\boldsymbol{x}_i^t - \boldsymbol{x}_*) \times f_i^t$ 表示蝙蝠 i 当前位置 $\boldsymbol{x}_i^t$ 与最优位置 $\boldsymbol{x}_*$ 之间偏离对下一次迭代速度的影响。$\beta = \mathrm{rand}(-1,1)$,$f_{\min}$ 和 $f_{\max}$ 为设定的频率上、下限。在此基础上,蝙蝠 i 无论进行何种搜索,搜索方式均是采用一种纯随机方式确定,选择一个随机数 $\lambda = \mathrm{rand}(0,1)$,若 $\lambda < r_i^t$,则蝙蝠 i 进行全局搜索,搜索规则如式(6.12),否则按照式(6.13)进行局部搜索。

$$\boldsymbol{x}_i^{t+1} = \boldsymbol{x}_i^t + \boldsymbol{v}_i^{t+1} \qquad (6.12)$$

$$\boldsymbol{x}_i^{t+1} = \boldsymbol{x}_* + \varepsilon \overline{A}^t \qquad (6.13)$$

式中,$\varepsilon = \mathrm{rand}(-1,1)$,$\overline{A}^t = \dfrac{\sum\limits_{i=1}^n A_i^t}{n}$,为 t 时刻的平均响度。在迭代得到新位置 $\boldsymbol{x}_i^{t+1}$ 后,需要根据式(6.14)判断是否移动至新位置。

$$\boldsymbol{x}_i^{t+1} = \begin{cases} \boldsymbol{x}_i^t, & \text{其他} \\ \boldsymbol{x}_i^{t+1}, & o < A_i^t \text{ 且 fitness}(\boldsymbol{x}_i^{t+1}) < \text{fitness}(\boldsymbol{x}_i^t) \end{cases} \qquad (6.14)$$

式中,$o = \mathrm{rand}(0,1)$,$\mathrm{fitness}(x)$ 为自定义的适应值评价函数。最后,随着蝙蝠逐步接近最优解,开始慢慢减小响度,同时增大脉冲发射速率,以便精细地定位最优解位置。蝙蝠 i 的响度 A_i^t 和脉冲发射速率 r_i^t 更新规则如式(6.15)、式(6.16):

$$A_i^{t+1} = \alpha A_i^t \qquad (6.15)$$

$$r_i^{t+1} = r_i^0 (1 - \mathrm{e}^{-\gamma t}) \qquad (6.16)$$

式中,α 和 γ 均为正数,且 $\alpha \in (0,1)$,文献中一般定义 $\alpha = \gamma = 0.9$,r_i^0 为蝙蝠 i 的初始脉冲速率。

基于上述分析,BA 算法的特点可总结如下:①协同工作机制:在搜寻猎物时,蝙蝠集体将当前记录的最优位置当作目标,调整飞行参数,提高寻优效率。②随机搜索方式:采用随机行为,同时进行全局和局部搜索,以防止出现局部最优情况。③围捕策略:当蝙蝠位置调整后,采取轮盘赌策略确定是否向当前最优位置移动,增强群体的极值开发能力和算法收敛精度。

2. BA-BP 误差溯源模型的构建

结合上述章节的分析,BA-BP 误差溯源模型构建流程如图 6.18 所示,具体实现步骤如下。

(1) 设置 BA-BP 误差溯源模型参数,将优化参数 (w_{ij}, w_{jk}, b, B) 蝙蝠化,生成蝙蝠群体。

(2) 根据蝙蝠位置向量 $\boldsymbol{x}_i$ 对误差溯源模型训练集 S_{train} 进行学习,并计算适应值,记录当前最优位置向量 $\boldsymbol{x}_*$。

（3）按照式（6.15）和式（6.16）更新$(\boldsymbol{x}_i^t,\boldsymbol{v}_i^t,A_i^t,r_i^t,f_i^t)$,直至满足终止条件,然后将 $\boldsymbol{x}_*$ 对应的最优$(w_{ij}^*,w_{jk}^*,b^*,B^*)$输出。

（4）将$(w_{ij}^*,w_{jk}^*,b^*,B^*)$应用于误差溯源训练集 S_{train} 学习获得 BA-BP 误差溯源模型,最后用溯源测试集 S_{test} 验证。

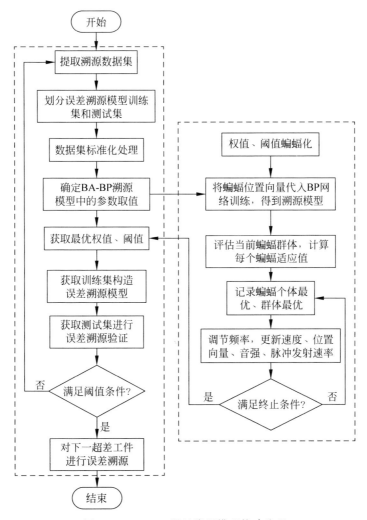

图 6.18　BA-BP 误差溯源模型构建流程

6.3.7　案例分析

1. 齿毂误差溯源数据的采集与整理

依托某同步器生产企业,根据在线检测设备 Equator 300 比对仪及数据采集系统记录齿毂相关质量信息。该齿毂数据采集平台某段时间获取的"精车另一端齿毂内端面厚度"加工误差趋势如图 6.19 所示,该段时间内齿毂内端面厚度的加工误差均符合公差标准,且误差趋势逐渐向上,将这 40 组已加工齿毂的相关质量数据整理,作为正常齿毂数据集。另外,针对刀具磨损、装夹误差、机床主轴振动、精车一端工序加工误差耦合影响及刀架液压系统故障共 5 种不同齿毂超差原因,各从历史超差数据库调取 40 组质量数据样本。由此,共构成 240 组误差溯源数据样本。

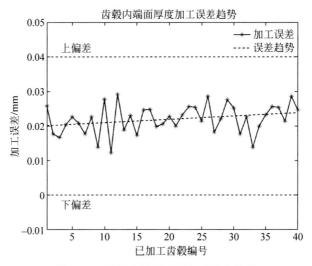

图 6.19   齿毂内端面厚度加工误差趋势

根据本节采集的误差溯源数据样本,以 BP 神经网络为基础,分别建立 BP 误差溯源模型、GA-BP 误差溯源模型、MEA-BP 误差溯源模型、PSO-BP 误差溯源模型及 BA-BP 误差溯源模型,进行误差溯源验证,并对溯源效果进行评估。

2. 基于 BP 神经网络的齿毂误差溯源模型验证

从 240 组误差溯源原始数据样本中随机选取 168 组数据作为溯源模型训练样本,其余 72 组作为测试样本。设置采集的"精车另一端齿毂内端面厚度"数据状态对应 6 种类别标签。标签 1 代表测量数据在公差范围内,为正常数据;标签 2 代表测量数据超差,误差原因为刀具磨损;标签 3 代表测量数据超差,误差原因为装夹误差;标签 4 代表测量数据超差,误差原因为机床剧烈振动;标签 5 代表测量数据超差,误差原因为精车一端工序的误差耦合影响;标签 6 代表测量数据超差,误差原因为刀架液压系统故障。使用 MATLAB 建立 3 层 BP 神经网络溯源模型,输入层节点 S_1 为 14,输出层节点 S_3 为 6,隐含层节点个数 S_2 可根据式(6.17)给出估计值。

$$S_2 = \sqrt{S_1 + S_3} + a \tag{6.17}$$

式中,S_1 和 S_3 分别为输入层和输出层的节点个数,a 是[0,10]区间的常数。

根据 S_1 和 S_3 的大小，确定 BP 溯源模型结构为 14-5-6,选择非线性函数 tansig 作为神经网络隐含层激励函数,输出层采用 purelin 线性函数作为传递函数,学习率设为 0.1,目标误差设为 0.0001,训练次数设为 200。将选取的 168 组"精车另一端齿毂内端面厚度"误差溯源训练数据样本对 BP 神经网络进行训练,训练完成过后将 72 组测试样本数据输入 BP 溯源模型进行性能测试。

图 6.20 是基于 BP 神经网络误差溯源的结果。从实验结果可知,基于 BP 神经网络的误差溯源模型,溯源结果有 11 个错分,溯源准确率为 84.72%,测试误差为 6.515×10^{-2},运行时间为 2.019 s。

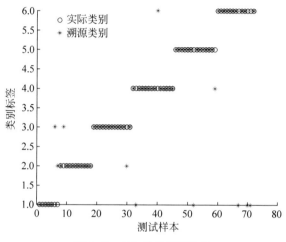

图 6.20　BP 误差溯源结果

3. 基于 GA-BP 的齿毂误差溯源模型验证

本小节将应用 GA 算法对 BP 溯源模型进行优化。为了避免选择不同数据样本对溯源结果造成影响,导致 GA-BP 溯源模型无法与其他模型比较,选取跟前一小节相同的训练样本与测试样本,搭建 GA-BP 误差溯源模型。GA 算法初始参数设置中,初始群体大小 N 为 100,遗传代数 G 为 200,交叉概率 P_c 为 0.4,变异概率 P_b 为 0.02。将 168 组误差溯源训练数据样本导入 GA-BP 溯源模型进行训练。

训练完成后,得到具有最佳参数的 GA-BP 溯源模型。将 72 组测试数据样本代入后得到溯源结果如图 6.21 所示,有 3 个测试样本误差溯源错误,溯源准确率为 95.83%,测试误差为 3.136×10^{-2},运行时间为 982.062 s,与 BP 溯源模型相比性能有所提高,验证了 GA-BP 误差溯源模型应用于齿毂加工误差超差原因追溯上的正确性。

4. 基于 MEA-BP 的齿毂误差溯源模型验证

本小节也选取跟前两小节一样的 168 组误差溯源训练数据样本,72 组测试样本,搭建 MEA-BP 溯源模型。MEA 算法选取初始种群规模 N 为 100,优胜子群体个数 N_s 为 5,临时子群体个数 N_t 为 5。利用误差溯源训练数据对 MEA-BP 误差

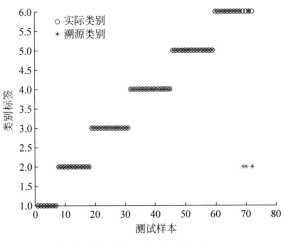

图 6.21　GA-BP 误差溯源结果

溯源模型进行训练,得到 MEA 算法优化过程中子群体的趋同-异化过程。当各个子种群最终得分不再增加,且所有优胜子种群的得分均比临时子种群的得分要高,标志优化过程结束,得到 BP 误差溯源模型的最优初始权值和阈值。

在优化完成后,将最优参数代入模型对训练数据进行训练,得到 MEA-BP 误差溯源模型。随后,将 72 组溯源测试数据导入训练好的 MEA-BP 溯源模型进行验证,溯源结果如图 6.22 所示,有 2 个误差追溯错误,溯源准确率为 97.22%,测试误差为 2.789×10^{-2},运行时间为 27.648 s。

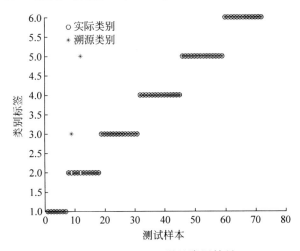

图 6.22　MEA-BP 误差溯源结果

5. 基于 PSO-BP 的齿毂误差溯源模型验证

在利用 PSO 寻找最优参数过程中,首先设置初始群体大小 $N=100$,迭代次数 $k=200$,惯性系数 ω、加速系数 c_1 和 c_2 有 4 种典型组合。通过实际迭代算法对比,选取 $\omega=0.6$,$c_1=c_2=1.7$ 应用于 PSO-BP 误差溯源模型,寻找最优权值、阈值。将 168 组误差溯源训练数据样本导入 PSO-BP 溯源模型进行训练。训练完成后,将 72 组溯源测试数据导入最优 PSO-BP 溯源模型进行溯源验证,溯源结果如图 6.23 所示,没有出现溯源错误的情况,溯源准确率为 100%,测试误差为 3.112×10^{-2},运行时间为 916.732 s。各方面性能均有提高,说明 PSO 算法对 BP 溯源模型优化有效。

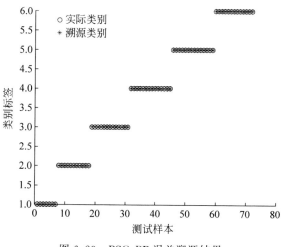

图 6.23　PSO-BP 误差溯源结果

6. 基于 BA-BP 的齿毂误差溯源模型验证

本小节与前几节采用相同的网络结构、参数及溯源训练测试数据样本搭建 BA-BP 误差溯源模型。BA 算法初始参数设置中,初始种群数量 N 为 20,算法运行次数为 200,初始脉冲发射速率 r_i^0 为 0.5,声波响度衰减系数 α 为 0.9,脉冲频度增强系数 γ 为 0.9,声波频率 $f\in[0,2]$,蝙蝠位置 $x\in[-5,5]$,蝙蝠速度 $v\in[-1,1]$,初始脉冲响度 $A_i^0=0.25$。将 168 组误差溯源训练数据样本导入 BA-BP 溯源模型进行训练,对应优化参数即为 BP 溯源模型最佳权值、阈值。

在训练完成后,得到具有最佳参数的 BA-BP 溯源模型,将 72 组测试数据样本代入其中,其溯源结果如图 6.24 所示,有 1 个测试样本误差溯源错误,溯源准确率为 98.61%,测试误差为 2.882×10^{-2},运行时间为 249.327 s,与 BP 溯源模型相比提高了溯源准确率,验证了 BA-BP 误差溯源模型应用于齿毂加工误差超差原因追溯上的正确性。

7. 误差溯源模型对比分析

6.3 节建立的 BP 误差溯源模型、GA-BP 误差溯源模型、MEA-BP 误差溯源模型、PSO-BP 误差溯源模型和 BA-BP 误差溯源模型等 5 种齿毂误差溯源模型,其本质都是通过不同的优化方法,选择 BP 网络的最优初始参数 (w_{ij},w_{jk},b,B) 实

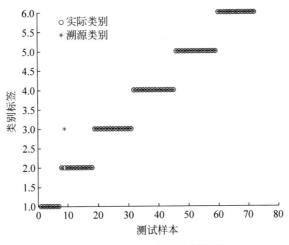

图 6.24　BA-BP 误差溯源结果

现最优误差溯源。为了对各误差溯源模型进行性能分析,每个误差溯源模型分别运行 10 次,其运行时间如图 6.25 所示,溯源准确率见表 6.1。

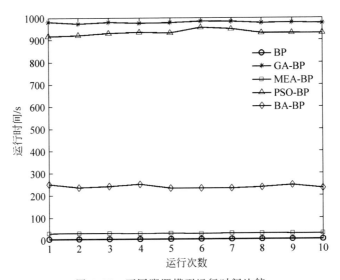

图 6.25　不同溯源模型运行时间比较

表 6.1　不同溯源模型溯源准确率对比

误差溯源模型	BP	GA-BP	MEA-BP	PSO-BP	BA-BP
平均溯源准确率/%	85.27	98.61	97.36	98.75	96.39

从模型运行时间上,可以对比分析溯源模型的运行效率,从图 6.25 中可以看出,BP 误差溯源模型平均运行时间为 1.885 s,GA-BP 误差溯源模型平均运行时

间为 979.199 s,MEA-BP 误差溯源模型平均运行时间为 27.812 s,PSO-BP 误差溯源模型平均运行时间为 933.274 s,BA-BP 误差溯源模型平均运行时间为 238.024 s。其中未经优化的 BP 溯源模型运行时间最短,其次是 MEA-BP 溯源模型、BA-BP 溯源模型、PSO-BP 溯源模型和 GA-BP 溯源模型。

从溯源准确率分析,BP 误差溯源模型的平均溯源准确率最低,仅为 85.27%,其他经过优化的误差溯源模型溯源准确率相较于 BP 溯源模型均有大幅度的提高,都在 95% 以上,说明初始参数(w_{ij},w_{jk},b,B)的选择对溯源性能影响很大。各优化溯源模型中,追溯率最高的是 PSO-BP 和 GA-BP 误差溯源模型,追溯率分别达到 98.75% 和 98.61%,其次是 MEA-BP 溯源模型和 BA-BP 溯源模型。

综合误差溯源模型的运算时间及溯源准确率分析可知,虽然 PSO-BP 和 GA-BP 误差溯源模型的追溯准确率很高,但相较于其他溯源模型,两者的运行时间都很长。BP 溯源模型虽然运行时间非常短,但平均溯源准确率最低,远不及优化后的溯源模型。因此,MEA-BP 误差溯源模型是 5 种不同溯源模型中性能最佳的,不仅溯源准确率高,且具有运行效率高、模型实现简单等优点,适用于齿毂实际生产中的实时在线误差溯源。

6.4　工件加工质量的预测模型

6.4.1　工件加工质量预测概述

工件加工过程中,为了保证加工质量,除了需要建立误差溯源模型追溯超差工件误差源,还需要超前预测工件加工质量,使操作人员提前了解工件加工质量变化趋势,从而预防不合格工件的产生,实现无缺陷、高质量的加工目标。工件加工属于多工序制造过程,生产过程环环紧扣,最终其加工质量取决于各个工序的综合作用。其加工过程具有关联性、传递性、影响因素复杂性等特征,使得精确高效地进行质量预测很困难。

工件制造过程质量在线测量系统实时采集到的工件质量特征加工误差数据,本质是时间序列,这些数据间接反映了各加工设备、夹具、原材料、刀具等影响因素随时间变化造成的影响,以及各工序之间的误差传递累积造成的影响,揭示了工艺系统等因素对工件加工质量影响的隐含规律,这就为工件加工质量预测模型的建立打下基础。因此,运用数据挖掘算法对质量特征数据进行分析,找到工件加工质量随时间变化的规律,从而建立相应的加工质量预测模型,根据预测模型即可实现对下一工件加工误差的预测,事前就能判断尺寸加工误差是否在规定误差范围内。基于质量特征数据的工件加工误差预测,若直接利用机器学习技术建立模型,可能会存在过拟合、稳定性欠缺、精准性较低等缺点。

因此,基于上述思路,本节将引入优化算法,建立一种基于改进支持向量机

(support vector machines,SVM)的工件加工质量预测模型,其具有较好的通用性、稳定性及自适应性,可以提供智能决策信息预防工件加工尺寸出现超差现象,实现工件加工无缺陷的目标。

6.4.2　工件加工质量预测流程

工件在线测量系统可以实时获取工件质量特征的加工误差序列,充分利用这些数据,分析数据序列背后隐含的加工误差与工艺系统间的规律,就能够准确预测后续工件的加工误差。针对工件产线生产过程,假定不可控的意外性及突发性影响因素不会产生,通过质量特征数据序列建立预测模型,就能获取较精确的加工质量预测结果。工件加工过程中,在线测量系统记录一段时间内各个加工工序的加工误差序列表示为

$$P_i = \{Q_{e1}, Q_{e2}, \cdots, Q_{ej}, \cdots, Q_{en}\} \tag{6.18}$$

式中,$1 \leqslant i \leqslant N$,表示第$i$个加工工件;$Q_{ej} = \{q_{e1}, q_{e2}, \cdots, q_{ek}\}$,表示第$j$个工序所有质量特征的历史加工误差数据,$q_{ek}$为第$j$个工序第$k$个质量特征的历史加工误差数据。

选取需要进行加工误差预测的某一工序质量特征,其加工误差与当前工况因素及前序工序的关联质量特征加工误差有关。其中,关联质量特征通过分析工件加工流程及工艺人员现场生产经验,可以确定。另外,由于工艺系统各参数数据存在采集困难的情况,为了减小这部分信息缺失对预测结果造成的影响,可以用其他数据间接表示。各质量特征的加工误差序列易于获取,且该部分数据可间接表示各工况因素对工件加工误差的综合影响。因此,仅通过工件加工误差序列数据即可建立加工质量预测模型,其模型建立流程如图6.26所示。

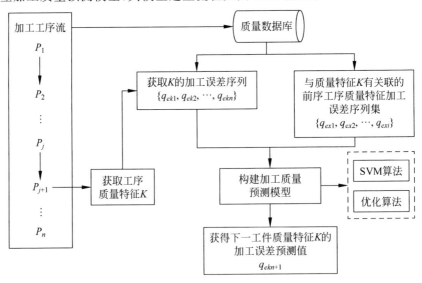

图 6.26　齿毂加工质量预测流程

通过以上分析,加工质量预测模型可用式(6.19)表达:

$$\hat{Y}_t = f(Y_{t-1}, Y_{t-2}, \cdots, Y_{t-p}, X_{t1}, X_{t2}, \cdots, X_{ti}) \tag{6.19}$$

式中,$\hat{Y}_t$ 为第 t 个待加工工件对应质量特征的加工误差预测值;Y_{t-i} 为第 $t-i$ 个已加工工件对应质量特征的加工误差实际测量值;X_{ti} 为与本工序质量特征具有关联性的前序质量特征实测加工误差序列;$f(\cdot)$ 为非线性质量预测函数。

由于加工过程具有复杂性、关联性、非线性等特点,基于数理统计的预测模型精确性较低,且无法满足智能产线下的加工质量实时预测要求。因此,可以采用智能决策算法建立加工质量预测模型,该方法不仅能实现系统输入与输出间的复杂映射关系,而且建立的预测模型具有很好的自适应性及预测精确性。基于此,本节采用支持向量机建立加工质量预测模型,该算法是一种可以有效处理系统复杂非线性、有限样本、高维数等问题的建模方法。

6.4.3　支持向量机预测建模技术

1. 支持向量机算法原理

支持向量机是一种基于结构风险极小化(structural risk minimization,SRM)及统计学习理论(statistical leaning theory,SLT)的研究分类及回归问题的机器学习算法。该算法能够基于有限的样本信息平衡模型复杂性及学习能力间的关系,从而获取最佳泛化能力。与其他机器学习方法相比,该算法可以很好地避免欠学习、过学习、局部最小、高维数等问题,凭借上述优势,该算法在理论与应用上得到广泛关注。将其应用于多工序生产过程的加工误差预测,解决预测模型输入与输出间的非线性关系问题,对工件加工质量控制具有较大的理论及应用价值。下面为 SVM 算法的基本原理。

1) 线性回归预测问题

SVM 算法最初是解决分类问题的方法,但研究发现在回归问题上该算法也有很大的优势,其原理是根据训练样本决定一个映射函数,根据该映射函数,推断输入 x 对应的输出 y。假设给定某训练样本数据 $\mathrm{Tr} = \{(x_1, y_1), (x_2, y_2), \cdots, (x_l, y_l)\}$。其中,$i = 1, 2, \cdots, l$,$x_i \in \mathbf{R}^n$ 是模型的第 i 个训练样本的输入;$y_i \in \mathbf{R}$ 是模型的第 i 个训练样本的期望输出。通过对训练样本数据集 Tr 进行学习,从而求解 $\mathbf{R}^n$ 上的最优回归函数 $f^*(x) = \boldsymbol{w}^* \cdot \boldsymbol{x} + b^*$,用 $\boldsymbol{y} = f^*(\boldsymbol{x})$ 预测输入 $\boldsymbol{x}$ 对应的估计输出 $\boldsymbol{y}$,其中,$\boldsymbol{w}^*$ 是超平面权向量,$\boldsymbol{b}^*$ 是偏置。

为让回归函数曲线平坦,$\boldsymbol{w}$ 为最小值,同时引入不敏感损失函数 ε,其定义用式(6.20)表示:

$$L(y, f(x, \alpha)) = |y - f(x, \alpha)|_\varepsilon = \begin{cases} 0, & |y - f(x, \alpha)| < \varepsilon \\ |y - f(x, \alpha)| - \varepsilon, & \text{其他} \end{cases}$$

$$\tag{6.20}$$

式中，$\varepsilon > 0$，定义为回归拟合精度，若期望输出 y_i 与预测输出 $f(x_i)$ 间的误差值小于给定 ε，则回归拟合函数 $f(x)$ 是合适的，优化目标及约束条件可表示为

$$\min \quad \frac{1}{2} \| \boldsymbol{w} \|^2 \tag{6.21}$$

$$\text{s. t.} \quad -\varepsilon \leqslant f(x_i) \leqslant \varepsilon, \quad i = 1, 2, \cdots, l \tag{6.22}$$

在不能满足式（6.22）约束条件的情况下，将松弛变量 ξ_i，ξ_i^*，惩罚因子 C 引入优化问题，则优化目标转化为式（6.23），约束条件转化为式（6.24）：

$$\min \quad \frac{1}{2} \| \boldsymbol{w} \|^2 + C \sum_{i=1}^{l} (\xi_i + \xi_i^*) \tag{6.23}$$

$$\text{s. t.} \quad \begin{cases} -(\varepsilon + \xi_i^*) \leqslant f(x_i) - y_i \leqslant \varepsilon + \xi_i \\ \xi_i, \xi_i^*, C, \varepsilon \geqslant 0 \end{cases}, \quad i = 1, 2, \cdots, l \tag{6.24}$$

式（6.23）中函数第一项使回归函数更加平坦，函数第二项中 ξ_i、ξ_i^* 表示超过规定精度 ε 的接受程度，C 起到折中作用，取值越小对超出 ε 的惩罚越小。

基于拉格朗日函数对上述模型求解得到式（6.25），式中 α_i^* 为二次规划函数的最优解。

$$\begin{cases} \min \left[\dfrac{1}{2} \displaystyle\sum_{i,j=1}^{l} (\alpha_i^* - \alpha_i)(\alpha_j^* - \alpha_j)(x_i \cdot x_j) + \varepsilon \sum_{i=1}^{l} (\alpha_i^* + \alpha_i) - \sum_{i=1}^{l} y_i(\alpha_i^* - \alpha_i) \right] \\ \displaystyle\sum_{i=1}^{n} (\alpha_i^* - \alpha_i) = 0 \\ 0 \leqslant \alpha_i, \quad \alpha_i^* \leqslant C, \quad i = 1, 2, \cdots, l \end{cases} \tag{6.25}$$

2）非线性回归预测问题

针对非线性回归预测，其基本思路是将训练数据 x 通过非线性映射 $\varphi(x)$ 变换至高维空间（Hilbert 空间），在 Hilbert 空间构造线性回归，即 $f^*(x) = w^* \cdot \varphi(x) + b^*$。最终，非线性回归模型的求解目标如下：

$$\begin{cases} \min \left[\dfrac{1}{2} \displaystyle\sum_{i,j=1}^{l} (\alpha_i^* - \alpha_i)(\alpha_j^* - \alpha_j)K(x_i, x_j) + \varepsilon \sum_{i=1}^{l} (\alpha_i^* + \alpha_i) - \sum_{i=1}^{l} y_i(\alpha_i^* - \alpha_i) \right] \\ \displaystyle\sum_{i=1}^{n} (\alpha_i^* - \alpha_i) = 0 \\ 0 \leqslant \alpha_i, \quad \alpha_i^* \leqslant C, \quad i = 1, 2, \cdots, l \end{cases} \tag{6.26}$$

式中，$K(x_i, x_j) = (\varphi(x_i) \cdot \varphi(x_j))$ 为核函数，核函数主要分为四类，如表 6.2 所示。

相较于其他核函数，RBF 核函数在无先验知识时，应用效果更好，且 RBF 核函数参数较少，对模型复杂度的影响较小。因此，本节将 RBF 核函数作为 SVM 算法的核函数。

表 6.2　核函数

核　函　数	函　数　式
线性核函数	$K(x_i, x_j) = x_i \cdot x_j$
多项式核函数	$K(x_i, x_j) = [(x_i \cdot x_j) + 1]^d$
径向基(RBF)核函数	$K(x_i, x_j) = \exp(-\gamma |x_i - x_j|^2)$
Sigmoid 核函数	$K(x_i, x_j) = \tanh(\nu(x_i \cdot x_j) + \alpha)$

2. 支持向量机参数优化

通过上一小节的分析可以看出,尽管理论上 SVM 算法搭建的回归预测模型具有良好的综合性能,但在实际搭建过程中,需要选择合适的模型参数,即 RBF 核函数参数 g 及惩罚因子 C 的选取,不同的 g、C 搭配对模型性能有着不同的影响。目前,SVM 的参数优化方法,主要为传统的交叉验证(cross validation,CV)方法及启发式优化算法。

CV 方法主要思想就是将原始样本集随机分组,分为训练数据组和验证数据组,先利用训练数据样本搭建回归预测模型,再根据验证数据检验模型的优劣。基于 CV 方法,在规定参数取值范围内,通过网格搜索可以找到全局最优参数(C,g),但如果在更大的范围内寻找最优(C,g),消耗时间会更多。

与 CV 方法比较,采用启发式算法可以不用遍历范围内所有参数点,就能寻找到全局最优参数。启发式算法较为典型的有 GA 算法、PSO 算法,利用 GA 算法优化 SVM 预测模型的参数,不仅缩短优化时间,还减小了对初始参数选取的依赖,但 GA 算法实现过程需要针对不同优化问题设计不同的交叉变异方式,较为复杂[12]。PSO 算法基于个体之间的相互作用搜索最优解,概念简单,实现更为容易,因此本节将基于 PSO 算法优化 SVM 模型参数(C,g),同时因 k-fold 交叉验证方法具有无偏估计性,可将其应用于包含不同参数(C,g)的 SVM 预测模型性能评估,参数优化过程如图 6.27 所示。

6.4.4　基于改进 SVM 算法的工件加工质量预测模型

1. 加工质量预测模型的数据样本构建

当确定需要预测的质量特征时,工件加工质量预测模型的输入可以分为两部分,第一部分输入为同工序、同一批加工工件的选定质量特征的历史加工误差数据,为了更准确揭示加工误差数据隐含的规律,进行相空间重构,将加工误差数据扩展至多维空间。第二部分输入是与该质量特征有关联的各工序质量特征历史加工误差数据集。另外,随着历史加工数据不断增加,预测模型也需要随之不断更新,即将实时检测的加工误差数据构建成新的训练样本,同时早期的历史数据也要定时删除,防止数据量过大导致模型过于复杂,运行时间过长。针对此问题,采用

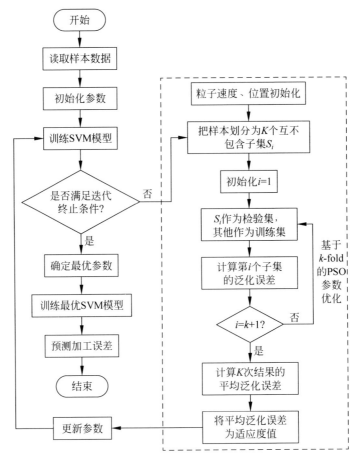

图 6.27 基于 PSO 的参数优化过程

滚动式有限阶段优化策略,来实现工件在线自适应实时加工质量预测,在保证拥有足够的加工误差样本数 M 前提下,确定嵌入维数 T,也可以理解为移动窗口长度,依次提取工件某质量特征最新的加工误差,形成新的数据样本,实时更新动态加工误差数据包,更新工件加工质量预测模型,不断对模型进行调整。

2. 加工质量预测模型构建流程

根据前述章节的分析,PSO-SVM 工件加工质量预测模型构建流程如图 6.28 所示。

按照下述具体步骤可实现工件加工质量预测:

(1) 针对工件加工时的实际情况,确定需要进行质量预测的某工序质量特征,从质量数据库内提取该质量特征的加工误差数据$(Y_{t-1}, Y_{t-2}, \cdots, Y_{t-p})$,若有关联质量特征,也需要提取相关联质量特征的误差数据$(X_{t1}, X_{t2}, \cdots, X_{ti})$,最终形成质量预测数据集 Q。

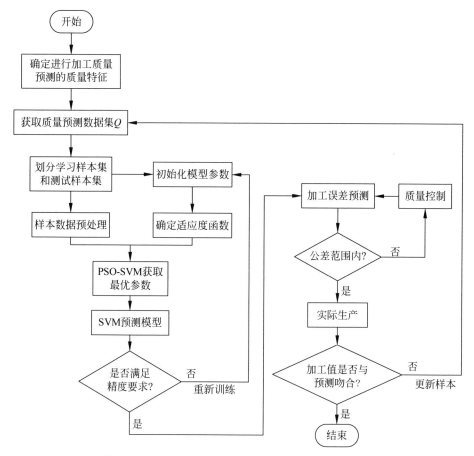

图 6.28　PSO-SVM 工件加工质量预测模型构建流程

（2）对质量预测数据集 Q 进行相空间重构，将 $t-m$ 时刻的工件加工误差测量值作为 $t-m+1$ 时刻待预测加工误差工件的输入值。获得如式（6.27）相空间矩阵，再对其进行划分，获得训练样本集，测试样本集。

$$\begin{bmatrix} y_1 & y_2 & \cdots & y_{t-m} & x_{(t-m+1)1} & \cdots & x_{(t-m+1)i} & y_{t-m+1} \\ y_2 & y_3 & \cdots & y_{t-m+1} & x_{(t-m+2)1} & \cdots & x_{(t-m+2)i} & y_{t-m+2} \\ \vdots & \cdots & \vdots & \cdots & \cdots & & \cdots & \vdots \\ y_{t-m} & y_{t-m+1} & \cdots & y_{t-1} & x_{t1} & \cdots & x_{ti} & y_t \end{bmatrix} \quad (6.27)$$

（3）确定 SVM 参数 (C,g) 及 PSO 参数 $(N,c_1,c_2,w,k,v_{\max})$ 的初始值，将 k-fold 交叉验证法所得泛化误差作为适应度评价函数。

（4）利用 PSO 更新迭代的新参数向量 (C,g)，不断训练 SVM 预测模型，并以检验样本的适应值为依据，最终得到最优 (C,g)，构建最佳的工件加工质量预测模型。

（5）基于测试样本，验证训练好的 PSO-SVM 加工质量预测模型，评价预测效果,若满足精度要求,可对下一工件的质量特征进行质量预测。否则,返回步骤(4)继续训练。

(6) 根据成熟的 PSO-SVM 工件质量预测模型,对加工误差进行预测,若合格,则正常生产,并继续预测下一加工工件;若不合格,通过实际生产加工经验及工艺参数分析,调整工艺系统相关要素,避免加工误差超差。同时按照优化策略,不断更新该模型。

6.4.5　案例分析

1. 加工质量预测数据样本构建

本节将基于齿毂加工过程采集的质量特征数据进行加工质量预测实例验证,根据 0 节齿毂加工工艺及重要尺寸分析,在精车一端工序中,质量特征"外圆直径"加工误差若超过公差上限值可能会导致无法装配,若超过公差下限值会导致汽车挂挡时齿套与齿毂间隙过大,挂挡平稳性降低,冲刺大,零件易磨损,其加工质量很大程度影响齿毂的性能。因此,将该质量特征作为研究对象,验证提出的加工质量预测模型。考虑该尺寸无关联质量特征,因此在进行模型验证前,仅需要从数据库中获取精车一端工序中,"外圆直径"的历史加工误差测量值数据集,之后对数据集进行重构,如表 6.3 所示。

表 6.3　"精车一端外圆直径"加工误差学习样本

序号	输入加工误差值/μm								输出/μm
1	−2.3	1.9	−8.9	−9.7	−4.9	−8.5	−11.4	−7.1	−10.7
2	1.9	−8.9	−9.7	−4.9	−8.5	−11.4	−7.1	−10.7	−0.9
3	−8.9	−9.7	−4.9	−8.5	−11.4	−7.1	−10.7	−0.9	−12.6
4	−9.7	−4.9	−8.5	−11.4	−7.1	−10.7	−0.9	−12.6	−3.6
5	−4.9	−8.5	−11.4	−7.1	−10.7	−0.9	−12.6	−3.6	−9.5
6	−8.5	−11.4	−7.1	−10.7	−0.9	−12.6	−3.6	−9.5	−7.6
7	−11.4	−7.1	−10.7	−0.9	−12.6	−3.6	−9.5	−7.6	−10.5
8	−7.1	−10.7	−0.9	−12.6	−3.6	−9.5	−7.6	−10.5	−8
9	−10.7	−0.9	−12.6	−3.6	−9.5	−7.6	−10.5	−8	−7.7
10	−0.9	−12.6	−3.6	−9.5	−7.6	−10.5	−8	−7.7	−9.4
11	−12.6	−3.6	−9.5	−7.6	−10.5	−8	−7.7	−9.4	−4.3
12	−3.6	−9.5	−7.6	−10.5	−8	−7.7	−9.4	−4.3	−7.2
13	−9.5	−7.6	−10.5	−8	−7.7	−9.4	−4.3	−7.2	−10
14	−7.6	−10.5	−8	−7.7	−9.4	−4.3	−7.2	−10	−9.9
15	−10.5	−8	−7.7	−9.4	−4.3	−7.2	−10	−9.9	−5.4
16	−8	−7.7	−9.4	−4.3	−7.2	−10	−9.9	−5.4	−9.3
17	−7.7	−9.4	−4.3	−7.2	−10	−9.9	−5.4	−9.3	−10.2
18	−9.4	−4.3	−7.2	−10	−9.9	−5.4	−9.3	−10.2	−1.3

序号	输入加工误差值/μm								输出/μm
19	−4.3	−7.2	−10	−9.9	−5.4	−9.3	−10.2	−1.3	−10.3
20	−7.2	−10	−9.9	−5.4	−9.3	−10.2	−1.3	−10.3	−8.2
21	−10	−9.9	−5.4	−9.3	−10.2	−1.3	−10.3	−8.2	−8.1
22	−9.9	−5.4	−9.3	−10.2	−1.3	−10.3	−8.2	−8.1	−9.2

表 6.3 中,包含 22 个按照加工顺序排列的"外圆直径"加工误差测量值,将前 8 个加工误差值作为模型输入,第 9 个加工误差值作为模型期望输出,构成第一个学习样本,之后删除第 1 个数据,将第 10 个加工误差值增添,构成第 2 个样本,以此类推,共构成 22 组样本数据,将表中前 17 组加工误差数据作为训练样本,剩余 5 组作为测试样本。

2. 基于 PSO-SVM 的齿毂加工质量预测结果与分析

在对加工质量预测之前,需要确定 SVM 模型初始参数,本节设定如下:$C \in (−0.001, 1000)$,$g \in (−0.001, 1000)$,给定预测精度 ε 的最大值 $\varepsilon_{max} = 0.01$,则 $\varepsilon \in (0, 0.01)$。PSO 参数设定如下:种群大小 $N = 20$,学习因子 $c_1 = 1.5$,$c_2 = 1.7$,迭代次数 $k = 200$,惯性系数 $\omega = 1$,k-fold 交叉验证规则中,取 $K = 5$。为了验证本章提出的 PSO-SVM 齿毂加工质量预测模型的性能,实验另外建立 SVM、GA-SVM、BP 预测模型对表 6.3 的数据进行训练测试,从而进行对比分析,其预测结果如表 6.4 及图 6.29 所示。

表 6.4　各模型对齿毂"外圆直径"加工误差预测结果

序号	加工误差测量值/μm	加工误差预测值/μm			
		SVM	PSO-SVM	GA-SVM	BP
18	−1.3	−6.025	−1.415	−4.648	−8.905
19	−10.3	−10.178	−10.180	−10.182	−9.042
20	−8.2	−8.317	−8.087	−8.241	−11.255
21	−8.1	−8.218	−8.000	−8.215	−9.509
22	−9.2	−9.184	−9.180	−9.182	−9.526
MSE(测试样本)		4.476	1.015×10^{-2}	2.248	14.169
CPU/s		4.236×10^{-3}	3.200×10^{-3}	9.059×10^{-3}	1.728×10^{-2}

模型预测精度是衡量模型性能优劣的一个重要指标,通过它可以判断模型是否合适。从表 6.4 及图 6.29 可以清楚地看出,PSO-SVM 加工质量预测模型与其他模型相比,预测误差是最小的,仅为 1.015×10^{-2}。齿毂加工过程具有复杂性、动态性,在进行实时在线齿毂加工质量预测时,需要该预测模型搭建简单、消耗时间少,由表 6.4 可以看出,在训练样本大小为 17 时,PSO-SVM 的 CPU 仅需要 3.200×10^{-3} s,耗时最少。因此,基于 PSO-SVM 的质量预测方法符合齿毂实时在线加工质量预测要求,且能获得很好的预测效果。

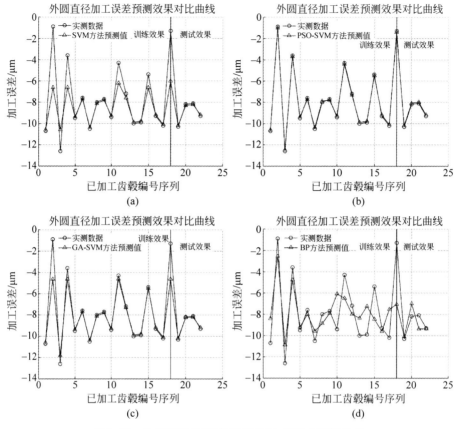

图 6.29　各模型对齿毂"外圆直径"加工误差预测效果

（a）SVM 方法；（b）PSO-SVM 方法；（c）GA-SVM 方法；（d）BP 方法

本章小结

　　本章对工件多工序加工过程的误差影响因素进行了分析，基于 BP 神经网络构建了工件加工质量虚拟测量模型，采用多种优化方法对 BP 神经网络参数进行优化，建立了基于改进 BP 神经网络的误差溯源模型。以某齿毂企业智能产线采集的数据对上述加工质量控制模型进行实例验证，实验结果表明，虚拟测量模型能有效地分析出影响齿毂加工误差的主要因素，优化后的误差溯源模型的溯源准确度得到很大提升。

参考文献

［1］ XU X P，TAO T，JIANG G D，et al. Monitoring and source tracing of machining error based on built-in sensor signal[J]. Procedia CIRP，2016，41：729-734.

［2］　黄强,黄棋,孙军伟.面向加工精度的机床系统误差建模与分析方法［J］.重庆理工大学学报：自然科学版,2018,32(8)：64-71.

［3］　夏长久,王时龙,孙守利,等.五轴数控成形磨齿机几何误差——齿面误差模型及关键误差识别［J］.计算机集成制造系统,2020,26(5)：1191-1201.

［4］　KANG S,KIM D,CHO S. Efficient feature selection-based on random forward search for virtual metrology modeling［J］. IEEE Transactions on Semiconductor Manufacturing,2016,29(4)：391-398.

［5］　黄学文,陈绍芬,周胤玉,等.求解柔性作业车间调度的遗传算法综述［J］.计算机集成制造系统,2022,28(2)：536-551.

［6］　滕文龙,丛炳虎,商云坤,等.基于MEABP神经网络的建筑能耗预测模型［J］.吉林大学学报：工学版,2021,51(5)：1857-1865.

［7］　WANG W X,TANG R C,LI C,et al. A BP neural network model optimized by mind evolutionary algorithm for predicting the ocean wave heights［J］. Ocean Engineering,2018,162：98-107.

［8］　于德亮,李妍美,丁宝,等.基于思维进化算法和BP神经网络的电动潜油柱塞泵故障诊断方法［J］.信息与控制,2017,46(6)：698-705.

［9］　张捍东,陶刘送.粒子群优化BP算法在液压系统故障诊断中应用［J］.系统仿真学报,2016,28(5)：1186-1190.

［10］　戴宏亮,罗裕达.基于蝙蝠算法优化反向传播神经网络模型的无线网络流量预测［J］.计算机应用,2021,41(S1)：185-188.

［11］　东宁,刘一丹,姚成玉,等.多阶段自适应蝙蝠-蚁群混合群智能算法［J］.机械工程学报,2021,57(6)：236-248.

［12］　江平宇,王岩,王焕发,等.基于赋值型误差传递网络的多工序加工质量预测［J］.机械工程学报,2013,49(6)：160-170.

复杂数控加工装备的健康状态综合评价技术

数控加工装备与新一代信息技术相接轨,正在从装备数字化向网络化、智能化等工业 4.0 模式发展。通过现代人工智能方法与先进制造技术相结合,对数控加工装备健康状态进行综合评价,能够在装备状态退化早期及时得到感知,保证装备健康运转,保障产线安全生产[1-3]。因此,本章以数控加工装备为研究对象,对多源信息融合的装备状态评价机理进行研究。

7.1 数控加工装备的功能结构划分

数控加工装备一般指数控机床,是一个集机电液一体化的复杂装备,只对单一部件或者系统进行评价,无法准确代表整个机床的健康状态,因此根据机床的工作原理和组成结构将其分为 8 个子系统,对每个系统的健康状态预测分别进行研究。8 个子系统分别为数控系统、伺服系统、液压系统、电气系统、主轴系统、进给系统、辅助系统和主体部件。

1) 数控系统

数控系统作为机床的核心的部分,主要作用在于根据输入的预定信息,实现数据处理、逻辑判断、解码译码等功能,并根据处理结果将命令下达给伺服系统等驱动装置,实现对机床工作状态的控制,该系统主要由显示器、可编程机床控制器(programmable logic controller,PLC)、数控软件、I/O 模块和接口模块等部分组成。

2) 伺服系统

伺服系统主要由伺服电机和伺服单元(主要指位移控制单元、速度控制单元和电流控制单元)等部分组成,其性能决定了机床的定位精度。伺服单元接收数控系统发来的指令,将指令信号功率放大并转化为执行元件能够读取的信号形式,来驱动执行元件工作。常见的执行元件主要有 3 种:步进电动机、直流电动机和交流电动机。

3) 液压系统

液压系统主要由动力元件、执行元件、控制元件和传动介质组成,主要包括机床内部的各种泵、油缸、阀等,不同机床的内部液压系统的功能各不相同。

4）电气系统

机床的电气系统主要由驱动器、熔断器、变频器、变压器、空气开关、接触器和各种开关装置等组成,用于控制其他系统、保护电路和电器、执行某些特定的操作。

5）主轴系统

主轴系统的主要功能是为机床提供主传动。主轴的启动、停止和变速等都受数控系统的控制,机床主轴各部件的刚度、精度和热变形等参数直接影响装备的加工质量。该系统主要由主轴、主轴箱和主轴的传动部件等组成。

6）进给系统

进给系统负责把伺服电机的运动传递给工作台,在传递过程中,它会对运动速度进行变换,从而实现速度和转矩的改变。进给系统主要由滚珠丝杠、XYZ 轴进给单元、导轨、工作台等组成。

7）辅助系统

辅助系统用于辅助加工工作的正常进行,主要包括冷却系统、排屑系统、润滑系统和卡盘等。

8）主体部件

主体部件作为机床的"骨骼",主要由床身、底座、立柱、防护系统等组成。

7.2 数控加工装备的状态监测分析

数控系统一般分为开放式和商用式。开放式主要是指操作者根据自己的需要对机床控制系统的核心硬件或软件系统的内置程序进行编译;实现二次开发并获取内置传感器的状态信息。商用式主要是指不同机床厂商推出的数控系统,这类系统的内部数据一般不对操作者直接公开,且其信号传输方式为采用数字总线技术,导致获取内置传感器状态信息相对困难,可以通过 PLC 采集法、NC 程序采集法、DNC 采集法、OPC 采集法来获取状态信息。数控系统的状态信息可以通过控制面板和操作面板来获取,当数控系统发生异常时,装备的自诊断系统会对机床的CPU(central processing unit,中央处理器)、RAM(random access memory,随机存取存储器)、PLC 等软件的运行状态进行检测,通过直观显示或者故障代码的形式展现异常原因,并发出报警信号。

伺服系统中最重要的部件为驱动及伺服电机,其作用为接收数控系统发出的指令,并将指令信号转换成后面执行元件所需要的信号形式,经过功率放大后,驱动执行元件完成相应动作,如图 7.1 所示。当伺服系统发生故障时,伺服电机无法驱动机械传动部件来完成规定的 NC 程序,这时操作面板会显示伺服系统的异常状态,伺服系统的主要 4 种故障类型分别为执行元件故障、位移控制单元故障、速度控制单元故障和电流控制单元故障,可以通过控制面板和操作面板来判断它们

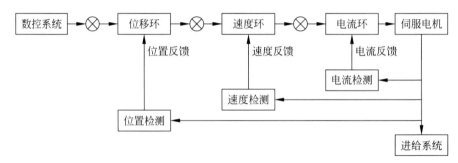

图 7.1　伺服系统

的工作状态和机床通信接口来获取它们的工作信息。

机床的液压系统主要由动力部分(液压泵等)、控制部分(溢流阀、换向阀等)、执行部分(液压缸、液压马达等)、辅助部分(蓄能器、油箱等)和介质组成。液压系统是机床卡盘、转塔、尾座的重要压力提供系统。爬行、密封件磨损导致油泄漏影响部件工作和液压阀损坏是该系统主要异常问题,根据异常部件的位置可以分为液压泵异常、液压阀异常和液压缸异常,可以通过现场观察、控制面板和操作者历史经验来对液压系统的状态进行判断。

机床的电气系统受数控系统控制,数控系统发出的控制信号分为两种:一种为连续控制信号,这类控制信号被伺服系统接收;另一种为间断性开关控制信号,这类控制信号被电气系统接收,该信号指导电气装置辅助控制机床的运动和行程开关、保护开关的闭合,该系统可以通过控制面板和操作面板来查看其健康状态。

针对辅助系统和主体部件,一般采取现场观察的方式进行状态评价分析。

对于主轴系统和进给系统,通过机床通信接口和控制面板很难采集到有用的信息来判断该系统的运行状态是否正常,因此需要借助外置传感器来采集这两个系统的运行状态信息。

主轴系统的健康状态直接影响装备的加工质量和工作效率。因此,为提升数控加工装备运行过程性能,需要对主传动系统运行过程进行状态监测。主轴系统中最重要的部件为主轴,最易损的部件为主轴轴承。

进给系统的主要功能为接收驱动电路发出的控制信号,从而带动数控加工装备的工作台按照特定的轨迹移动,对工件进行加工。因此,进给系统的作用是把执行元件的运动给工作台传递,在此过程中,运动速度会不停发生变换,从而实现装备速度和转矩的改变,其核心部件为滚珠丝杠、导轨、轴承等各种传动装置,如图 7.2 所示。

图 7.2　进给系统传动装置

主轴系统和进给系统是主要由机械传动装置组成的系统,它们的健康状态直接影响机床的加工精度,因此外接传感器采集这些部件的振动、温度等与机械运转状态息息相关的数据,更能准确反映系统的健康状态。

因此,数控加工装备的各系统状态监测方案如图7.3所示。

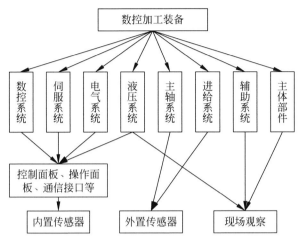

图 7.3　机床八大系统状态监测方案

7.3　基于大小样本数据集的关键部件状态分类评价方法

数控加工装备关键部件的健康状态直接影响其加工质量和生产安全。由于以往的状态评价都是针对特定部件或者在数据集充足的条件下进行,而在实际操作过程当中,特别是针对不易损类型的关键部件,其数据采集的过程中不可能采集到所有异常类型的状态数据用于训练。为了解决此问题,本章根据装备关键部件特点将其分为两类部件,易损且有充足数据集支撑的部件采用效果较好的卷积神经网络算法进行健康状态评价,缺乏充足数据集支撑的关键部件则采用动态时间规整算法进行健康状态评价[4-5]。前者对于关键部件的状态检测具有较高的准确率,后者能够在数据集匮乏的情况下准确感知装备的异常状态。

7.3.1　数控加工装备关键部件分析

主轴系统和进给系统是主要由机械传动装置组成的系统,它们的健康状态直接影响机床的加工精度,因此外接传感器采集这些部件的振动、温度等与机械运转状态息息相关的数据,更能准确地反映系统的健康状态,两个系统的关键部件如下。

主轴系统:主轴、主轴轴承。

进给系统:滚珠丝杠、轴承(用于固定滚珠丝杠)、联轴器、导轨。

将这些部件归类为Ⅰ类部件和Ⅱ类部件,如表 7.1 所示。在部件关键信息的获取过程中发现，由于Ⅰ类部件大多为易损耗部件，经常出现故障使得能够采集到的数据种类丰富，可以获取各种异常状态下的数据，使我们能够获得完善的数据集，但Ⅱ类部件由于不易损耗或者一旦出现异常容易引起严重的后果，针对这类部件我们仅能采集到健康状态下的部件状态数据，数据集相对匮乏。为了解决此问题，提出两种通用的关键部件状态评价方法，对于Ⅰ类部件使用训练效果较好且能获得判断异常类型的机器学习方法，这类方法一般需要完善的数据集作为基础，易损部件正好具备这一条件；对于Ⅱ类部件，采用基于时间序列的状态评价方法，该类方法能够根据数据的差异性和相似性判断部件的健康状态。

表 7.1　Ⅰ类部件与Ⅱ类部件分类

Ⅰ类部件	主轴轴承、滚珠丝杠、丝杠轴承等
Ⅱ类部件	主轴、联轴器、导轨等

7.3.2　大样本数据集驱动的Ⅰ类部件状态评价方法

1. 卷积神经网络

卷积神经网络(CNN)是一种包含卷积计算的神经网络，主要由卷积层、池化层、连接层所构成，其结构上具有一定的深度，并且能够进行特征性的自主学习，与以往的一些检测方法相比较，该类网络人工抽取特征等操作所占的部分正在减少，且各卷积层能够提取到信号不同阶层的特征，可以更好地反映数据本身的特征，因此本章选择卷积神经网络对Ⅰ类部件进行状态评价。

1) 卷积层

卷积层作为卷积神经网络的组成部分之一，其由许多卷积单元共同组成，而卷积单元中的所有参数皆是通过一种反向的传播算法经过最优化处理后得到的。进行卷积运算的重要意义在于提取输入的不同特征，第一层卷积层一般只能提取一些级别较低的特征，而其余更多层能够从第一层所提取到的低级特征中进行迭代从而提取更多更复杂的特征。在卷积层中参数共享，即相同卷积核会以固定步长的方式遍历输入值，参数共享的引入避免了数据的过拟合，使运算变得简洁与高效。如图 7.4 所示，通过参数共享的方式将 12 个参数优化为 3 个，极大降低了参数的数量。

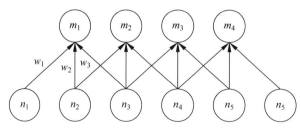

图 7.4　参数共享示意图

2）池化层

池化层作为卷积神经网络中的另一个重要的组成结构,里面包含许多形式不同的非线性池化函数,在卷积层卷积计算结束后,利用池化层能够将神经网络的参数进一步减少,减小网格规模,同时获取输入数据的不变性特征。常见的池化层主要分为两种:最大池化和平均池化。

最大池化是将卷积映射后的采样区域的最大值进行输出:

$$p^{l(i,j)} = \frac{1}{w} \sum_{t=(j-1)w+1}^{jw} a^{l(i,t)} \qquad (7.1)$$

式中,$p^{l(i,j)}$为第 l 层的第 i 行第 j 列个输出;$a^{l(i,t)}$为第 l 层的第 t 个神经元的激活值;w 为步长。

平均池化是将卷积映射后的采样区域的平均值进行输出:

$$p^{l(i,j)} = \max_{(j-1)w+1 \leqslant t \leqslant jw} \{a^{l(i,t)}\} \qquad (7.2)$$

3）连接层

在整个卷积神经网络中,连接层主要发挥的是分类的作用,卷积层和池化层等结构将原始的数据映射到隐层特征空间,而连接层则将学到的分布式特征表示映射到样本标记空间。且卷积神经网络相邻两层的神经元的连接方式不同于以往神经网络的全连接方式,而是采用稀疏连接(图 7.5),即每层神经元只会连接到上一层的部分神经元。稀疏连接的优点在于减少了连接参数,提高了训练速度,在一定程度上避免了过拟合的发生。

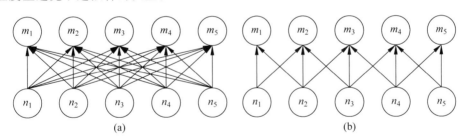

图 7.5　全连接与稀疏连接示意图

(a) 全连接;(b) 稀疏连接

2. **激活函数**

1）sigmoid 函数

sigmoid 函数也叫作 Logistic 函数,主要用在隐层神经元的输出上面,其最大的优点在于函数是处处连续的并且方便求导,可以把上层传过来的值进行压缩,在卷积神经网络的最后一层里面加入 sigmoid 函数可以很方便地解决二分类的问题;而该类函数的缺点在于求导过程所涉及的计算量较大,并且常常在反向传播时出现梯度消失的情形,其函数表达式如式(7.3)所示:

$$a^{l(i,j)} = \text{sigmoid}(y^{l(i,j)}) = \frac{1}{1 + e^{-y^{l(i,j)}}} \qquad (7.3)$$

2) tanh 函数

该类函数称为双曲正切函数,这类函数在有明显的特征差别时会有良好的效果,并且在循环过程中会一直增强特征效果。并且由于收敛速度较快,可以用更少的迭代次数达到相同的效果。但是 tanh 函数具有软饱和性,容易在收敛的过程中产生梯度消失。其函数表达式如式(7.4)所示。

$$a^{l(i,j)} = \tanh y^{l(i,j)} = \frac{e^{y^{i(i,j)}} - e^{-y^{i(i,j)}}}{e^{y^{i(i,j)}} + e^{-y^{i(i,j)}}} \qquad (7.4)$$

3) relu 函数

虽然 relu 函数在训练时显得较为脆弱,但其得到的 SGD(stochastic gradient descent,梯度随机下降法)的收敛速度比前述两种函数快很多,这也是本章选择 relu 函数作为激活函数的原因,只是在使用时需要注意对于 learning rate 的设置应格外谨慎,防止造成大多数神经元的梯度值永远变为 0。其函数表达式如式(7.5)所示。

$$a^{l(i,j)} = \text{relu}(y^{l(i,j)}) = \max_{i,j}\{0, y^{l(i,j)}\} \qquad (7.5)$$

3. 数据处理优化

1) 归一化

由于 CNN 中的神经网络层数众多,每一层数据的更新都会导致上一层数据的分布发生很大的变化,所以需要使用归一化的方法将所有数据分布映射到一个区间。归一化指的就是将数据统一映射到[0,1]区间,从而提高模型的收敛速度和计算精度。另外,其能避免输入变量的数量级过大而导致数值发生问题,但数据需要量纲化和统一评价标准,因此本章采用 BN 标准化解决这个问题,其表达式如下:

$$\hat{x}^{(k)} = \frac{x^{(k)} - E\left[x^{(k)}\right]}{\sqrt{\text{VAR}\left[x^{(k)}\right]}} \qquad (7.6)$$

2) dropout 方法

当卷积神经网络的层数增加的时候,经常会因为模型参数过多和训练集数量过少而出现过拟合问题,即模型在训练集上识别准确率高,但在测试集上准确率却很低的问题,这是特征检测器的共同作用使得检测器之间相互依赖造成的,这往往需要消耗大量时间对多个模型进行组合训练,因此本章在卷积层和全连接层当中引入了 dropout 方法,使得前向传播的过程中特征检测器有随机的概率被随机丢弃,这相当于同时对多个模型组合训练的简化,故而能防止过拟合又不会消耗过多时间,该方法可以有效地防止过拟合的出现。

3) 独热码

在深度学习的领域中常常遇到分类问题,如果所收集到的数据拥有大量离散型的特征和类别,则我们需要对其进行编码,如果采用普通的数字标签形式(如 0～9),而不采取独热码的形式,那么就相当于最终的输出层只有一层,此时输出值的跨度就比较大,一个微小的特征变化都会对最终的结果产生很大的影响。为了解决上述问题,使卷积神经网络训练过程中不受到因为分类值表示的问题对模型产生的负面影响,引入独热码对分类模型的特征进行独热码编码。

4) 洗牌思想

洗牌算法的目的是将一个给定数据集打散成一个无序数据集,具体步骤如下:

(1) 从还没处理的数组(假如还剩 n 个)中,产生一个 $[0, n]$ 区间的随机数 random;

(2) 从剩下的 n 个元素中把第 random 个元素取出到新数组中;

(3) 删除原数组第 random 个元素;

(4) 重复第(2)步和第(3)步直到所有元素取完;

(5) 最终返回一个新的打乱的数组。

洗牌算法的运用让样本中的数据随机打散生成,有利于提高卷积神经网络算法的准确率和可信赖度。

4. 状态评价模型建立

本节的卷积神经网络模型结构如图 7.6 所示,具体模型参数如表 7.2 所示,为了让卷积神经网络能够获取更大的感受野,准确提取状态信号中的特征参数,本章增大了第一层中卷积核的大小;同时,为了将特征参数中的冗余信息去除,池化方式采用最大池化方法。卷积层和池化层均采用全零填充的方式,激活函数选择 relu。

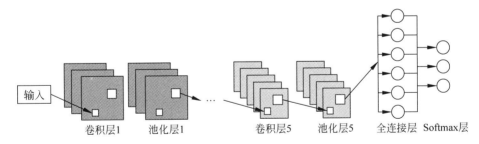

图 7.6　卷积神经网络模型结构

表 7.2　卷积神经网络模型参数

编号	神经层	大小	数目	步长	全零填充
1	卷积层 1	50×1	20	5	是
2	池化层 1	2×1	20	2	是
3	卷积层 2	20×1	30	2	是
4	池化层 2	2×1	30	2	是
5	卷积层 3	5×1	50	1	是
6	池化层 3	2×1	50	2	是

编号	神经层	大小	数目	步长	全零填充
7	卷积层 4	3×1	50	1	是
8	池化层 4	2×1	50	2	是
9	卷积层 5	2×1	50	1	是
10	池化层 5	2×1	50	2	是
11	全连接层	100	1		
12	Softmax 层	10	1		

该卷积神经网络的状态检测模型主要分为训练部分和测试部分。在训练部分,卷积神经网络自主地学习并识别数据的特征参数,不断训练和强化 CNN 这个"分类器",实现对装备数据健康状态的识别。在测试部分,利用未经训练的数据去验证该神经网络的准确性。其具体流程如下。

(1) 数据采集。利用外置传感器的方式采集不同状态下的装备状态信号,利用滑步的方式进行重叠采样,这种方法可以在原有长度上对数据量进行扩充,如图 7.7 所示。假设每次采样时数据长度为 M,滑步距离为 m,那么每次采样点开始位置都会距上一次采样点开始位置相对偏移 m,这种方式有效避免了训练集数据量不充分而导致的模型过拟合问题。

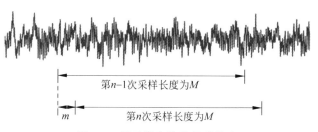

第 $n-1$ 次采样长度为 M

m 第 n 次采样长度为 M

图 7.7　基于滑步的重叠采样法

(2) 数据训练。将制作好的各类型数据集按照独热码的方式打上标签,如图 7.8 所示,并按照一定比例分为训练集和测试集。将训练集数据送入卷积层 1→池化层 1→卷积层 2→池化层 2→卷积层 3→池化层 3→卷积层 4→池化层 4→卷积层 5→池化层 5→全连接层→Softmax 层中,对数据集进行充分训练完成对特征参数的提取。在池化层 5 与全连接层之间采用 dropout 方法抑制过拟合,dropout 系数为 0.1,在全连接层与 Softmax 层之间同样设置 dropout,dropout 系数为 0.25。在最后的 Softmax 层中,该层的层数为训练集的训练状态个数。将训练集进行迭代训练有效提高训练结果的准确性,但迭代次数并不是越多越好,当迭代次数达到一定程度时,训练集的准确率趋于平稳,再次增加迭代次数只会加大模型的计算量,降低计算速度。

(3) 数据测试。将测试集数据送到训练好的卷积神经网络中,得到相应的测试结果,将测试结果与实际的状态信息进行对比(独热码标记的状态),即可获得该

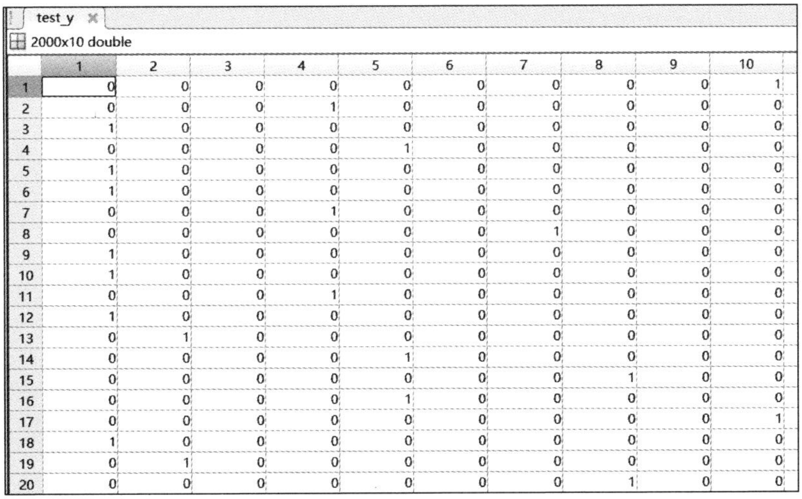

	1	2	3	4	5	6	7	8	9	10
1	0	0	0	0	0	0	0	0	0	1
2	0	0	0	0	0	0	0	0	0	0
3	1	0	0	0	0	0	0	0	0	0
4	0	0	0	0	0	0	0	0	0	0
5	1	0	0	0	0	0	0	0	0	0
6	1	0	0	0	0	0	0	0	0	0
7	0	0	0	1	0	0	0	0	0	0
8	0	0	0	0	0	0	1	0	0	0
9	1	0	0	0	0	0	0	0	0	0
10	1	0	0	0	0	0	0	0	0	0
11	0	0	0	1	0	0	0	0	0	0
12	1	0	0	0	0	0	0	0	0	0
13	0	1	0	0	0	0	0	0	0	0
14	0	0	0	0	1	0	0	0	0	0
15	0	0	0	0	0	0	0	1	0	0
16	0	0	0	0	0	0	0	0	0	0
17	0	0	0	0	0	0	0	0	0	1
18	0	0	0	0	0	0	0	0	0	0
19	0	1	0	0	0	0	0	0	0	0
20	0	0	0	0	0	0	0	1	0	0

图 7.8　测试集部分数据独热码

模型的状态检测准确率与可靠性。

当模型通过测试并具有一定准确率后,就可以用于装备的健康状态评价,将采集到的待测数据放入该模型中,输出的结果即为该装备的当前状态,可信度为该模型的准确率,并可根据评价结果与健康状态的映射关系获取关键部件的健康状态值信息。

7.3.3　小样本数据集驱动的 II 类部件状态评价方法

1. 动态时间规整算法

动态时间规整(dynamic time warping,DTW)为一种柔性相似度计算算法,被用于计算时间序列矢量间的相似度,由于计算结果较为直观且计算速度较快,常被用在指纹识别、人脸识别、语音识别、信号处理、图像处理和故障诊断等领域。

动态时间规整算法为针对两个时间序列的计算,其中一个序列为参考序列,另一个序列为测试序列,通过计算两个时间序列匹配值之间的距离,即两个序列匹配值的距离矩阵,并利用距离矩阵和动态规划原理,求得累计距离矩阵,在该矩阵的基础上得到最优动态规划路径,求得两个时间序列的距离,作为参考序列和测试序列间的相似度度量指标。在整个算法的计算过程中,核心内容为计算两组时间序列间的欧氏距离,欧氏距离对于时间序列间时间轴上的错位扭曲问题不易处理,而动态时间规整算法由于构建了匹配值的距离矩阵,对于存在相位扭曲的两组数据,可以通过动态规划思想得到最优规划路径。该算法具体计算过程如下。

设参考序列为 R,测试序列为 T,如式(7.7)所示,T_n 和 R_m 分别为参考序列和测试序列中第 n 个和第 m 个数据($1 \leqslant n \leqslant N$,$1 \leqslant m \leqslant M$),用 $d(T_n,R_m)$ 表示这两个匹配值间的距离,如式(7.8)所示,作为评价两个匹配值之间相似度的量化指标。

$$\begin{cases} T = \{T_1, T_2, \cdots, T_n\} \\ R = \{R_1, R_2, \cdots, R_m\} \end{cases} \tag{7.7}$$

$$d(T_n, R_m) = \sum_{i=1}^{n} (T_{ni} - R_{mi})^2 \tag{7.8}$$

为了让参考序列和测试序列中的相似元素实现非线性对齐,构建一个大小为 $d \in \mathbf{R}^{N \times M}$ 的匹配距离矩阵,如式(7.9)所示,矩阵中每一个元素为时间序列中不同匹配值间的欧氏距离。

$$d = \begin{pmatrix} d(T_1, R_1) & \cdots & d(T_1, R_M) \\ \vdots & & \vdots \\ d(T_N, R_1) & \cdots & d(T_N, R_M) \end{pmatrix} \tag{7.9}$$

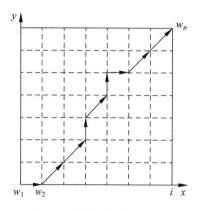

图 7.9 动态规划路径示意图

以参考序列为 x 轴,测试序列为 y 轴,建立二维直角坐标系,x 轴的长度为 N,y 轴的长度为 M,那么参考序列和测试序列的动态规划路径 W 的示意图如图 7.9 所示,假设在规划路径中第 k 个元素为 $w_k = (i, j)$,那么动态规划路径的表达式如式(7.10)所示。

$$W = \{w_1, w_2, \cdots, w_n\},$$
$$\max(m, n) \leqslant K \leqslant M + N - 1 \tag{7.10}$$

动态时间规整算法在路径规划的过程中设置了一些规定,需要满足全局约束条件和局部约束条件。

全局约束条件将规划区域中的一个子集作为搜索空间,将规划路径限制在预先设定好的区域内,如典型的带状区域等。

局部约束条件包括边界条件、连续条件和单调条件。

(1) 边界条件。规划路径一定是从左下角 $(1,1)$ 开始的,到右上角 (m, n) 结束。一般在左下角和右上角所形成的对角线附近。

(2) 连续条件。在搜索路径的过程中,变量每次只能变化 1 或者 0。假设路径目前处在格点 (m, n) 中,那么路径的下一个规划点只能处在格点 $(m+1, n)$、格点 $(m, n+1)$ 或格点 $(m+1, n+1)$ 中。

(3) 单调条件。假设点 $w_k = (a, b)$,点 $w_{k+1} = (c, d)$,那么 $c - a \geqslant 0$ 且 $d - b \geqslant 0$。

2. 状态评价模型建立

Ⅱ类部件的状态评价流程为:以历史数据与实时状态检测数据为基础,对关键部件的实时状态数据进行预处理后,与历史健康参考样本进行比对。随着数控加工装备的不断运行,关键部件的健康状态不断发生改变,状态信息不断更新并反映在实时数据上,利用 DTW 算法将健康状态数据与实时状态数据进行匹配,利用得到的相似度距离是否在正常值范围内来评判关键部件的健康状态。具体步骤如下。

1) 数据预处理

数控加工装备在运行过程中由于存在噪声干扰、运行状态不稳定等情况,需要预先对数据进行去噪、归一化和去除趋势项等处理,从而有利于更准确地获取待测部件的状态数据。

2) 相似度距离获取

将采集到的关键部件状态数据与健康状态数据对比,利用动态时间规整算法得到最优动态规划路径,获得两个样本之间的相似度距离,该距离作为评判两个样本相似度的量化指标,并为后续关键部件状态评价打基础。

3) 关键部件状态评价

将得到的相似度距离与设定阈值进行对比,在健康阈值的规定范围内证明该部件健康状态良好,当该值超出设定阈值时,说明该部件健康状态存在异常,需要及时更换或维修。

Ⅱ类部件健康状态评价的具体流程如图 7.10 所示。

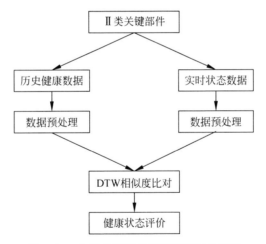

图 7.10 Ⅱ类关键部件健康状态评价流程

7.4 基于灰色聚类理论的装备健康状态综合评价方法

本节在 7.1 节~7.3 节的研究基础之上,借助灰色聚类理论和白化权函数建立装备-系统-要素健康状态评价体系[6-8]。并对装备状态等级进行划分,确定装备各要素的数据感知获取途径,最终根据白化权函数值确定装备在各状态等级下的置信度,实现数控加工装备的健康状态评价。健康状态评价的流程如图 7.11 所示。

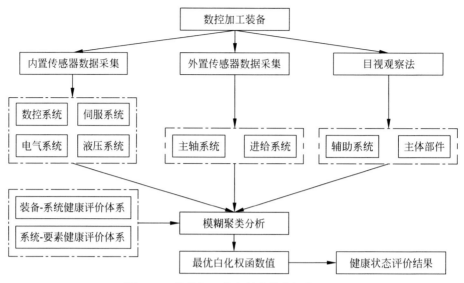

图 7.11　数控加工装备健康状态评价流程

7.4.1　灰色聚类理论与白化权函数

灰色聚类方法一般根据已有经验和待评价系统的特点确定灰类和特征参数，并根据已知信息得到相应的关联矩阵或白化权函数，来对评价系统进行聚类分析，因此根据聚类方式的不同可以分为灰色关联聚类和灰色白化权函数两种方法。灰色关联聚类的目的在于将关联密切的要素通过一定的方法聚类在一起，利用其中一个最关键的要素或者各要素的平均指标来代表该聚类，避免了评价要素的冗余。灰色白化权函数用来计算各聚类对象中不同指标的白化权值，从而判断各指标属于哪一灰类。由于本章的研究对象为数控加工装备，各项指标与要素的分类可以预先得知，且装备的健康状态都可以归属于预先设定好的灰类中，所以本章更适合选择灰色白化权函数作为装备健康评价方法。

白化权函数主要分为 4 种，分别为典型白化权函数、上限白化权函数、下限白化权函数和适中白化权函数，如图 7.12～图 7.15 所示。其中典型白化权函数具有 4 个转折点，分别为 x_1、x_2、x_3 和 x_4，当典型白化权函数缺少转折点 x_3 和 x_4 时，可转化为上限白化权函数，同理，缺少 x_1 和 x_2 时可转化为下限白化权函数，当转折点 x_2 和 x_3 重合时，转化为适中白化权函数。

如图 7.12～图 7.15 所示，典型白化权函数的临界值为 $0.5(x_1+x_2)$，上限白化权函数的临界值为 x_2，下限白化权函数的临界值为 x_1，适中白化权函数的临界值为 x_2，通过白化权函数的临界值我们可以确定指标在不同灰类中的权重。

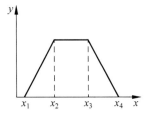

图 7.12　典型白化权函数

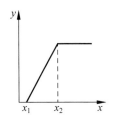

图 7.13　上限白化权函数

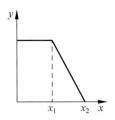

图 7.14　下限白化权函数

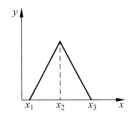

图 7.15　适中白化权函数

7.4.2　基于判断矩阵的装备各系统重要度研究

机床的故障类型多种多样,任何一个系统出现故障都可能导致机床无法正常工作,一部分要素出现故障时对机床工作状态影响较小,有一部分要素出现故障时可能仅仅需要更换部件即可解除故障,还有一部分要素出现故障时可能需要停机维护才能解除故障,因此利用判断矩阵来量化数控机床各系统的重要程度,实现定性与定量的综合考虑。判断矩阵的量化值如表 7.3 所示,机床的判断矩阵如表 7.4 所示。

表 7.3　判断矩阵的量化值

因素 A_i 与因素 A_j 相比重要性程度判断	量化值
同等重要	1
稍微重要	3
较强重要	5
强烈重要	7
极端重要	9
判断结果中间值	2,4,6,8

表 7.4　机床的判断矩阵 A

	系统 1	系统 2	$\cdots$	系统 n
系统 1	a_{11}	a_{12}	$\cdots$	a_{1n}
系统 2	a_{21}	a_{22}	$\cdots$	a_{2n}

续表

	系统 1	系统 2	⋯	系统 n
⋮	⋮	⋮		⋮
系统 n	a_{n1}	a_{n2}	⋯	a_{nn}

利用表 7.4 的判断矩阵,可以求出其最大特征值 $\lambda_{\max}$ 及其所对应的向量 $\boldsymbol{\omega}$,利用向量 $\boldsymbol{\omega}$ 可以确定判断矩阵中各系统所占的权重值。

$$\boldsymbol{A}\,\boldsymbol{\omega} = \lambda_{\max}\,\boldsymbol{\omega} \tag{7.11}$$

为了避免主观因素引起的判断错误,减少判断误差,引入一致性指标 CI,当 CI 为 0 时判断矩阵具有完全的一致性;当 CI 越接近 0 时,判断矩阵的一致性越强,反之则不一致性严重。

$$CI = \frac{\lambda - n}{n - 1} \tag{7.12}$$

同时,为了衡量一致性指标 CI 的大小,引入参数 RI 和检验系数 CR,如式(7.13)和式(7.14)所示。参数 RI 和判断矩阵的阶数相关,矩阵的阶数越大,则出现一致性随机偏离的可能性也越大,相应的 RI 的值也会越大,对应关系如表 7.5 所示;检验系数 CR 可以定量的评价判断矩阵的一致性,如果 CR<0.1,则说明判断矩阵通过一致性检验,否则矩阵一致性较差。

$$RI = \frac{CI_1 + CI_2 + \cdots + CI_n}{n} \tag{7.13}$$

$$CR = \frac{CI}{RI} \tag{7.14}$$

表 7.5　RI 标准值

矩阵阶数	1	2	3	4	5	6	7	8	9	10
RI	0	0	0.58	0.90	1.12	1.24	1.32	1.41	1.45	1.49

7.4.3　基于白化权函数的装备-系统-要素评价体系

1. 评价体系概述

在构建装备健康状态评价体系时,需要从不同系统和不同方面全面考虑,把不同的评价指标最终量化成数值,同时也要考虑以下两方面的问题:①各系统要素数量精减而全面,保证评价体系的客观性;②权重值设置有理有据,且系统内各项权重归一化处理,保证权重和为 1。

利用白化权函数进行机床健康状态评价的流程如图 7.16 所示。

(1)明确机床聚类指标数量和综合评价体系灰类的个数,用 m 表示机床聚类指标的个数,n 表示评价体系中灰类的个数。

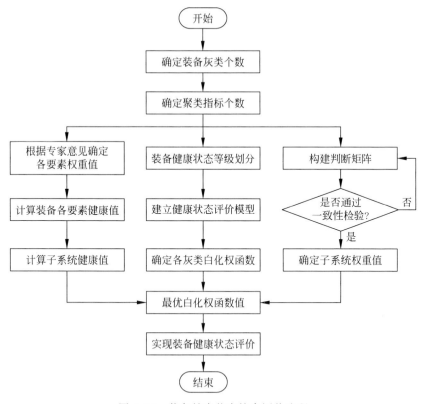

图 7.16　装备健康状态综合评价流程

（2）构建装备子系统的判断矩阵，并检查该判断矩阵是否通过一致性检验，得到装备各子系统的健康评价权重值。

（3）根据专家意见确定子系统各要素的健康评价权重值。

（4）获取机床各要素的健康状态值，并通过机床各要素的健康状态值得到各子系统的健康状态值，如式（7.15）所示。

$$y = \sum_{i=1}^{k} x_i \lambda_i \tag{7.15}$$

式中，k 为该子系统中关键要素的数量；x_i 为该系统中第 i 个要素健康状态值；λ_i 为该系统中第 i 个要素的权重值；y 为该系统的健康状态值。

（5）利用判断矩阵、以往经验和专家意见确定状态评价体系的白化权函数。

（6）根据机床各系统的健康状态值，通过式（7.16）得到机床各个灰类下白化权函数值的置信度。

$$\sigma_j = \sum_{i=1}^{m} y_{ij} \eta_i \tag{7.16}$$

式中，y_{ij} 为该机床第 i 个子系统属于第 j 个灰类下的概率；η_i 为该机床第 i 个子系统的权重值；σ_j 为该机床属于第 i 个灰类下的概率。

（7）根据最优白化权函数值得到装备健康状态的最终评价结果。

2. 装备-系统评价体系建立

传统的机床健康状态分类一般将机床分为故障和健康两种状态，缺乏对机床运行过程当中不断变化和不断积累的退化过程的考虑，机床的退化过程有 3 种，第 1 种是 Z 字形变化，当机床发生退化时，直接从量变产生质变，对机床影响较大，可以通过定期更换年久部件来加以避免；第 2 种为阶梯式退化，这种退化过程，在发生退化的每一个阶段都会对装备造成一定影响，可以通过状态监测来进行察觉；第 3 种为渐进式退化，这种退化过程主要出现为易损部件，随着时间的不断推移，由于长时间的工作不断出现磨损和损坏，同样可以通过状态监测来察觉。根据机床的退化特点和机床的工作特点将机床分为 5 个状态等级，分别为非常健康、健康、亚健康、故障和严重故障，如表 7.6 所示。

表 7.6 机床状态等级分类

状 态 等 级	实 际 情 况
非常健康	数控加工装备运行状态优异，发生故障概率极小
健康	数控加工装备运行状态良好，发生故障概率很小
亚健康	数控加工装备运行状态一般，但性能指标基本在安全线内，容易发生轻微故障
故障	数控加工装备运行状态较差，建议进行维修
严重故障	数控加工装备运行状态极差，建议进行维修或更换

根据机床状态等级得到机床健康状态评价模型，如图 7.17 所示，其中该模型中 5 个灰类的白化权函数如下。

（1）表示机床严重故障等级的白化权函数 $f_1(x)$：

$$f_1(x) = \begin{cases} 1, & x \in (0, x_1) \\ \dfrac{x_2 - x}{x_2 - x_1}, & x \in (x_1, x_2) \\ 0, & x \notin (0, x_2) \end{cases}$$

（2）表示机床故障等级的白化权函数 $f_2(x)$：

$$f_2(x) = \begin{cases} \dfrac{x - x_1}{x_2 - x_1}, & x \in (x_1, x_2) \\ 1, & x \in (x_2, x_3) \\ \dfrac{x_4 - x}{x_4 - x_3}, & x \in (x_3, x_4) \\ 0, & x \notin (x_1, x_4) \end{cases}$$

（3）表示机床亚健康等级的白化权函数 $f_3(x)$：

$$f_3(x)=\begin{cases} \dfrac{x-x_3}{x_4-x_3}, & x \in (x_3,x_4) \\ 1, & x \in (x_4,x_5) \\ \dfrac{x_6-x}{x_6-x_5}, & x \in (x_5,x_6) \\ 0, & x \notin (x_3,x_6) \end{cases}$$

（4）表示机床健康等级的白化权函数 $f_4(x)$：

$$f_4(x)=\begin{cases} \dfrac{x-x_5}{x_6-x_5}, & x \in (x_5,x_6) \\ 1, & x \in (x_6,x_7) \\ \dfrac{x_8-x}{x_8-x_7}, & x \in (x_7,x_8) \\ 0, & x \notin (x_5,x_8) \end{cases}$$

（5）表示机床非常健康等级的白化权函数 $f_5(x)$：

$$f_5(x)=\begin{cases} \dfrac{x-x_7}{x_8-x_7}, & x \in (x_7,x_8) \\ 1, & x \in (x_8,x_9) \\ 0, & x \notin (x_7,x_9) \end{cases}$$

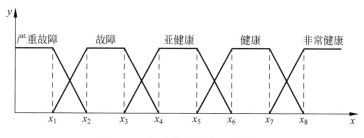

图 7.17 机床健康状态评价模型

3. 系统-要素评价体系建立

机床与子系统、子要素间存在一种映射关系，通过对各个系统各要素的重要程度进行评价，得到该要素的影响权重，装备-系统-要素间的映射关系如图 7.18 所示。在对权重赋值时，需要在充分调研的基础上，综合多位专家意见取平均值，对要素进行综合评判。

各系统要素集如下：

（1）数控系统的影响要素集。其主要由 HMI、NC 和 PLC 三部分组成。

HMI：人机交互界面，是人和装备交换信息的重要媒介，在数控系统中重要性

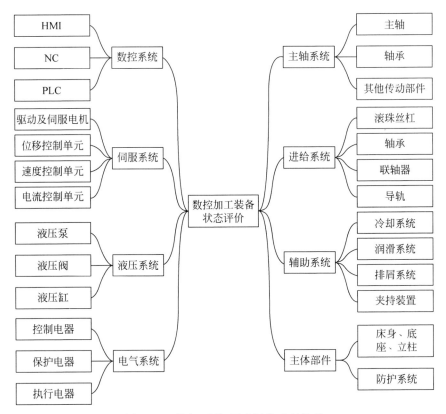

图 7.18 装备-系统-要素间的映射关系

程度所占权重为 a_1；

NC：用于轨迹的计算、位置的调节和相关的控制，以及各种复杂的机床功能，在数控系统中重要性程度所占权重为 a_2；

PLC：用于机床逻辑的控制，如刀库、液压设备等，在数控系统中重要性程度所占权重为 a_3。

（2）主轴系统的影响要素集。其主要由主轴、轴承和其他传动部件三部分组成。

主轴：数控机床的主传动，主轴的健康状态直接影响装备的加工精度和切削效率，在主轴系统中重要性程度所占权重为 b_1；

轴承：主轴固定装置，影响着主轴性能，为除主轴外主轴系统中最重要的机械部件，在主轴系统中重要性程度所占权重为 b_2；

其他传动部件：这部分机械部件主要包括齿轮箱或带轮等传动件，在主轴系统中重要性程度所占权重为 b_3。

（3）伺服系统的影响要素集。其主要由驱动及伺服电机、位移控制单元、速度控制单元和电流控制单元四部分组成。

驱动及伺服电机：数控系统输入的 NC 程序通过译码、计算等一系列指令转换为坐标轴的运动轨迹(包含位置、速度和加速度)，然后发送给所对应的驱动,通过伺服电机来驱动机械传动部件完成 NC 程序中所指定的加工轨迹,在伺服系统中重要性程度所占权重为 c_1；

位移控制单元：伺服系统中的位置反馈环,进行相应的 PID 调节,实现对位移的控制,在伺服系统中重要性程度所占权重为 c_2；

速度控制单元：伺服系统中的速度反馈环,进行相应的 PID 调节,实现对速度的控制,在伺服系统中重要性程度所占权重为 c_3；

电流控制单元：伺服系统中的电流反馈环,进行相应的 PID 调节,实现对电流的控制,在伺服系统中重要性程度所占权重为 c_4。

(4) 进给系统的影响要素集。其主要由联轴器、滚珠丝杠、轴承和导轨四部分组成。

联轴器：负责连接伺服电机和滚珠丝杠,在进给系统中重要性程度所占权重为 d_1；

滚珠丝杠：用于进行旋转运动与直线运动两者之间的转换,从而实现工作台或者刀具的移动,在进给系统中重要性程度所占权重为 d_2；

轴承：进给系统中滚珠丝杠等旋转机械的重要支撑部件,在进给系统中重要性程度所占权重为 d_3；

导轨：用于实现机床加工过程中的直线往复运动,在进给系统中重要性程度所占权重为 d_4。

(5) 液压系统的影响要素集。其主要由液压泵、液压阀和液压缸三部分组成。

液压泵：液压系统中的动力元件、供油装置,为系统提供液压油,并将机械能转换成液压能为执行原件所用,在液压系统中重要性程度所占权重为 e_1；

液压阀：调速阀、节流阀、电磁换向阀等控制油液方向、压力、流量的装置,主要分为方向阀、压力阀、流量阀 3 种,一般组合使用实现装置的通断,在液压系统中重要性程度所占权重为 e_2；

液压缸：将液压能转变为机械能的执行元件,在液压系统中重要性程度所占权重为 e_3。

(6) 电气系统的影响要素集。其主要由控制电器、保护电器和执行电器三部分组成。

控制电器：用于控制电路或控制设备的电器,如接触器、继电器、形成开关等,在电气系统中重要性程度所占权重为 f_1；

保护电器：用于保护电路或保障设备安全性的电器,如熔断器、热继电器等,在电气系统中重要性程度所占权重为 f_2；

执行电器：用于实现某种所需动作或所需功能的电器,如电磁铁、电磁离合器等,在电气系统中重要性程度所占权重为 f_3。

（7）辅助系统的影响要素集。其主要由冷却系统、润滑系统、排屑系统和夹持装置四部分组成。

冷却系统：主要作用为使机床在所用工况下温度维持在适当的范围内，在辅助系统中重要性程度所占权重为 g_1；

润滑系统：主要作用为轻机床部件的磨损，伴有冷却清洗作用，在辅助系统中重要性程度所占权重为 g_2；

排屑系统：主要作用为收集机床加工过程当中产生的废屑，并将其聚集到收集车上，在辅助系统中重要性程度所占权重为 g_3；

夹持装置：主要作用为固定所需加工的工件，在辅助系统中重要性程度所占权重为 g_4。

（8）主体部件要素集。其主要由床身、底座、立柱和防护系统组成。

床身、底座、立柱：这些部件支撑起整个机床，是整个机床的骨骼，在主体部件中重要性程度所占权重为 h_1；

防护系统：对机床床身部件起到一定保护作用的装置，在主体部件中重要性程度所占权重为 h_2。

4. 各要素信息感知与获取方式

表 7.7～表 7.14 为各要素信息获取或感知方式。从表中可以看出，数控系统、伺服系统、液压系统和电气系统主要由装备内传感器感知或获取数据；主轴系统和进给系统主要通过外加传感器的方式采集和感知数据；辅助系统和主体部件主要通过现场的定期检查感知。了解各要素信息的获取方式有利于更准确地对装备整体状态进行评价，为后续数控加工装备状态评价体系提供理论依据。

表 7.7　数控系统信息来源

数控系统	HMI	NC	PLC
依据	操作面板与机床控制面板	操作面板与控制面板（如输入程序无响应）	操作面板与机床控制面板（指示灯）

表 7.8　主轴系统信息来源

主轴系统	主轴	轴承	其他传动部件
依据	外传感器	外传感器	外传感器

表 7.9　伺服系统信息来源

伺服系统	驱动及伺服电机	位移控制单元	速度控制单元	电流控制单元
依据	操作面板与控制面板	机床通信接口	机床通信接口	机床通信接口

表 7.10　进给系统信息来源

进给系统	滚珠丝杠	轴承	联轴器	导轨
依据	外传感器	外传感器	外传感器	外传感器

表 7.11　液压系统信息来源

液压系统	液压泵	液压阀	液压缸
依据	操作面板与控制面板	操作面板与控制面板	操作面板与控制面板

表 7.12　电气系统信息来源

电气系统	控制电器	保护电器	执行电器
依据	操作面板与控制面板	操作面板与控制面板	操作面板与控制面板

表 7.13　辅助系统信息来源

辅助系统	冷却系统	润滑系统	排屑系统	夹持装置
依据	现场情况	现场情况	现场情况	现场情况

表 7.14　主体部件信息来源

主体部件	床身、底座和立柱	防护系统
依据	历史信息与现场情况	现场情况

5. 各要素健康状态判定机制

在构建完数控加工装备健康状态评价体系后,需要对装备各要素健康状态值进行评判。本章将各要素健康状态设定在 0~1 的连续区间内,0 为完全故障,1 为非常健康。

针对数控系统、伺服系统、液压系统和电气系统则需要借助内置传感器采集状态数据,对要素进行综合的健康状态评判。针对辅助系统和主体部件一般需要借助生产工艺员的现场观察来进行健康状态评判,可以通过每天固定时间检测进行状态信息的获取。针对主轴系统和进给系统,可以借助 7.3 节的关键部件状态评价方法将所有关键部件健康状态设定在 0~1 的区间内。

由于各系统之间与各要素之间存在一定的联系,因此当一个要素发生异常状态时,通常其他要素甚至其他系统也会受到相应的影响。同时,各系统与要素的使用年限等其他因素也会影响各要素健康状态的判别。

7.5　案例分析

7.5.1　基于大样本数据的主轴轴承状态检测

采用凯斯西储大学轴承数据集(Case Western Reserve University,CWRU)为数据源[9]。该数据集分为两部分,一部分为风扇端轴承采集到的数据,另一部分为驱动端轴承采集到的数据,数据中包含 0.1778 mm、0.3556 mm 和 0.5334 mm 3 种不同故障程度的轴承,在 1 hp(1 hp≈746 W)、2 hp、3 hp 和 4 hp 4 种不同马力的驱动下,每种马力分别对应 1797 r/min、1772 r/min、1750 r/min 和 1730 r/min 4 种不同的转速情况。

将训练的轴承种类分为 10 类,分别为 3 种不同故障程度的内圈故障轴承,3 种不同故障程度的滚动体故障轴承,3 种不同故障程度的外圈故障轴承(外圈负载区中心),正常轴承。这 10 种数据是在转速为 1772 r/min,12 kHz 的 DE-驱动端利用加速度传感器测量出来的。每组数据的截取长度为 108000。将数据每 900 个作为一个数据样本,然后利用滑动窗口的方法扩大样本数量,设置滑动步长为 100,每组数据都获取到了 1000 个数据样本,这样总共获得 10×1000×900 个数据样本,如表 7.15 所示。之后将 10 种类型的样本分别用独热码(one-hot)的形式贴上标签,并利用洗牌算法将 10 种类型的数据集合并打乱,取其中 80％为训练集,20％为测试集。

表 7.15　制作的状态检测数据集

标签	样本类型	故障程度 /mm	电机转速 /(r/min)	电机负载 /hp	样本数量	数据长度
1	健康状态	0	1772	1	1000	900
2	滚动体故障	0.1778	1772	1	1000	900
3	滚动体故障	0.3556	1772	1	1000	900
4	滚动体故障	0.5334	1772	1	1000	900
5	内圈故障	0.1778	1772	1	1000	900
6	内圈故障	0.3556	1772	1	1000	900
7	内圈故障	0.5334	1772	1	1000	900
8	外圈故障	0.1778	1772	1	1000	900
9	外圈故障	0.3556	1772	1	1000	900
10	外圈故障	0.5334	1772	1	1000	900

本案例的试验平台配置如下：Windows 11 64 位操作系统,i5 8300H CPU,GTX1060 6 GB 独立显卡,16 GB 运行内存,编译器采用 PyCharm,基于 Python 中的 TensorFlow 2.0 神经网络算法库,程序运行的环境为 Python 3.8。

针对上述制作好的训练数据集,采用 7.4.2 节中搭建好的神经网络训练模型进行训练,将迭代次数设置为 30 次。模型的准确率和损失函数曲线如图 7.19 和图 7.20 所示。

由图 7.19 可知,当迭代次数增加时,模型的识别准确率会相应提高,当迭代次数增加到 15 次以上时,模型的准确率大于 99％。

由图 7.20 可知,当迭代次数增加时,模型的损失函数值会持续降低,当迭代次数增加到 15 次以上时,模型的损失函数值趋于 0。

因此,该模型经过测试拥有较高的准确率和较低的损失函数值,可以用于装备的关键部件健康状态评价。

为了方便数控加工装备健康状态综合评价的研究,将关键部件的健康状态结果映射在 0～1 的区间内。当训练集样本包含关键部件的健康、亚健康和各类不同

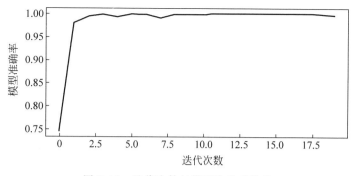

图 7.19　迭代次数与模型准确率关系

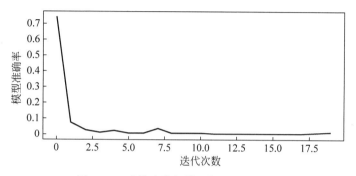

图 7.20　迭代次数与模型损失函数关系

故障程度的状态数据时,可以根据检测结果,设定相应的健康状态值表(表 7.16)。以该案例为例,当检测结果为标签 1 时,关键部件的健康状态值为 1;当检测结果为标签 2、5 和 8(Ⅰ级故障)时,关键部件的健康状态值为 0.1;当检测结果为标签 3、6 和 9(Ⅱ级故障)时,关键部件的健康状态值为 0.05;当检测结果为标签 3、6 和 9(Ⅲ级故障)时,关键部件的健康状态值为 0。为了避免关键部件异常状态的发生,在亚健康状态时需要对关键部件及时做维修或更换处理。

表 7.16　关键部件不同状态下健康状态值

状态类型	健康	亚健康	Ⅰ级故障	Ⅱ级故障	Ⅲ级故障
健康状态值	1	0.8	0.1	0.05	0

7.5.2　基于小样本数据的主轴轴承状态检测

本节仍采用凯斯西储大学轴承数据集作为数据源,选用电机转速 1772 r/min、电机负载 1 hp、采样频率为 12 kHz 的 DE-驱动端的小样本数据用于案例验证。选取滚动体故障、内圈故障、外圈故障(负载区中心、负载区相交、负载区相对)5 种不同故障下的数据作为异常状态数据。部分测试结果如图 7.21～图 7.26 所示。

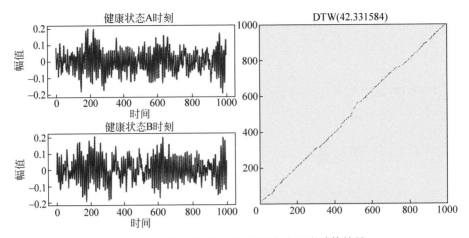

图 7.21 健康状态下不同时刻相似度距离计算结果

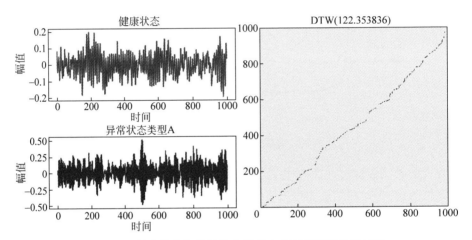

图 7.22 健康状态与异常状态类型 A 相似度距离计算结果

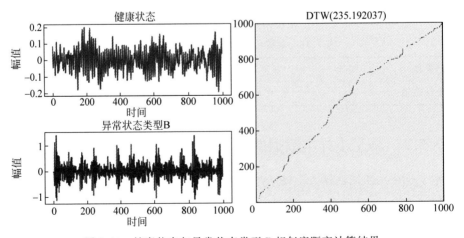

图 7.23 健康状态与异常状态类型 B 相似度距离计算结果

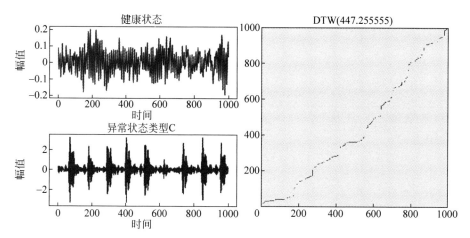

图 7.24　健康状态与异常状态类型 C 相似度距离计算结果

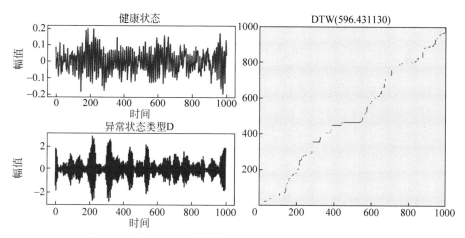

图 7.25　健康状态与异常状态类型 D 相似度距离计算结果

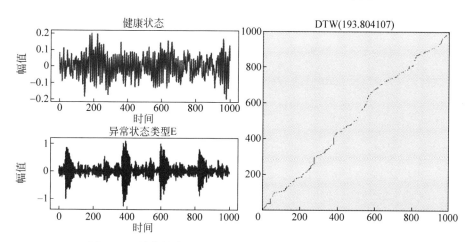

图 7.26　健康状态与异常状态类型 E 相似度距离计算结果

为了降低实验结果的偶然性,减小随机误差,将健康状态下的数据和各类异常状态下的数据各截取 5 组,分别与参考序列(健康状态下的数据)进行比对,结果如表 7.17 所示。

表 7.17 不同类型数据与参考序列相似度距离计算结果

轴 承 状 态	第 1 组	第 2 组	第 3 组	第 4 组	第 5 组
健康状态	42.332	43.263	41.156	42.198	46.178
异常状态类型 A	122.354	122.873	124.52	132.154	123.576
异常状态类型 B	235.192	222.088	232.581	233.157	225.123
异常状态类型 C	447.256	433.172	437.265	446.184	439.152
异常状态类型 D	596.431	567.822	598.125	584.124	594.963
异常状态类型 E	193.804	194.317	198.194	194.266	193.901

根据表 7.17 中信息我们可以得出,健康状态下数据与参考序列相似度距离计算结果为 40～50;异常状态下数据与参考序列相似度距离计算结果根据异常状态类型的不同为 120～600。因此,在该状态下我们可以认定:当关键部件状态数据与参考序列相似度距离小于或等于 60 时,该关键部件为健康状态;当关键部件状态数据与参考序列相似度距离为 60～100 时,该关键部件处在亚健康状态,应当随时关注其健康状态或者及时更换部件,避免关键部件发生故障而导致数控加工装备无法继续运行;当关键部件状态数据与参考序列相似度距离大于或等于 100 时,应当及时更换部件避免事故发生。

为了方便数控加工装备健康状态综合评价的研究,将关键部件的健康状态设定在 0～1 的连续区间内,并以该案例为例,将装备的健康状态按照梯度划分,如图 7.27 所示。当相似度距离小于 50 时,认为该关键部件完全健康,健康状态值为 1;当相似度距离大于 100 时,认为该关键部件处于故障状态,健康状态值为 0。为了避免关键部件异常状态的发生,在其健康状态值处在 0.8 以下时及时做维修或更换处理。

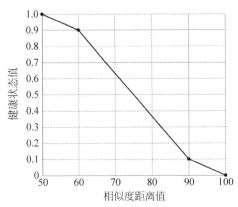

图 7.27 相似度距离值与健康状态值的关系

7.5.3　数控加工装备状态综合评价

以某型号机床为例,进行数控加工装备健康状态的综合评价。利用判断矩阵确定该机床各子系统的重要性程度,如表 7.18 所示。

表 7.18　机床子系统判断矩阵

	A	B	C	D	E	F	G	H
A	1	2	2	4	4	4	8	8
B	1/2	1	1	2	2	2	4	4
C	1/2	1	1	2	2	2	4	4
D	1/4	1/2	1/2	1	1	1	2	2
E	1/4	1/2	1/2	1	1	1	2	2
F	1/5	1/2	1/2	1	1	1	2	2
G	1/8	1/4	1/4	1/2	1/2	1/2	1	1
H	1/8	1/4	1/4	1/2	1/2	1/2	1	1

注:A 为数控系统;B 为主轴系统;C 为伺服系统;D 为进给系统;E 为液压系统;F 为电气系统;G 为辅助系统;H 为主体部件。

通过表 7.18 计算可知,该矩阵的最大特征值 $\lambda = 8$,在该特征值下的特征向量为(0.7628,0.3824,0.3814,0.1907,0.1907,0.1907,0.0953,0.0953),利用式(7.10)计算,我们可以得到机床各子系统所占权重值,如表 7.19 所示。借助式(7.11)～式(7.13)验证该判断矩阵的一致性,结果显示 $CR = 0 < 1$,表明该判断矩阵通过了一致性检验。

表 7.19　机床各子系统所占权重值

子系统	数控系统	主轴系统	伺服系统	进给系统
权重值	0.3363	0.1637	0.1637	0.0841
子系统	液压系统	电气系统	辅助系统	主体部件
权重值	0.0841	0.0841	0.0420	0.0420

在得到机床各子系统权重值后,需要对子系统各要素的权重值进行赋值。在赋值过程中各要素分别对 5 位专家的评判结果去掉一个最高值和一个最低值,并对剩下 3 个结果取均值,得到的权重值如下所示。

数控系统:$(a_1, a_2, a_3) = (0.2, 0.6, 0.2)$;

主轴系统:$(b_1, b_2, b_3) = (0.7, 0.2, 0.1)$;

伺服系统:$(c_1, c_2, c_3, c_4) = (0.4, 0.2, 0.2, 0.2)$;

进给系统:$(d_1, d_2, d_3, d_4) = (0.1, 0.5, 0.3, 0.1)$;

液压系统:$(e_1, e_2, e_3) = (0.3, 0.3, 0.4)$;

电气系统：$(f_1, f_2, f_3) = (0.4, 0.3, 0.3)$；

辅助系统：$(e_1, e_2, e_3, e_4) = (0.3, 0.3, 0.2, 0.2)$；

主体部件：$(f_1, f_2) = (0.8, 0.2)$。

在获取完机床各系统和各要素权重值后，需要依据采集到的状态数据信息对机床各要素健康状态进行评判，该机床 8 个子系统各要素的健康状态值如表 7.20 所示。

表 7.20　机床 8 个子系统各要素的健康状态值

系统	数 控 系 统			主 轴 系 统		
	HMI	NC	PLC	主轴	轴承	其他传动部件
健康状态值	1	0.9	0.9	1	1	1

系统	伺 服 系 统				进 给 系 统			
	驱动及伺服电机	位移控制单元	速度控制单元	电流控制单元	滚珠丝杠	轴承	联轴器	导轨
健康状态值	0.9	0.9	0.9	0.9	1	1	1	1

系统	液 压 系 统			电 气 系 统		
	液压泵	液压阀	液压缸	控制电器	保护电器	执行电器
健康状态值	0.9	0.9	0.9	0.9	0.9	0.9

系统	辅 助 系 统			主 体 部 件		
	冷却系统	润滑系统	排屑系统	夹持装置	床身、底座和立柱	防护系统
健康状态值	0.9	0.9	1	1	0.9	1

根据以上各要素健康状态值，可得出该机床各系统的健康状态值结果矩阵 $Y = (1, 1, 1, 1, 0.9, 0.9, 0.94, 0.92)$。

同时根据专家意见和装备特点，确定图 7.20 中装备健康状态评价模型的各项参数如表 7.21 所示。

表 7.21　机床健康状态评价模型参数值

参数	x_1	x_2	x_3	x_4	x_5	x_6	x_7	x_8
数值	0.40	0.60	0.70	0.75	0.80	0.85	0.90	0.95

通过式(7.16)可以计算出机床在各状态等级下的白化权函数值，得到机床处在各健康状态等级下的置信度，选取置信度最高的健康状态表示为机床当前所处的状态，如表 7.22 所示，通过结果我们可以看出，该机床有 60.836% 的置信度处于非常健康状态，有 39.164% 的置信度处于健康状态，因此我们可以认定该机床的健康状态为非常健康，处于健康等级与非常健康等级之间，企业可以放心利用该机床进行生产加工等工作。

表 7.22 机床白化权函数值

装备健康等级	白化权函数	函 数 值
非常健康	$f_5(x)$	0.60836
健康	$f_4(x)$	0.39164
亚健康	$f_3(x)$	0
故障	$f_2(x)$	0
严重故障	$f_1(x)$	0

本章小结

本章首先依据数控加工装备的结构特点将其划分为 8 个子系统,并确定了每个子系统的异常种类和各自的采集方案。其次,依据数控加工装备关键部件样本数据集是否充足将其分为两类部件,数据集充足的关键部件采用卷积神经网络模型进行健康状态评价,数据集缺失的非易损关键部件则采用动态时间规整算法进行健康状态评价。再次,利用灰色模糊聚类对数控加工装备健康状态进行综合评价。建立了装备-系统-要素评价体系,将不同的评价指标量化成数值,并根据各系统的重要程度构建判断矩阵,搭建机床健康状态评价模型。最后,以某型号的机床为例,结果显示该机床处在非常健康状态的置信度为 60.836%,处在健康状态的置信度为 39.164%。

参考文献

[1] 陈传海,王成功,杨兆军,等.数控机床可靠性建模研究现状及发展动态分析[J].吉林大学学报:工学版,2022,52(2):253-266.

[2] 邓超,孙耀宗,李嵘,等.基于隐 Markov 模型的重型数控机床健康状态评估[J].计算机集成制造系统,2013,19(3):552-558.

[3] 黄祖广,王舒辉,王金江,等.基于 RAMS 的数控机床综合评价方法研究[J].机械工程学报,2022,58(9):218-230.

[4] 雷亚国,贾峰,孔德同,等.大数据下机械智能故障诊断的机遇与挑战[J].机械工程学报,2018,54(5):94-104.

[5] 雷亚国,杨彬,杜兆钧,等.大数据下机械装备故障的深度迁移诊断方法[J].机械工程学报,2019,55(7):1-8.

[6] 周云峰,王德超,崔峰,等.基于灰色聚类方法的加工中心进给系统可靠性评价[J].机床与液压,2019,47(20):192-196,200.

[7] 陈诗昊,全世豪,李冬阳,等.基于改进优度评价-AHP 法的加工中心可靠性分析[J].机床与液压,2022,50(15):201-206.

［8］ ZHANG K，CHENG G. Machine tool evaluation method，machine tool evaluation system and medium ：US17524861［P］. 2022.

［9］ CWRU. Bearing Date Center，seeded fault test data［EB/OL］. http：//csegroups. case. edu/ bearing data center/.

［10］ ZHANG K，CHENG G . Machine tool evaluation method，machine tool evaluation system and medium：US2022179393A1［P］. 2022.

第8章

基于数字孪生的智能产线系统
开发与应用

产线的网络化和智能化实施中,始终存在一个难点——如何实现制造过程中物理空间与信息空间的交互与共融[1]。数字孪生技术是解决该问题最为有效的手段之一,数字孪生技术通过充分利用物理模型、传感器更新、运行历史等数据,集成多学科、多物理、多尺度、多概率的仿真过程,在虚拟空间中完成映射,反映相对应的实体装备的制造过程。因此,本章以产线物理实体为研究对象,对基于数字孪生的多维模型融合智能产线理论框架进行研究,并依托智能制造可适应规划仿真软件,建设了面向智能产线的可视化仿真平台。

8.1 基于数字孪生的智能产线系统概述

数字孪生可以集成新一代信息技术,如物联网、大数据、云计算和先进制造技术,以构建虚拟模型,该模型与具有实时双向通信的制造物理系统高度一致,从而通过虚拟模型的运行实现对物理系统的控制,为物理世界、虚拟世界的多维度数据融合提供具体的解决方案和可行的途径[2-3]。基于数字孪生的智能产线系统以物理车间产线为实体,映射产线要素虚拟模型,结合物联网技术采集多源异构数据,如人员、设备、产线环境等信息数据实时同步要素虚拟体行为。同时,连接产线服务系统如 MES 系统、WMS 系统等,根据系统生产计划、生产过程数据构建车间生产规则并结合模型、行为,多层次、多维度融合物理产线与数据空间搭建可视化系统[4]。

图 8.1 是某企业的齿毂机加产线,该产线生产要素包括上料装置、数控机床、搬运机器人、传送装置及各种检测传感器。数字孪生产线可视化技术的核心任务:①建立产线高度保真的虚拟模型;②针对多种类型的设备,实现多源异构虚实设备的实时通信;③融入产线管理优化信息,如排产计划、设备维护、刀具管理优化等。要实现上述核心任务,一方面需要搭建基于数字孪生的智能产线系统框架,另一方面需要依托仿真平台进行部署[5]。

本节在给出一种可视化实现方法的基础上,依托智能制造可适应规划仿真平台(VE2)开发基于数字孪生的产线可视化系统。平台支持 OPC-UA、TCP/IP、

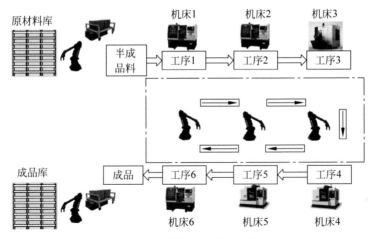

图 8.1　齿毂机加产线示例

Modbus TCP 等多种通信协议,能够实现虚实映射,可以直接使用数据采集系统的数据,并对数据进行实时处理,将驱动知识数据传到虚拟模型,实现虚实映射。该平台支持 PLC 交互,可实现虚实互控;有丰富的模型资源库,支持 2500＋个模型库,包括机器人库(至少 1500＋个不同厂家不同型号的机器人)、工具库、机床库、物流设备、IoT 设备单元等来自不同厂家的标准模型,并且模型库在线实时免费更新,也可自主进行模型库扩充;模型拖拽简单,布局搭建快捷,支持 3D 世界的自由视角,可以有针对性的放缩,实现自如切换设备、产线和车间中心,查看方便快捷,适应不同三维软件用户的操作习惯;可以根据规划设计要求,在 3D 虚拟环境搭建产线布局,模拟现实生产线一系列功能;具有开放式的接口,可以与 CAD 模型衔接,可针对模型库中未包含的非标准模型进行定制建模,支持导入的模型文件类型包含且不限于 3D Studio、AutoCAD、CATIA、pro/E、SolidWorks、STEP、Rhino、Iges、Inventor、PRC 等导入模型格式,包括工业机器人与加工设备的模型导入,并可根据物理实体的几何大小、属性、行为、信号等进行参数化建模,遵循即插即用的原则对模型进行定义,方便快捷。

8.2　基于数字孪生的智能产线系统实现框架

参考数字孪生五维模型,结合产线设备具有多样性、数据来源横跨多维度的特点,提出以制造执行管理系统(MES)为信息流通枢纽,多维模型融合的数字孪生模型为核心的产线可视化系统[6-7]。系统框架如图 8.2 所示,主要包括由产线物理实体要素组成的产线物理实体模块,基于 MES 的车间信息化平台,结合数字孪生技术构建的实现仿真、优化功能的系统功能模块及显示产线实时运行情况、设备运行效率等的可视化窗口模块。

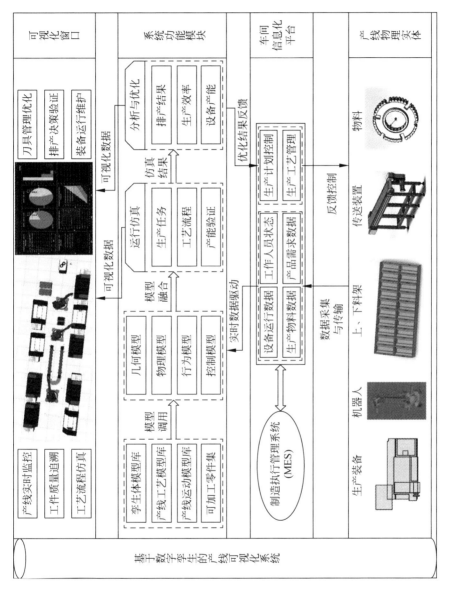

图 8.2　基于数字孪生的智能产线实现框架

8.2.1　智能产线的物理实体

生产任务的最终实施必须通过物理产线完成，因此基于数字孪生技术的可视化系统必须围绕产线物理实体的优化展开。产线由不同类型的制造资源依据生产中功能需求布局组成。在可视化系统中，物理实体部分是数字孪生系统构建的基础[8-9]。孪生空间的虚拟三维模型根据产线的物理实体几何样式及空间位置搭建，行为属性、运动数据等实时数据通过物理空间的物联采集网络上传至 MES 系统，用于数模混合驱动多维融合数字孪生模型[10]。

以某企业齿毂的机加产线为例，物理产线的实体要素包括工业机器人，机床，打标机，上、下料货架等。其中工业机器人为两台相同的 FANUC M-710iC 六自由度机器人，末端安装自主设计执行器用于代替人工实现物料在料架、机床间的自动化转运、取放。打标机通过激光打印标记工件便于生产过程中质量问题的溯源，同时通过 RFID 采集产品信息并上传至产线服务管理系统。上、下料货架安装的多个位置检测传感器用于物料的到位提示及产品计数。

8.2.2　基于多维度模型融合的数字孪生产线

数字孪生产线是可视化系统的核心模块[11-12]。本节所提数字孪生产线是静态模型在动态模型驱动下的多维度融合模型。

（1）静态模型（SM）主要实现从物理产线到虚拟产线的静态映射，对物理产线的几何参数（形状、位置等）、工件在产线上的生产工艺等建立静态模型库，保证在数字孪生产线建立过程中可以直接调用不需要实时数据支撑的模型。分别从物理产线的孪生虚拟体（W）、产线可加工产品工艺（P）、运动约束（R）、物理产线对应的虚拟孪生产线可加工的零件（C）四个维度建模，其表达形式为

$$SM = \{WM, PM, RM, CM\} \qquad (8.1)$$

式中，WM 为孪生体模型；PM 为工艺模型；RM 为运动模型；CM 为可加工零件集。

孪生体模型（WM）是对物理产线中实体要素几何参数（形状、尺寸、位置等）及产线中实体要素连接关系的静态映射，是数字孪生产线可视化的基础；工艺模型（PM）是数字孪生产线对物理产线实体要素在加工不同零件的工艺参数的映射，如工件在产线中某个机床或工业机器人上的夹持方式；运动模型（RM）是对数字孪生产线运动过程中的物理约束的反映，如物理实体运动干涉、机器人的可达范围在数字孪生产线中的映射。不同物理产线固定后，可加工的零件是一组具有相似工序流程的工件；可加工零件集（CM）是数字孪生产线对物理产线可加工零件的映射。

（2）动态模型（DM）主要是由动态实时数据构成的，该模型通过产线信息化平

台数据的不断更新,分别从加工设备状态(ES)、机器人状态(RS)和零件状态(CS)三个角度以固定的数据采集频率更新动态模型,其表达式为

$$DM = \{ES, RS, CS\} \tag{8.2}$$

加工设备状态(ES)是物理产线运行中加工设备是否运行、运行速度及运行状态等在数字孪生产线的动态映射;机器人状态(RS)是物理产线中实体要素机器人当前是否转运工件、转运过程中机器人位置及夹持工件状况在孪生产线中的动态映射;零件状态(CS)是零件在物理产线中每一加工设备完成后加工质量(如尺寸、公差等)的动态映射。

动态模型主要映射了产线的行为、运动控制属性,静态模型主要反映了产线的几何、物理属性,二者的有机结合构成实现可视化功能的具备多维度融合特色的数字孪生产线(DPL),其表达式为

$$DPL = \{SM, DM\} \tag{8.3}$$

动态模型的实时数据驱动静态模型按照物理产线的实际运行状况在虚拟环境中运行,可以实现生产任务实施的在线仿真监控,也可以通过采用历史数据实现工艺、产能的离线仿真,为实现产线生产计划验证、设备效率分析等提供坚实的基础。

8.2.3　基于 OPC UA 的产线信息化服务平台

信息化平台是可视化系统的信息流通枢纽,接收来自车间上级主管部门 ERP 的生产任务,结合物联网采集产线状态信息,如设备状态、物料状态等,基于信息化平台内嵌的计划决策算法集(包含遗传算法、粒子群算法、强化学习等)自动制订产线运行计划。将制订的生产计划、实时的物理产线信息上传至数字孪生仿真模块,验证计划的可行性,分析计划运行时设备效率、生产效率等。最后,信息化平台接收仿真模块反馈的可行的车间生产计划,并依据该计划控制物理产线的运行。在物理产线运行的过程中,信息化平台及功能模块实时接收物联系统采集的物理产线运行的相关数据,经过信息处理,获得适合多维孪生模型融合的数据,实现物理产线基于仿真优化的可视化功能,即实现产线实时监控、产品质量过程监控等功能。

产线设备的多样性,导致采集数据的多源异构性,为了统一数据格式,采用基于 OPC UA 接口的物联数据采集方法[13]。OPC 全称是 OLE for Process Control。为了便于不同厂家的设备和应用程序能相互交换数据,定义了统一的接口函数,即 OPC 协议规范。OPC 是基于 Windows COM/DOM 的技术,可以使用统一的方式访问不同设备厂商的产品数据。简单来说,OPC 用于设备和软件之间交换数据。OPC UA(OPC Unified Architecture)是一个新的 OPC 标准,OPC UA 接口协议包含之前的 OPC,只使用一个地址空间就能访问多种对象,而且不受 Windows 平台限制,因为它是从传输层以上来定义的,提升了灵活性和安全性。同时,它也是一种实现了信息技术(IT)与操作技术(OT)在物理层、数据链层、网络

层、传输层、会话层、表达层和应用层全面融合的技术。

数字孪生产线的核心之一是数据,产线需要囊括全部生产要素的多维度数据,对数据采集的实时性要求极高,常规的方式已经不能满足驱动数字孪生产线的需求。而随着制造物联技术的广泛应用,以及射频识别(RFID)、实时定位、无线传感等物联网关键技术与产线的融合愈加深入,物料、工装、设备等生产要素关键信息的全面采集已经成为可能。OPC UA 可以统一各类物联感知设备的传输协议和数据接口,是实现虚实产线之间信息交互的有效手段。通过物联网实时数据的采集和 OPC UA 技术配合现有的生产管控系统来实现物理产线中"人-机-物-决策-环境"的互联共融,是驱动数字孪生产线运转的有效途径。图 8.3 是基于 OPC UA 的数字孪生产线实时数据采集框架。

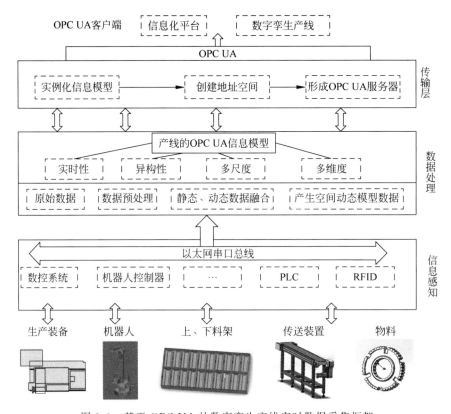

图 8.3　基于 OPC UA 的数字孪生产线实时数据采集框架

物理产线是数字孪生产线的重要组成,包含产线中物料、工装、设备等物理实体以及其在制造过程中各类生产行为。实现产线多源异构数据采集则是数字孪生车间的核心任务之一,通过接入 RFID、PLC、环境传感器以及设备自带控制器,多维度地获取产线中各类生产要素的位置、状态、动作等物理信息,并采用 OPC UA 技术对所有生产要素进行统一建模和数据传输,从而增强产线实时感知、响应以及信息融合能力,驱动产线数字孪生系统的高效运转。根据系统功能的需求,实时数据采集框架自下而上可以划分为信息感知、数据处理和传输层三个层次。

1. 信息感知

信息感知是系统的最底层,通过在产线现场部署 RFID、传感器等各类感知设备,以及接入 PLC、数控机床及工业机器人等各类设备控制器,实现对产线内各生产要素的数据采集,确保对设备、产品、环境等多源异构数据的实时可靠获取。现有 RFID 设备多采用基于 TCP/IP 协议的中间件技术,传感器可以接入 PLC 获取实时数据,数控机床和工业机器人等设备控制器直接支持 OPC UA。感知的数据通过以太网串口总线传输至数据处理层。

2. 数据处理

为满足数字孪生产线的实时映射、产线各要素互联协同及可视化需求,必须融合多源异构的实时数据,因此采用多级融合的策略。首先以每个生产要素为单元,对感知层传输而来的数据进行预处理,去除原始数据中的冗余信息、补全缺失信息等,并按照行为规则匹配静态、动态模型数据并产生与产线运行直接相关的中间数据集;然后对匹配后的模型数据以空间尺度构建空间动态模型数据,实现空间尺度融合。另外,针对数据多尺度、多维度、实时性等特点建立 OPC UA 信息模型。

3. 传输层

由于整个系统中采集识别方法多样,数据来源广泛,数据采集的传输协议往往各不相同,采用 OPC UA 协议整合异构设备和异构数据,建立生产要素之间的互联互通关系,为数字孪生产线的数据采集建立统一的通信架构。OPC UA 采用服务器-客户端通信模式。

OPC UA 客户端集成于车间信息化平台及产线仿真平台,提供物理产线的实时数据。在数字孪生产线的运行模式下,OPC UA 服务器和客户端的数据交互主要有两种形式:其一是直接传输机制,客户端直接对保存于服务器地址空间中的一个或多个节点属性进行读取或写入,例如,获取当前的特定工位缓存区停留的生产资料状态以及所有生产资料的信息;其二是订阅机制,客户端对服务器中持续变化的数据进行订阅和监听,例如,对机器人各关节运动数据的实时采集。

8.2.4　基于数字孪生智能产线的可视化窗口

可视化窗口是操作人员与数字孪生产线的交互平台,也是数字孪生产线功能的直观表达[14]。可视化窗口的功能主要包括排产决策验证、产线状态实时监控、刀具管理优化、工件质量追溯等。可视化功能建立在数字孪生产线的基础之上,动态模型驱动静态模型随着物理产线实时运动,通过数字孪生产线的监控可以实现对物理产线的远程实时监控。零件在每个设备加工后的质量数据映射可以实现工件质量过程监控,便于工件的质量溯源。调用产线可加工的某一零件的工艺数据,根据该工件的生产任务可以实现零件加工工艺仿真。根据产线最新一次运行的历史数据,结合生产任务的排产决策,可以验证产能是否满足设备的生产率等方面的需求。产线孪生系统实时获取机床刀具的使用及状态数据,通过刀具寿命预测的智能算法,可以优化刀具管理。将物理产线运行的实时数据、历史数据输入高保真的虚拟产线中,结合智能算法,预测设备运行故障,为运维决策由传统定期修、故障修向预防性、预测性维修转变提供有力的理论依据。

8.3　基于数字孪生的智能产线系统实施方案——以某齿毂产线为例

8.3.1　齿毂产线描述

齿毂产线物理实体如图 8.4 所示,齿毂生产线物理实体要素由 3 台车床、1 台滚齿机、4 台铣床、1 个毛坯料架、1 个成品料架、若干机器人及物料缓冲装置组成。由设备的位置部署、工艺规划及生产过程知,其属于典型的流水生产线结构。

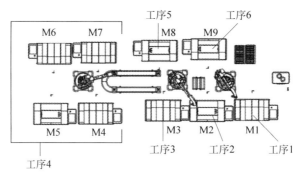

图 8.4　齿毂产线布局

该生产线用于加工 4 种工艺相似的同步器齿毂,其中一种齿毂的工艺参数如表 8.1 所示。毛坯料架上的待加工产品,经过车床 1 进行一侧端面精车,机器人抓取车床 1 加工过后的工件放入车床 2 进行另一次侧端面精车,车床 2 加工完成后,机器人抓取工件放入滚齿机。加工完成后，机器人抓取工件随机放入空闲的铣床中进行铣槽钻孔。此道工序完成后，机器人将工件放入车床 3 中去毛刺。然后机器人将去毛刺后的工件放入打标机光刻标记，最后，机器人将加工完成后的工件放入成品料架。

表 8.1　齿毂加工工艺

步　骤	工 序 名 称	节　拍	设　备	数　量
1	车齿毂侧端面	70 s	车床 1	1
2	车齿毂另侧端面	70 s	车床 2	1
3	滚齿	110 s	滚齿机	1
4	铣槽钻孔	4 min 15 s	铣床(1,2,3,4)	4
5	车毛刺	20 s	车床 3	1
6	打标记	18 s	打标机	1

8.3.2　仿真平台实施路线

基于 VE2 数字孪生可视化系统的实施过程如图 8.5 所示。首先是模型构建，包括结构模型、物理模型、控制模型、接口模型、行为模型、算法模型。然后依托 VE2 平台实现模型的多维度融合，通过接口模型接收 MES 中物理产线生产过程、设备等的历史数据，以非实时同步的离线模式校验直至孪生模型满足智能制造实训系统的需求。装备数控系统、机器人、PLC 等物理实体控制器数据与服务端线程监听到的 MES 系统的数据，通过数据协议加密传输给 VE2 平台进行数据分析后用于实现数字孪生场景与物理空间的实时同步。同时，孪生场景产生的运行结果信息通过数据传输通道实现对孪生车间物理实体的优化控制。

8.3.3　静态孪生模型

以齿毂产线为例，在模型构建过程中，利用 VE2 平台丰富的标准模型资源库，车床、铣床、机器人等模型直接从模型库中选取并设置相应的几何尺寸、属性、行为等参数。针对孪生体车间要素的非标准模型，如机器人末端抓手、上下料架等，结合 SolidWorks 软件的三维建模功能，利用平台的开放接口导入模型，并对模型的属性、行为等进行参数化建模。

以机器人末端的夹爪为例，对非标准模型虚拟体要素创建进行示例，首先根据几何数据建立夹爪的三维模型并保存为适合导入 VE2 软件的文件类型，然后依托软件内部提供的功能模块，设置夹爪的属性、行为，最后安装于工业机器人末端进行调试。具体步骤如图 8.6 所示。

数字孪生产线中生产要素孪生构建完成后，开始虚拟产线布局建模，按实际物理产线布局，结合同步器齿毂的工艺流程，实现产线在虚拟信息空间上再现化操作。

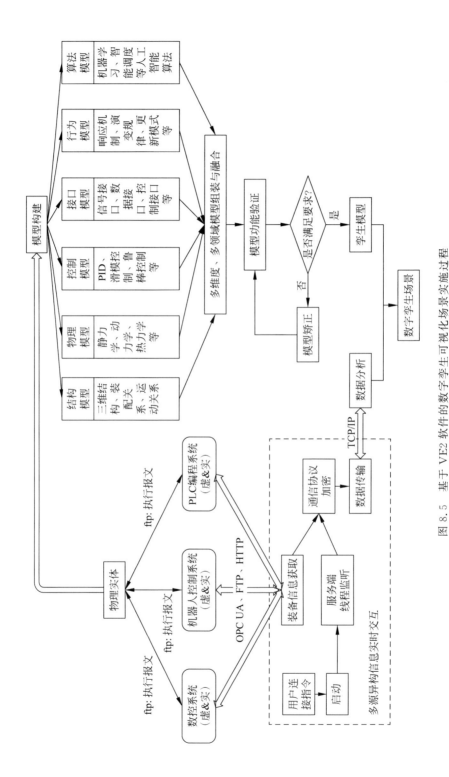

图 8.5 基于 VE2 软件的数字孪生可视化场景实施过程

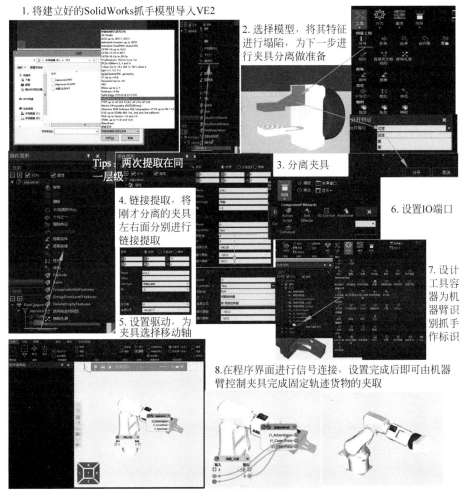

图 8.6　非标准模型建立

然后在产线布局基础上,实现数字孪生产线中各个生产要素之间关系的建立。数字孪生产线中各个生产要素之间关系为:上料货架存放待加工零件,由机器人抓取零件到机床进行加工,零件在机床之间的传递大部分也是靠着机器人和传送带完成的。在 VE2 软件中,要完成这一系列的动作,主要是依靠 Works Process 和 WorksRobotController 两个组件对产线中的机器人和机床进行操作控制。如在上料架与第一台机床之间,在上料架非标准件中添加 Works Process,利用 Works Process 中任务栏里的 Create 任务,持续性地生成待加工齿毂,再添加 Pick 任务,选择抓取零件(Works Process 生成的待加工零件名称)和抓取设备(一号机器抓手),定义任务名称为 001。之后选择第一台数控车床,在机床抓手处也加上 Works Process 组件,利用 Works Process 组件对车床进行控制,选择车床中 Works Process 的任务栏,添加 Place 任务,选择放入加工零件(由上料架拿出的待加工零件)和抓取设备(同为一号机器抓手),定义任务名称为002。再选择一号机器抓手的 WorksRobotController 组件,在其 SeriaTaskList 任务栏中添加需要其所控制机器人执行的任务代号001,002,确定执行抓取任务的机器抓手。

8.3.4　实时驱动数据获取

物理产线的实时数据以 MES 为中转平台,通过虚拟产线与物理产线的通信接口(API)实现数字孪生产线对 MES 中数据的实时获取。VE2 软件中虚拟产线与物理产线的编程建模模块以 Python 语言为工具,建立孪生产线的通信接口模型,通信建模流程如图 8.7 所示。

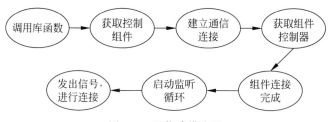

图 8.7　通信建模流程

首先将数字孪生产线静态模型和通信组件导入 VE2 平台,使用 VE2 自带的驱动模型匹配通信组件与数字孪生产线中的生产要素孪生体(机器人、机床等)。然后建立生产线孪生体的通信连接,以机器人为例,先定义通信变量,找到机器人控制器,控制机器人的轴、关节运动等。组件连接完成后,启动监听,会不断进行监听循环,直到接收到来自 MES 的更新信号为止。以产线中机器人通信接口模型为例,具体编码过程如表 8.2 所示。

表 8.2　通信接口模型编码过程

---

1. 函数库导入,包括 VE2 进行 Python 编程时的基本库 vcScript、网络通信库 socket、机器人的驱动函数库 vcHelpers.Robot2、矩阵函数库 vcMatrix
2. 通信组件匹配数字孪生产线中的生产要素
　　2.1 通过 getApplication()方法获取生产要素
　　2.2 通过 getComponent()方法获取组件对象
　　2.3 在通信组件属性框内添加属性驱动对象名称 RobotName、地址 IP、地址端口 Port
3. 利用 onstart()、onreset()、establishsocket()方法建立通信连接
4. 采用 onrun 方法启动主函数,具体过程为定义通信变量,找到机器人控制器,控制机器人的轴、关节运动等
5. 启动监听循环
　　5.1 判断是否接收到信息,如果是,采用 connected_socket.recv()接收数据
　　5.2 防止数据粘包
　　5.3 利用接收到的数据控制孪生动作

8.3.5　可视化应用

基于数字孪生的产线可视化系统由生产任务派发决策、产线实时监控、刀具管理优化、工件质量追溯等多个功能模块组成,各模块均以数字孪生虚拟产线为基础,从监控、控制、优化等不同角度,以可视化为手段,全方位展示产线生产过程,可视化界面如图 8.8 所示。基于数字孪生产线的可视化系统的具体功能模块如表 8.3 所示。本节以生产任务规划决策仿真验证为例,说明可视化系统的应用。

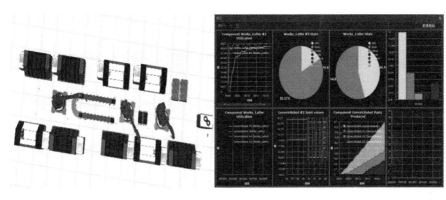

图 8.8　可视化界面

表 8.3　可视化系统功能模块

可视化模块	模块内容	模块价值
生产任务派发决策	将 MES 中利用智能算法获取的生产计划通过 Python 接口导入 VE2,验证计划的可行性	验证排产决策并反馈设备利用率、生产效率等指标
产线实时监控	通过数字孪生虚拟产线全方位、全视角实时监测生产过程	可用于智能产线生产的远程监控,及时响应生产中的突发状况
工件质量追溯	每一台设备加工完成,检测工件质量,每一次机器人搬运完成,检测工件位置	实现零件加工质量的过程控制
工艺流程仿真	开发齿毂在机床加工新工艺时,通过数字孪生产线仿真验证	降低新工艺开发成本
刀具管理优化	实时获取机床刀具的使用及状态数据,通过智能算法预测刀具寿命	优化刀具使用
装备智能运维	基于实时数据、历史数据,对数字孪生模型及预测算法进行预防性维护	传统故障修、定期修向预维修转变

生产计划仿真验证与优化过程如图 8.9 所示,以齿毂生产过程为例,企业管理人员通过上一级系统将齿毂生产任务导入 MES 系统中。MES 系统采集最新的物联系统中车间生产设备状态信息、人员数据、物料信息等放于数据库中。在 MES

的生产计划模块中以生产要素信息、生产工艺管理模块的生产工艺为约束,导入的需求订单为输入,调用已在系统内开发的用于调度问题求解的智能算法库(遗传优化算法、粒子群优化算法、强化学习算法等)生成车间生产计划。通过接口模块将生成的排产决策导入数字孪生车间虚拟模型中进行实验,如果计划合理将作为最终计划指导实际生产,如果不合理,重新利用智能算法进行搜索。当收到紧急插单或者设备故障等信息,系统可以动态地重新调用智能优化算法获取合理的调度策略。

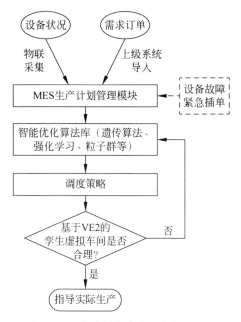

图 8.9 生产计划仿真验证与优化过程

1. 算例数据

针对齿毂数字孪生产线,结合实际生产情况,探讨在多种加工工件环境下,不同的工件加工顺序对实际产线生产效率的影响,从而优化排产决策。假定产线生产 4 种工件,生产批量分别为 30,20,26,20,单位(件)。每种工件都需 6 道工序(工序 4 为等效并行机)。各工序加工时间如表 8.4 所示。

表 8.4 各工序加工时间

工件	准备时间	工序①	工序②	工序③	工序④				工序⑤	工序⑥
					M4	M5	M6	M7		
J1	600 s	50	50	160	550	550	550	550	50	100
J2	600 s	50	50	170	650	650	650	650	70	110
J3	1200 s	50	50	170	650	650	650	650	60	140
J4	1800 s	60	60	220	730	730	730	730	70	160

在本案例中,生产车间共9台加工设备,6个工序(M4、M5、M6、M7为同一工序,加工时共同进行),车间产线生产的4种工件工艺相似,但工序加工时间不同,通过将算例数据导入系统,对排产决策进行仿真验证。

2. 结果分析

当算例中排产决策按J1—J2—J3—J4工件顺序进行加工生产时,对其加工生产过程进行实时监控,分析产线中设备的加工效率。在该产线中,工序①②的加工时间明显低于工序③④,故在加工过程中会出现前两道工序已加工全部工件,而后几道工序还在加工的现象,因此工序④为生产瓶颈,产线中采用4台相同设备并行完成工序④,避免工序④加工周期过长而影响整体产线的加工效率。对该产线加工工序④的4台设备的利用率进行调取分析。设备利用率可视化结果如图8.10所示。

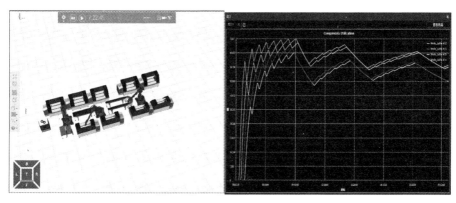

图8.10　J1—J2—J3—J4产线完工时间及工序④各加工设备利用率

图8.10中横坐标表示加工时间,纵坐标表示设备的利用效率,可见曲线呈现锯齿状上升,第一段最高处上升至70%左右,在1小时40分左右由于J1工件加工完毕,产线进入J2工件的准备期,机床加工效率下降,再呈锯齿状上升分布,机床的线性呈锯齿状主要是由于在生产加工过程中,工序④的加工时间小于工序③加工时间的4倍,大于工序③加工时间的3倍,导致在加工过程中,工序④中设备总有一定时间处于加工待机状态,这个待机时间是由工序③与工序④的加工时间差异导致的。在J1—J2—J3—J4加工顺序下数字孪生产线完工时间记录如图8.10所示,所有工件完成加工的时间为7小时22分45秒。

完成所有工件加工的时间主要取决于排产决策,将加工顺序替换成J4—J1—J2—J3,继续导入数字孪生产线可以获得的结果如图8.11所示,整体完工时间为7小时2分9秒。尽管瓶颈工序加工设备的效率提升并不多,但整体完工速度有了很大提高。

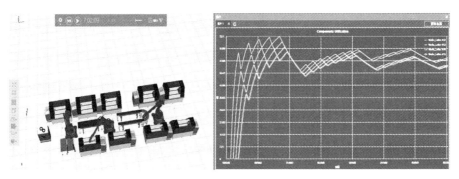

图 8.11　J4—J1—J2—J3 产线完工时间及瓶颈工序加工设备利用率

本章小结

　　本章针对智能产线的物理空间与信息空间融合难题及产线实时监控不足的问题,提出并构建了基于数字孪生的智能产线可视化系统。阐述了组成系统的物理实体、信息化平台、系统功能支撑模块、数据采集及可视化窗口 5 个部分,重点对数字孪生关键技术基于多维模型融合的数字孪生建模、基于 OPC UA 的数据实时采集方法进行了详细说明。并以某同步器产线为例,依托 VE2 平台,实施产线数字孪生系统。该系统具备生产任务规划、产线实时监控、工件质量追溯、生产物流协同、刀具管理优化、加工装备评价等功能,最后以生产任务规划为例,验证了系统的性能。

参考文献

［1］魏一雄,郭磊,陈亮希,等.基于实时数据驱动的数字孪生车间研究及实现[J].计算机集成制造系统,2021,27(2):352-363.

［2］GAO X Y,LIU P,ZHANG Q X,et al. Analysis and application of manufacturing data driven by digital twins[J].Journal of Physics:Conference Series,2021,1983(1):1-7.

［3］江海凡,丁国富,张剑.数字孪生车间演化机理及运行机制[J].中国机械工程,2020,31(7):824-832.

［4］YAN J,LIU Z F,ZHANG C X,et al. Research on flexible job shop scheduling under finite transportation conditions for digital twin workshop[J]. Robotics and Computer-Integrated Manufacturing,2021,72:1-14.

［5］LIU J F,CAO X W,ZHOU H G,et al. A digital twin-driven approach towards traceability and dynamic control for processing quality [J]. Advanced engineering informatics,2021(50):1-17.

［6］ANSARI F,NIXDORF S,SIHN W. Insurability of cyber physical production systems:how does digital twin improve predictability of failure risk?[J]. IFAC-PapersOnLine,2020,

53(3)：295-300.

[7]　刘怀兰,赵文杰,李世壮,等.数字孪生车间机器人虚实驱动系统构建方法[J].中国机械工程,2022,33(21)：2623-2632.

[8]　HAN Y F,FENG T,LIU X K, et al. Edge-cloud collaborative intelligent production scheduling based on digital twin[J]. The Journal of China Universities of Posts and Telecommunications,2022,29（2）：1-13.

[9]　ZLA B,WEI C,CZA B, et al. Intelligent scheduling of a feature-process-machine tool supernetwork based on digital twin workshop[J]. Journal of Manufacturing Systems,2021, 58：157-167.

[10]　DUAN H B,TIAN F. The development of standardized models of digital twin[C]. 3rd IFAC Workshop on Cyber-Physical & Human Systems CPHS,Beijing,China,2021, 53(5)：726-731.

[11]　LIU Q,YAN D,CHEN X, et al. Generalization and encapsulation method and system based on digital twin model of workshop：US11086306B1[P]. 2021.

[12]　吴鹏兴,郭宇,黄少华,等.基于数字孪生的离散制造车间可视化实时监控方法[J].计算机集成制造系统,2021,27（6）：1605-1616.

[13]　KONG T X,HU T L,ZHOU T T,et al. Data construction method for the applications of workshop digital twin system[J]. Journal of Manufacturing Systems,2021,58：323-328.

[14]　周成,孙恺庭,李江,等.基于数字孪生的车间三维可视化监控系统[J].计算机集成制造系统,2022,28(3)：758-768.